W0263624

Das Foto auf Seite 4 stellte freundlicherweise das Archiv des Mathematischen Forschungsinstituts Oberwolfach zur Verfügung.
Besonderer Dank gilt der Handschriftenabteilung der Universitätsbibliothek Leipzig für die Anfertigung der Vorlagen für die Faksimileabdrucke auf den Seiten 248 und 249; insbesondere dankt der Verlag Herrn Dr. D. Döring für vielfältige Unterstützung.

ISBN-13:978-3-211-95821-6   e-ISBN-13:978-3-7091-9510-9
DOI: 10.1007/978-3-7091-9510-9

TEUBNER-ARCHIV zur Mathematik · Band 3
© BSB B. G. Teubner Verlagsgesellschaft, Leipzig, 1985
1. Auflage
Lektor: Jürgen Weiß

Gesamtherstellung: Grafische Werke Zwickau

G. Herglotz

Vorlesungen über die Mechanik der Kontinua

Ausarbeitung
von

R. B. GUENTHER und H. SCHWERDTFEGER

Der dritte Band der Reihe „TEUBNER-ARCHIV zur Mathematik" enthält die in den Jahren 1926 und 1931 von GUSTAV HERGLOTZ in Göttingen gehaltenen Vorlesungen über die „Mechanik der Kontinua", für die Veröffentlichung vorbereitet von RONALD B. GUENTHER und HANS SCHWERDTFEGER.
Ausgehend von den Grundprinzipien der Mechanik werden in diesen Vorlesungen die mathematischen Werkzeuge für die Lösung bedeutsamer und interessanter Probleme bereitgestellt.
Da bisher nur wenige handgeschriebene Exemplare dieser Vorlesungen im Umlauf waren, wird die vorliegende Veröffentlichung allseits begrüßt werden.

BSB B. G. Teubner Verlagsgesellschaft, Leipzig
Distributed by Springer-Verlag Wien New York

This third volume of the series „TEUBNER-ARCHIV zur Mathematik" contains the lectures on „Mechanics of Continuous Media" which GUSTAV HERGLOTZ gave at the University of Göttingen in the years 1926 and 1931. They have been prepared for publication by RONALD B. GUENTHER and HANS SCHWERDTFEGER.
In his masterful lectures, based on the physical principles, HERGLOTZ developed the mathematical tools needed to solve a number of important and mathematically interesting questions.
The text, available so far only in the form of some copies of hand-typed lecture notes, will be welcome to workers in this field.

Le troisième tome de la série „TEUBNER-ARCHIV zur Mathematik" contient les leçons sur la „mécanique des milieux continus" presentées par le GUSTAV HERGLOTZ à l'université de Gottingue en 1926 et 1931. Ces leçons ont été préparées pour la publication par RONALD B. GUENTHER et HANS SCHWERDTFEGER.
Dans ses leçons élégantes, basées sur les principes fondamentaux de la mécanique, HERGLOTZ a développé les outils mathématiques nécessaires pour la résolution de quelques problèmes importants et intéressants du point de vue mathématique.
Le texte duquel il y avait jusqu'à present, seulement un petit nombre de copies dactylographiées, sera bienvenu aux mathématiciens travaillant dans cette matière.

Третий том серии „TEUBNER-ARCHIV zur Mathematik" содержит лекции Густава Херглотца „Механика сплошной среды", прочитанные им в г. Гёттингене в 1926-ом и 1931-ом годах. К публикации их подготовили Рональд Б. Гюнтер и Ганс Швердтфегер.
Исходя из основных принципов механики, в лекциях подготовлены математические инструменты для решения важных и интересных проблем.
Поскольку до сих пор существовало мало рукописных экземпляров этих лекции, настоящая публикация будет всесторонне приветствована.

Geleitwort

Die bedeutenden Verdienste von GUSTAV HERGLOTZ für die Mathematik liegen nicht allein in seinen hervorragenden Arbeiten auf zahlreichen mathematischen Gebieten mit einer Vielzahl eleganter Anwendungen auf Probleme der mathematischen Physik begründet, sie resultieren zu einem wesentlichen Teil aus seinen großen Erfolgen als akademischer Lehrer von 1909 bis 1925 an der Universität Leipzig und danach bis 1946 an der Universität Göttingen. Seine vielen Studenten rühmen die glänzende Darstellungskunst seines Vortrags, die kaum zu überbietende Eleganz, Anschaulichkeit und Gründlichkeit sowie den analytischen Reichtum seiner Vorlesungen. HERGLOTZ hat so die künftige mathematische Forschung nachhaltig beeinflußt.

Besonders eindrucksvoll waren die Vorlesungen über die Mechanik der Kontinua, über Himmelsmechanik, Riemannsche Geometrie und Differentialgleichungen. E. HÖLDER z. B. äußerte immer seine große Bewunderung über diese Vorlesungen, die später auch unverkennbare Spuren in seinen eigenen Arbeiten hinterlassen haben.

Es ist deshalb zu begrüßen, daß die nun vorliegende, sehr verdienstvolle Vorlesungsausarbeitung von R. B. GUENTHER und H. SCHWERDTFEGER in die Reihe „TEUBNER-ARCHIV zur Mathematik" aufgenommen wurde. So wird die Erinnerung an G. HERGLOTZ' meisterhafte Einführung in die Mechanik der Kontinua, welche nichts an Aktualität eingebüßt hat, für die Nachwelt wachgehalten. Der Leser spürt die harmonische Einheit zwischen mathematischer Theorie und deren Anwendungen und kann von dieser Vorlesung auch heute noch wertvolle Anregungen für die mathematische Forschung in der Mechanik der Kontinua erhalten.

Leipzig, August 1984 H. BECKERT

G. Herglotz.

Inhalt

ZWEITER TEIL.   PARTIELLE DIFFERENTIALGLEICHUNGEN

Vorwort

Das vorliegende Buch ist hervorgegangen aus zwei Ausarbeitungen der
Vorlesungen über die Mechanik der kontinuierlichen Medien, die Professor Gustav Herglotz in den Jahren 1926 und 1931 an der Universität
Göttingen gehalten hat. In diesen Vorlesungen wurden nicht nur die
physikalischen Grundprinzipien, sondern auch die mathematischen Hilfsmittel zur Lösung der im Text aufgeworfenen Aufgaben entwickelt.

Eine Herglotzsche Vorlesung hatte immer eine anregende Wirkung auf
die Zuhörer, und wir hoffen, daß etwas davon auf unsere Bearbeitung
übergegangen ist. Vieles darin gibt neue Gesichtspunkte und Zugänge
zu Entwicklungen, die nirgendwo sonst veröffentlicht zu sein scheinen.
So kommt es, daß Herglotz' weithin bekannt gewordene Vorlesungen,
wie die über Kontinuumsmechanik, Geometrische Wahrscheinlichkeiten,
Kontinuierliche Gruppen, Elliptische Funktionen [1] sowie manche andere, von seinen früheren Studenten gern zitiert werden und zu neuen
Entwicklungen auf ihrem Gebiet geführt haben; doch sind die ursprüng-
lichen Ausarbeitungen nunmehr weitgehend unzugänglich und hauptsäch-
lich nur vom Hörensagen her bekannt.

Die hier vorliegende Bearbeitung enthält nicht nur eine sorgfältige,
auf eine Erweiterung des Hamiltonschen Prinzips gegründete einheitliche Darstellung der Grundprinzipien der Kontinuumsmechanik, sondern
darüber hinaus werden Wellenbewegungen im Anschluß an Hadamard, Strah-
lentheorie, Anfangswertprobleme für partielle Differentialgleichungen
sowie das Radonsche Problem behandelt.

Wir haben versucht, die vielen in einer Studenten-Ausarbeitung unver-
meidlichen Mißverständnisse und Ungenauigkeiten zu beseitigen und
nach Möglichkeit Herglotz' ursprüngliche Absichten zu rekonstruieren.

---

[1] Topics in the Theory of Elliptic Functions. Queen's Papers in pure
and applied Mathematics, No.8. iii + 306 pp. Kingston, Ontario:
Queen's University 1967.

Auch heute noch erscheint ein großer Teil des Inhaltes durchaus
beachtenswert, und manche von Herglotz' eigenen Entwicklungen haben
hier ihren Ursprung [1]. Deshalb glauben wir, daß unsere Bearbeitung
den Lesern der Bücher und Abhandlungen, in denen auf die Ausarbeitungen der Herglotzschen Vorlesung verwiesen wird, von Nutzen ist.

Unser Dank gilt dem BSB B. G. Teubner Verlagsgesellschaft, Leipzig,
für die Aufnahme dieser Vorlesung in die Reihe "TEUBNER-ARCHIV zur
Mathematik" und für die sehr gute Zusammenarbeit sowie Frau
Růžena Pachtová für die sorgfältige Anfertigung des reproduktions-
fähigen Manuskriptes.

Corvallis / Montréal, August 1984   Ronald B. Guenther
                                                     Hans Schwerdtfeger

[1] Insbesondere gilt dies für die drei großen Abhandlungen "Über die
Integration linearer partieller Differentialgleichungen mit konstanten Koeffizienten I, II, III", Leipziger Berichte 1928; wieder ab-
gedruckt in G. Herglotz, Gesammelte Schriften, Nr. 31-32, 496-607.
Göttingen: Vandenhoeck & Ruprecht 1979.

Einleitung

Ein Ziel in der Mechanik der endlichen Systeme von Massenpunkten oder
der Systeme mit endlich vielen Freiheitsgraden ist es, für jedes Be-
wegungsproblem eines solchen Systems ein System von Differentialgleichungen aufzustellen, dessen Lösungen je einen bestimmten Bewegungs-
vorgang wenigstens für eine kleine Umgebung der Ausgangslage beschreiben.

Obwohl schon früher physikalische Vorgänge dadurch charakterisiert
worden waren, daß ein gewisses mit einem solchen Vorgang in Zusammenhang stehendes Integral einen kleinsten (oder wenigstens einen stationären) Wert annimmt, war es erst Hamilton, der, angeregt durch
seine Untersuchungen in der Optik, ein durch die Natur des mechanischen Systems bestimmtes Variationsprinzip als fundamental für die
ganze Mechanik erkannte [1]. Für eine große Klasse von Bewegungspro-
blemen der Mechanik lassen sich die sogenannten Lagrangeschen Bewegungsgleichungen als die Eulerschen Gleichungen des Hamiltonschen
Variationsprinzips gewinnen, welches verlangt, daß ein gewisses Zeit-
integral einen stationären Wert habe. Diese allgemeine Formulierung
des Grundproblems der Mechanik hat den weiteren Vorteil, daß sie die
Invarianz (oder Kovarianz) der Bewegungsgleichungen gegen Koordinatentransformation unmittelbar erkennen läßt.

Die Einheitlichkeit, die man durch die Zugrundelegung des Hamiltonschen Prinzips für einen großen Teil der Mechanik der Massenpunkt-
systeme gewinnt, legt es nahe zu versuchen, die Bewegungsgleichungen
der Mechanik der kontinuierlichen Medien ebenfalls aus einem Hamiltonschen Prinzip heraus zu gewinnen und damit die sonst üblichen Herlei-
tungen der Gleichungen in den einzelnen Zweigen unserer Wissenschaft
mit einem Schlage zu erledigen. Um diese Methode plausibel erscheinen
zu lassen, beginnen wir mit einer kurz gefaßten Herleitung der Grund-
gleichungen der Mechanik endlicher Systeme aus dem klassischen Hamiltonschen Prinzip.

---

[1] Vgl. hierzu G. Prange: Die allgemeinen Integrationsmethoden der
analytischen Mechanik. Enzyklopädie der mathematischen Wissenschaften,
IV, 12 - 13, S. 510 - 513, 13 - 14, S. 593 - 611. Leipzig und Berlin:
Teubner-Verlag 1935.

ERSTER TEIL.
DIE KLASSISCHE THEORIE

1. Bewegungsgleichungen

<u>1.1.   Hamiltonsches Prinzip und Bewegungsgleichungen mechanischer</u>

<u>Systeme mit endlich vielen Freiheitsgraden</u>

<u>1.1.1. Gleichgewichtsbedingungen</u>

Gegeben sei ein mechanisches System, bestehend aus endlich vielen
Massenpunkten oder starren Körpern mit Bewegungsbeschränkungen, das
inneren oder äußeren Kräften unterliegt, die auf die Punkte oder Körper einwirken, wie etwa ein Pendel, ein Planetensystem oder ein Krei-
sel. Die Lage des Systems werde zu jeder Zeit durch einen "Punkt" q
mit den Koordinaten $q_1,\ldots,q_n$ festgelegt. Von den inneren und äußeren Kräften, die im System wirken, setzen wir voraus, daß sie eine
Potentialfunktion $U = U(q)$ haben, d.h., die Einzelkräfte sind darstellbar in der Form $F_j = -\dfrac{\partial U}{\partial q_j}$, $j = 1,\ldots,n$.

Notwendig und hinreichend für eine Gleichgewichtslage "im Punkte q "
ist dann das Bestehen der n Relationen $F_j = 0$ an der Stelle q,
also

$$\frac{\partial U}{\partial q_j} = 0 \ , \quad j = 1,\ldots,n \ . \tag{1.1}$$

Diese Bedingungen sind notwendig, doch keineswegs auch hinreichend
dafür, daß U an dieser Stelle einen Extremwert hat; die Frage nach
dem Eintreten und nach der Art des Extremwertes hängt eng mit der
Frage nach der Stabilität oder Instabilität der Gleichgewichtslage
zusammen. Es ist aber wesentlich, daß die Gleichgewichtsbedingungen
ungeändert bleiben, wenn wir statt q andere Koordinaten $p =$
$= (p_1,\ldots,p_n)$ einführen. Die q-Variablen seien (in einem gewissen
Bereich) eindeutig umkehrbare Funktionen der p-Variablen mit nicht-
verschwindender Funktionaldeterminante. Denken wir uns die Ausdrücke
der Variablen $q = q(p)$ durch p in $U(q)$ eingesetzt und so U
durch p ausgedrückt, nehmen die Gleichgewichtsbedingungen in den
neuen Variablen wieder einfach die Form

$$\frac{\partial U}{\partial p_k} = 0 \ , \quad k = 1,\ldots,n \ ,$$

(1.2)

an. Diese Invarianz der Bedingungsgleichungen gegen Koordinatentransformationen folgt unmittelbar daraus, daß sie gleichzeitig notwendige
Bedingungen für das Eintreten eines Extremwertes sind; sie läßt sich
aber auch leicht formal einsehen. Es ist nämlich

$$\frac{\partial U}{\partial p_k} = \sum_{j=1}^{n} \frac{\partial U}{\partial q_j} \frac{\partial q_j}{\partial p_k} \ , \quad k = 1,\ldots,n \ .$$

(1.3)

Man erkennt hier, daß aus den Gleichungen (1.1) sofort die Gleichungen (1.2) folgen müssen. Es gilt aber auch das Umgekehrte wegen der
vorausgesetzten eindeutigen Umkehrbarkeit.

Es sei noch kurz in Erinnerung gebracht , daß das Verschwinden aller
$\partial U/\partial q_j$, wie man einsieht, notwendig für das Eintreten eines Extremwertes von U ist. Dazu deuten wir uns am einfachsten die q-Variablen als rechtwinklige Koordinaten eines Punktes im n-dimensionalen
Raum. U ist dann eine Funktion, die in den Punkten eines gewissen
Teiles dieses Raumes definiert ist. Sie soll in q^0 einen Extremwert
haben. Wir führen das zurück auf die Frage, wann eine Funktion einer
Variablen einen Extremwert hat. Dazu denken wir uns irgendein Kurvenstück durch den Punkt q^0 gelegt. Auf dieser Kurve ist U(q) Funktion einer einzigen Variablen, und gegenüber den anderen Punkten auf
der Kurve hat U einen Extremwert in q^0 . Eine Kurve durch q^0
wird dadurch festgelegt, daß man die q_j als beliebige differenzierbare Funktionen eines Parameters ε ansetzt: $q = q(\varepsilon)$, wo etwa
$q(0) = q^0$ ist. Notwendig dafür, daß U in q^0 einen Extremwert für
die Punkte der Kurve hat, ist, daß die Ableitung von U nach dem
Kurvenparameter ε in diesem Punkte verschwindet:

$$\left.\frac{d}{d\varepsilon}\, U\big(q(\varepsilon)\big)\right|_{\varepsilon=0} = \sum_{k=1}^{n} \frac{\partial U}{\partial q_k} \frac{d}{d\varepsilon}\, q_k \bigg|_{\varepsilon=0} = 0 \ .$$

(1.4)

Nun liegen die Werte $\partial U/\partial q_j$ für $\varepsilon = 0$ völlig fest und sind unabhängig davon, welche Kurve man durch q^0 gelegt hat. Dagegen können
die Größen $dq_k/d\varepsilon$ jeden beliebigen Wert haben, da ja die q_j als
willkürliche Funktionen von ε gewählt waren. Da U in q^0 einen
Extremwert für alle durch diesen Punkt gelegten Kurven haben soll,
muß (1.4) identisch in den $dq_k/d\varepsilon$ erfüllt sein, und folglich ergeben sich, wie behauptet, die Relationen (1.1) als notwendige Bedingungen für das Eintreten eines Extremwertes.

Man pflegt die Differentialoperation $\left(\frac{d}{d\varepsilon}\right)_{\varepsilon=0}$ einfacher mit δ zu

bezeichnen, so daß die δq_k als Differentiale, also Unbestimmte (im
Sinne der Algebra), erscheinen, und schreibt somit die Formel (1.4)

$$\delta U := \sum_{k=1}^{n} \frac{\partial U}{\partial q_k} \, \delta q_k = 0 \ . \tag{1.5}$$

1.1.2. Bewegungsgleichungen

Dasselbe wie für die Gleichgewichts- bzw. Extrembedingungen wollen
wir uns jetzt für Bewegungsvorgänge klarmachen. Um die Bewegungsgleichungen in der Lagrangeschen Form aufzustellen, braucht man außer der
Potentialfunktion $U(q)$ noch die kinetische Energie T , die eine
Funktion von q und dessen Ableitung $\dot{q}$ nach der Zeit t ist (die
Ableitung nach der Zeit möge durch einen übergesetzten Punkt bezeichnet werden): $T = T(q,\dot{q})$. Man braucht nicht einmal die beiden Funktionen T und U selbst zu kennen, es genügt,ihre Differenz
$\underline{L} := T - U$, die Lagrangesche Funktion, zu haben. Die Bewegungsgleichungen bringen zum Ausdruck, daß die sogenannten Lagrangeschen Ableitungen von $\underline{L}$ verschwinden; sie lauten in dem vorliegenden Fall

$$\underline{L}_j := \frac{d}{dt} \frac{\partial \underline{L}}{\partial \dot{q}_j} - \frac{\partial \underline{L}}{\partial q_j} = 0 \quad \text{für} \quad j = 1,\dots,n \ . \tag{1.6}$$

Die Gleichgewichtsbedingungen (1.1) sind ein Spezialfall dieser Gleichungen; soll sich nämlich das System in Ruhe befinden, so ist $\dot{q} =$
$= 0$, also ist q ein konstanter Vektor, die kinetische Energie T
verschwindet, und $\underline{L}$ reduziert sich so auf $- U$. Die Gleichungen
(1.6) gehen über in die Gleichgewichtsbedingungen (1.1).

Wir wollen nun zeigen, daß sich die Lagrangeschen Gleichungen (1.6)
gegenüber Koordinatentransformationen genau so verhalten wie die
Gleichgewichtsbedingungen, deren sinngemäße Weiterbildung sie sind.
Denken wir uns statt der q-Variablen neue Variablen p durch Relationen der Form $q = q(p)$ eingeführt und U , T als Funktionen
der p und $\dot{p}$ statt der q und $\dot{q}$ ausgedrückt, so lautet die Behauptung einfach, daß in den neuen Variablen die Bewegungsgleichungen
folgendermaßen aussehen:

$$\underline{\tilde{L}}_k := \frac{d}{dt} \frac{\partial \underline{\tilde{L}}}{\partial \dot{p}_k} - \frac{\partial \underline{\tilde{L}}}{\partial p_k} = 0 \ , \quad k = 1,\dots,n \ .$$

Dabei ist $\underline{\tilde{L}}$ die Lagrangesche Funktion bezüglich der p-Variablen.
Die Behauptung ist bewiesen, wenn wir gezeigt haben, daß für die
Lagrangeschen Ableitungen $\underline{\tilde{L}}_k$ die zu (1.3) analogen Transformations-
formeln

$$\tilde{\underline{L}}_k = \sum_{j=1}^{n} \underline{L}_j \frac{\partial p_j}{\partial q_k} \ , \quad k = 1,\ldots,n \ , \tag{1.7}$$

gelten, weil dann das Verschwinden der $\underline{L}_j$ das der $\tilde{\underline{L}}_k$ nach sich zieht und umgekehrt. Die Formel (1.7) ist folgendermaßen zu bestätigen: Durch Differentiation nach der Zeit folgt

$$\dot{q}_j = \sum_{k=1}^{n} \frac{\partial q_j}{\partial p_k} \dot{p}_k \ ; \tag{1.8}$$

die $\dot{q}_j$ sind danach Funktionen von p und $\dot{p}$. Nun ist $\underline{L} = \underline{L}(q,\dot{q})$ eine Funktion von q und $\dot{q}$, die sich nach $q = q(p)$ und (1.8) ausdrücken läßt durch

$$\underline{L}\bigl(q(p),\dot{q}(p,\dot{p})\bigr) = \tilde{\underline{L}}(p,\dot{p}) \ . \tag{1.9}$$

Denken wir uns hier für q und $\dot{q}$ ihre Ausdrücke bezüglich p und $\dot{p}$ eingesetzt, so wird unter Benutzung von (1.8)

$$\frac{\partial \tilde{\underline{L}}}{\partial \dot{p}_k} = \sum_{j=1}^{n} \frac{\partial \underline{L}}{\partial \dot{q}_j} \frac{\partial \dot{q}_j}{\partial \dot{p}_k} = \sum_{j=1}^{n} \frac{\partial \underline{L}}{\partial \dot{q}_j} \frac{\partial q_j}{\partial p_k} \tag{1.10}$$

(q enthält $\dot{p}$ nicht und braucht bei der partiellen Differentiation von (1.9) nach $\dot{p}_k$ nicht berücksichtigt zu werden). Ebenso ist

$$\frac{\partial \tilde{\underline{L}}}{\partial p_k} = \sum_{j=1}^{n} \frac{\partial \underline{L}}{\partial q_j} \frac{\partial q_j}{\partial p_k} + \sum_{j=1}^{n} \frac{\partial \underline{L}}{\partial \dot{q}_j} \frac{\partial \dot{q}_j}{\partial p_k} \ . \tag{1.11}$$

Differenziert man (1.10) nach der Zeit und zieht davon (1.11) ab, so bekommt man

$$\tilde{\underline{L}}_k = \frac{d}{dt} \frac{\partial \tilde{\underline{L}}}{\partial \dot{p}_k} - \frac{\partial \tilde{\underline{L}}}{\partial p_k} =$$

$$= \sum_{j=1}^{n} \left[\frac{d}{dt} \frac{\partial \underline{L}}{\partial \dot{q}_j} - \frac{\partial \underline{L}}{\partial q_j} \right] \frac{\partial q_j}{\partial p_k} + \sum_{j=1}^{n} \frac{\partial \underline{L}}{\partial \dot{q}_j} \left[\frac{d}{dt} \frac{\partial q_j}{\partial p_k} - \frac{\partial \dot{q}_j}{\partial p_k} \right] =$$

$$= \sum_{j=1}^{n} \underline{L}_j \frac{\partial q_j}{\partial p_k} \ ,$$

denn wegen der Vertauschbarkeit der Differentiationen nach p_k und nach der Zeit gilt

$$\frac{d}{dt} \frac{\partial q_j}{\partial p_k} - \frac{\partial \dot{q}_j}{\partial p_k} = 0 \ .$$

Damit sind die Gültigkeit der Formel (1.7) und die Invarianz der Lagrangeschen Bewegungsgleichungen gegenüber Koordinatentransformationen gezeigt.

$\underline{L}$ ist eine Funktion der n Funktionen $q_1(t),\dots,q_n(t)$ und ihrer
Ableitungen $\dot{q}_1(t),\dots,\dot{q}_n(t)$. Die Formel (1.7) lehrt, daß sich bei
Einführung neuer Koordinaten die $\underline{L}_k$ genau so transformieren, wie es
die gewöhnlichen Ableitungen einer Funktion von n Variablen tun.
Man nennt sie die Lagrangeschen Ableitungen von $\underline{L}$; es handelt sich
hier um eine Ausdehnung des Begriffes der Ableitung auf eine Funktion
von Funktionen. Gleichgewichtsbedingung war das Verschwinden der gewöhnlichen Ableitungen der Potentialfunktion; diese Bedingungen waren
invariant gegen Koordinatentransformationen, weil sie gleichzeitig
notwendige Bedingungen für das Eintreten eines Extremwertes waren.
Hier entsprechen die Bewegungsgleichungen dem Verschwinden der Lagrangeschen Ableitungen der Funktion $\underline{L}$, die genau dasselbe Verhalten wie die gewöhnlichen Ableitungen einer Funktion von n Variablen
zeigen. Es steht zu vermuten, daß auch hier dieses Verschwinden der
Lagrangeschen Ableitungen mit einem Extremalproblem zusammenhängt.
In der Tat ist es so, und darin besteht gerade das Hamiltonsche Prinzip.

1.1.3. Hamiltonsches Prinzip

Wir betrachten das Integral

$$\underline{J} = \int_{t_1}^{t_2} \underline{L}\{q(t),\dot{q}(t)\}dt , \tag{1.12}$$

wo $q(t)$ eine differenzierbare Vektorfunktion der Zeit ist; die
Grenzen t_1 und t_2 seien fest. Wir fragen nach solchen Funktionen
$q_j(t)$, für die der Wert von $\underline{J}$ extremal wird. Für diese Funktionen
ist, wie wir uns an demselben Variationsprinzip wie oben deutlich
machen werden, das Verschwinden der Lagrangeschen Ableitungen eine
notwendige Bedingung. Es soll dabei auf alle für die strenge Variationsrechnung erforderlichen "Genauigkeiten" verzichtet werden; es
handelt sich jetzt für uns nur darum, das Prinzip zu durchschauen
und uns mit dem Mechanismus der Rechnung vertraut zu machen.

Die $q_1,\dots,q_n$ mögen wieder als rechtwinklige kartesische Koordinaten in einem Raum R_n gedeutet werden. Bei dem Gleichgewichtsproblem
hatten wir nach einem Wertesystem q gefragt, für das ein Extremwert
eintreten sollte. Hier dagegen handelt es sich darum, n Funktionen
$q_1(t),\dots,q_n(t)$ zu finden, für die der Ausdruck (1.12) ein Extremwert wird. Das geometrische Bild von n solchen Funktionen im R_n
ist ein "Kurvenbogen" zwischen t_1 und t_2 . Zuvor haben wir, um
notwendige Bedingungen für das Eintreten eines Extremwertes zu erhalten, eine eindimensionale Punkteschar herausgehoben; analog heben wir

jetzt eine einparametrige Kurvenschar heraus. Es sei ε
der Parameter. $\underline{I}$ wird für die
Kurven dieser Schar eine Funk-
tion von ε , die $q_j =$
$= q_j(t,\varepsilon)$, $j = 1,\ldots,n$,
werden beliebige Funktionen
von t und ε . Die Kurvenschar soll die Extremalkurve
$q(t)$ enthalten; wir setzen
daher noch fest $q(t,0) = q(t)$ (vgl. Abb. 1).

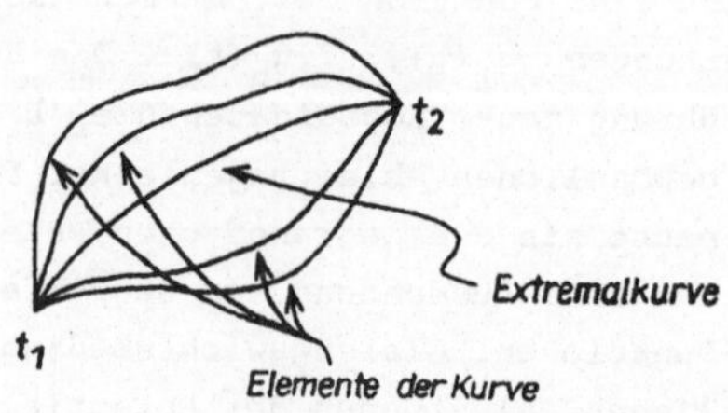

Abb.1

Differenzieren wir das Integral (1.12) nach ε , so erhalten wir

$$\frac{d}{d\varepsilon} \underline{I} = \int_{t_1}^{t_2} \sum_{j=1}^{n} \left\{ \frac{\partial L}{\partial \dot{q}_j} \frac{\partial \dot{q}_j}{\partial \varepsilon} + \frac{\partial L}{\partial q_j} \frac{\partial q_j}{\partial \varepsilon} \right\} dt \; . \tag{1.13}$$

Da $\frac{d}{dt} \frac{\partial q_j}{\partial \varepsilon} = \frac{\partial \dot{q}_j}{\partial \varepsilon}$ ist, kann man infolgedessen auf den ersten Term
des Intengranden in (1.13) partielle Integration anwenden und be-
kommt

$$\frac{d}{d\varepsilon} \underline{I} = \sum_{j=1}^{n} \frac{\partial L}{\partial \dot{q}_j} \frac{\partial q_j}{\partial \varepsilon} \Big|_{t_1}^{t_2} - \int_{t_1}^{t_2} \sum_{j=1}^{n} \left\{ \frac{d}{dt} \frac{\partial L}{\partial \dot{q}_j} - \frac{\partial L}{\partial q_j} \right\} \frac{\partial q_j}{\partial \varepsilon} \, dt \; .$$

Macht man wieder von der Abkürzung δ für $\left(\frac{\partial}{\partial \varepsilon}\right)_{\varepsilon=0}$ Gebrauch, so
kann man hierfür schreiben

$$\delta \underline{I} = \sum_{j=1}^{n} \frac{\partial L}{\partial \dot{q}_j} \delta q_j \Big|_{t_1}^{t_2} - \int_{t_1}^{t_2} \sum_{j=1}^{n} \underline{L}_j \delta q_j \, dt \; . \tag{1.14}$$

Wir machen für die Kurven der betrachteten Schar noch die weitere
Einschränkung, daß die Endpunkte für alle Kurven der Schar dieselben
seien. Das ergibt die Bedingungen

$$q(t_1,\varepsilon) = q(t_1) \quad \text{und} \quad q(t_2,\varepsilon) = q(t_2) \; ;$$

also verschwinden die δq_j für die Werte t_1 und t_2 , und die in-
tegrierten Terme in (1.14) fallen weg. Daher wird für die Extremalkurve

$$\delta \underline{I} = - \int_{t_1}^{t_2} \sum_{j=1}^{n} \underline{L}_j \delta q_j \, dt = 0 \; ,$$

und da diese Beziehung für beliebig wählbare Funktionen δq_j gelten soll, ergibt sich in der Tat

$$\underline{L}_j = 0 \ , \quad j = 1,\ldots,n \ ,$$

als notwendige Bedingung für das Eintreten eines Extremwertes von $\underline{I}$. In dem Zusammenhang der Lagrangeschen Gleichungen mit einem Variationsproblem liegt die wahre Quelle für das einfache Verhalten der Lagrangeschen Ableitungen bei Koordinatentransformationen.

1.2. Herleitung der Lagrangeschen Bewegungsgleichungen aus den Newtonschen

In diesem Paragraphen werden wir den Zusammenhang der Lagrangeschen Gleichungen mit dem fundamentalen Ansatz der Newtonschen Mechanik herstellen: die auf einen bewegten Massenpunkt ausgeübte Kraft ist gleich dem Produkt der Masse mit der Beschleunigung seiner Bewegung. Zu diesem Zweck betrachten wir ein System von N Teilchen. Um die Bewegung eines einzelnen Teilchens zu beschreiben, brauchen wir drei Koordinaten zur Beschreibung des ganzen Systems, also insgesamt $3N$ Koordinaten. Das auf das i-te Teilchen angewandte Newtonsche Gesetz lautet

$$M_i \frac{d^2}{dt^2} \xi^{(i)} = F^{(i)} \ ;$$

dabei gibt $\xi^{(i)} = (\xi_1^{(i)}, \xi_2^{(i)}, \xi_3^{(i)})$ die Lage des i-ten Teilchens zur Zeit t an, M_i ist dessen Masse und $F^{(i)}$ die Resultante der auf das Teilchen einwirkenden Kräfte.

Es ist zweckmäßig, an dieser Stelle eine andere Schreibweise einzuführen. Es seien $x_1,\ldots,x_{3N}$ die Koordinaten der N Teilchen, wobei $x_1 = \xi_1^{(1)},\ldots,x_{3N} = \xi_3^{(N)}$ sind. Entsprechend sind $m_1,\ldots,m_{3N}$ mit $m_1 = m_2 = m_3 = M_1$, $m_4 = m_5 = m_6 = M_2$, $\ldots$, die Massen und $f_1,\ldots$ $\ldots,f_{3N}$ die Komponenten der entsprechenden Kräfte. Setzen wir noch $n = 3N$, so nehmen die Newtonschen Gleichungen die Gestalt

$$m_i \frac{d^2}{dt^2} x_i = f_i \ , \quad i = 1,\ldots,n \ , \tag{1.15}$$

an.

Weiter können sich die Teilchen im allgemeinen nicht im ganzen Raum frei bewegen; sie sind vielmehr Einschränkungen unterworfen. Beispielweise bewegen sich die Teilchen auf einer Ebene oder allgemeiner auf einer etwa sich bewegenden Fläche. Um diese Bedingungen in unsere Gleichungen einzubauen, nehmen wir an, daß sich die x_j darstellen lassen als Funktionen von k unabhängigen Parametern $q_1,\ldots,q_k$ und eventuell noch von der Zeit t , falls sie in den Bedingungsgleichungen vorkommt:

$$x_j = \phi_j(q_1, \ldots, q_k, t) \ , \quad j = 1, \ldots, n \ . \tag{1.16}$$

Die Gleichungen geben die Bedingungen an, die das System zu erfüllen hat. Die Bestimmung der Bewegung erfordert daher die Bestimmung der q_j als Funktionen der Zeit. Zerlegen wir die Kräfte in die Summe

$$f_j = - \frac{\partial}{\partial x_j} U + g_j + h_j \ , \quad j = 1, \ldots, n \ ,$$

so sind $- \frac{\partial U}{\partial x_j}$ die Kraftkomponenten, die von einem Potential $U = U(x,t)$ erzeugt sind, die g_j sind die Reaktionskräfte und die h_j die Komponenten der Resultante der übrigen Kräfte. Die Newtonschen Gleichungen nehmen dann die Gestalt

$$m_j \frac{d^2}{dt^2} x_j = - \frac{\partial}{\partial x_j} U + g_j + h_j \ , \quad j = 1, \ldots, n \ , \tag{1.17}$$

an.

Es geht jetzt darum, (1.17) auf die q-Variablen umzuschreiben sowie auch die Reaktionskräfte in (1.17) zu eliminieren. Zunächst differenzieren wir (1.16) nach t und erhalten

$$\dot{x}_j = \sum_{i=1}^{k} \frac{\partial \phi_j}{\partial q_i} \dot{q}_i + \frac{\partial \phi_j}{\partial t} \ . \tag{1.18}$$

Dann schreiben wir die kinetische Energie des ganzen Systems in der Form

$$T = \frac{1}{2} \sum_{j=1}^{n} m_j \dot{x}_j^2 \ , \tag{1.19}$$

die von q , $\dot{q}$ und t abhängt. Es ist nach (1.18) und (1.19)

$$\frac{\partial T}{\partial \dot{q}_\alpha} = \sum_{j=1}^{n} m_j \dot{x}_j \frac{\partial \dot{x}_j}{\partial \dot{q}_\alpha} = \sum_{j=1}^{n} m_j \dot{x}_j \frac{\partial \phi_j}{\partial q_\alpha} \ ,$$

woraus

$$\frac{d}{dt} \frac{\partial T}{\partial \dot{q}_\alpha} = \sum_{j=1}^{n} m_j \ddot{x}_j \frac{\partial \phi_j}{\partial q_\alpha} + \sum_{j=1}^{n} m_j \dot{x}_j \{ \sum_{i=1}^{k} \frac{\partial^2 \phi_j}{\partial q_i \partial q_\alpha} \dot{q}_i + \frac{\partial^2 \phi_j}{\partial q_\alpha \partial t} \} \tag{1.20}$$

folgt. Weiter ist

$$\frac{\partial T}{\partial q_\alpha} = \sum_{j=1}^{n} m_j \dot{x}_j \frac{\partial \dot{x}_j}{\partial q_\alpha} = \sum_{j=1}^{n} m_j \dot{x}_j \{ \sum_{i=1}^{k} \frac{\partial^2 \phi_j}{\partial q_i \partial q_\alpha} \dot{q}_i + \frac{\partial^2 \phi_j}{\partial q_\alpha \partial t} \} \ . \tag{1.21}$$

Zieht man (1.21) von (1.20) ab, so erhält man

$$\frac{d}{dt} \frac{\partial T}{\partial \dot{q}_\alpha} - \frac{\partial T}{\partial q_\alpha} = \sum_{j=1}^{n} m_j \ddot{x}_j \frac{\partial \phi_j}{\partial q_\alpha} \ .$$

Wir kehren zu den Bewegungsgleichungen (1.17) zurück und denken uns
die j-te Bewegungsgleichung mit $\partial\phi_j/\partial q_\alpha$ multipliziert und dann über
alle j summiert. Wir erhalten

$$\sum_{j=1}^{n} m_j \ddot{x}_j \frac{\partial\phi_j}{\partial q_\alpha} = - \frac{\partial U}{\partial q_\alpha} + \sum_{j=1}^{n} g_j \frac{\partial\phi_j}{\partial q_\alpha} + \sum_{j=1}^{n} h_j \frac{\partial\phi_j}{\partial q_\alpha} \, , \qquad (1.22)$$

$$\alpha = 1,\ldots,k \, ,$$

worin

$$\frac{\partial U}{\partial q_\alpha} = \sum_{j=1}^{n} \frac{\partial U}{\partial x_j} \frac{\partial\phi_j}{\partial q_\alpha} \quad \text{gesetzt wurde.}$$

Die Anwesenheit der Kraft g ist ohne Bedeutung für die Bewegung
eines mechanischen Systems, denn sie stellt die Resultante der Reaktionskräfte dar. Betrachtet man das System als Ganzes, so gilt

$$\sum_{j=1}^{n} g_j \frac{\partial\phi_j}{\partial q_\alpha} = 0 \, . \qquad (1.23)$$

Die Gleichung (1.22) läßt sich unter Berücksichtigung von (1.23) in
der Form

$$\frac{d}{dt} \frac{\partial T}{\partial\dot{q}_\alpha} - \frac{\partial T}{\partial q_\alpha} = - \frac{\partial U}{\partial q_\alpha} + \sum_{j=1}^{n} h_j \frac{\partial\phi_j}{\partial q_\alpha} \, , \quad \alpha = 1,\ldots,k \, ,$$

schreiben. Führt man wieder die Lagrangesche Funktion $\underline{L} = T - U$
ein und berücksichtigt, daß U von $\dot{q}$ unabhängig ist, so geht
diese Gleichung über in

$$\frac{d}{dt} \frac{\partial}{\partial\dot{q}_\alpha} \underline{L} - \frac{\partial}{\partial q_\alpha} \underline{L} = \sum_{j=1}^{n} h_j \frac{\partial\phi_j}{\partial q_\alpha} \, , \quad \alpha = 1,\ldots,k \, .$$

Unter Benutzung der Schreibweise für die Lagrangeschen Ableitungen
hat man also

$$\underline{L}_\alpha = Q_\alpha \, , \quad \alpha = 1,\ldots,k \, , \qquad (1.24)$$

wobei $Q_\alpha := \sum_{j=1}^{n} h_j \frac{\partial\phi_j}{\partial q_\alpha}$ eine Funktion von q , $\dot{q}$ und t ist.

Verschwinden die h_j und hängen die Bedingungen nicht von t ab,
ist also $T = T(q,\dot{q})$, so gelangt man sofort zu den Gleichungen im
Abschnitt 1.1. sowie auch zu dem Hamiltonschen Prinzip in der Form
eines Variationsproblems. In unserem Falle müssen wir das Hamiltonsche Prinzip etwas allgemeiner fassen. Betrachten wir wieder das
Integral

$$\underline{I} = \int_{t_1}^{t_2} \underline{L}(q,\dot{q},t)dt \, .$$

Verwendet man dieselbe Schreibweise wie in 1.1., so findet man wieder

$$\delta \underline{I} = \int_{t_1}^{t_2} \sum_{i=1}^{k} \left[\frac{\partial L}{\partial \dot{q}_i} \delta\dot{q}_i + \frac{\partial L}{\partial q_i} \delta q_i \right] dt = - \int_{t_1}^{t_2} \sum_{i=1}^{k} \underline{L}_i \delta q_i \, dt =$$

$$= - \int_{t_1}^{t_2} \sum_{i=1}^{k} Q_i \delta q_i \, dt \, ,$$

d.h., wir suchen Funktionen $q_1(t),\dots,q_k(t)$, so daß

$$\delta \underline{I} + \int_{t_1}^{t_2} \sum_{i=1}^{k} Q_i \delta q_i \, dt = 0 \qquad\qquad (1.25)$$

wird. Dabei sind die Variationen δq_i beliebig.

1.3.   Allgemeine Kontinuitätsgleichung

1.3.1. Deformation des Kontinuums

Jetzt werden wir die Gleichungen für die Bewegungen eines Kontinuums, d.h. eines deformierbaren Körpers, aufstellen. Um ein vorliegendes Kontinuum mit Koordinaten zu erfassen, müssen wir unser Augenmerk auf die individuellen Punkte richten. Es erhebt sich sofort die Frage, wie man die Teilchen individualisieren kann. Früher haben wir sie durch den Index k unterschieden. Bei einem Kontinuum läßt sich dies nicht durchführen. Wir nehmen statt dessen einen gewissen Bezugszustand an, etwa den Anfangszustand, in Bezug auf ein rechtwinkliges rechtshändiges Koordinatensystem. In der Ausgangslage wird jeder Punkt nach seinen Koordinaten $x = (x_1, x_2, x_3)$ benannt. Ist also x ein Punkt im Anfangszustand, so befindet sich dieser Punkt nach einer Deformation zur Zeit t an der Stelle $\underline{x} = (\underline{x}_1, \underline{x}_2, \underline{x}_3)$, d.h., $\underline{x}$ ist eine Funktion von x und der Zeit t :

$$\underline{x} = \underline{x}(x,t) \, .$$

Das System der Variablen $x = (x_1, x_2, x_3)$ spielt dabei genau die Rolle des früher mit k bezeichneten Indexes k .

Will man die Bewegung eines bestimmten Teilchens verfolgen, das mit der kontinuierlichen "Nummer" x bezeichnet wird, so hält man x fest und läßt nur t variieren. Die Bewegung des Teilchens x wird danach durch die Funktion $\underline{x}$ der Variablen t bei festem x beschrieben. Die Geschwindigkeit, mit der sich ein Teilchen bewegt, ist somit

$$\dot{\underline{x}} = \frac{\partial}{\partial t} \underline{x}(x,t)$$

und seine Beschleunigung

$$\ddot{\underline{x}} = \frac{\partial^2}{\partial t^2} \underline{x}(x,t) \ .$$

Wir setzen voraus, daß die Funktion $\underline{x}(x,t)$ genügend oft differenzierbar ist. Weiter nehmen wir an, daß verschiedene Teilchen im Laufe der Bewegung verschieden bleiben, d.h., die Transformation ist eineindeutig, und wir setzen ein für allemal voraus, daß die Funktionaldeterminante

$$\underline{D} \ : = \ \det \ (\partial \underline{x}_i / \partial x_j)_{i,j=1,2,3} \ > \ 0 \qquad\qquad (1.26)$$

ist.

1.3.2. Erhaltung der Masse

Es sei nun B ein beliebiger Teil des Kontinuums im Bezugszustand. Wir führen die Funktion $\rho_0 = \rho_0(x)$, die Massendichte, durch die Forderung ein, daß das Integral

$$\int_B \rho_0 \ dv$$

die Masse des Teiles B darstellt, wobei dv das Volumenelement im Bezugszustand bedeutet. Es sei $\rho = \rho(\underline{x},t)$ die Massendichte des Kontinuums im Zustand zur Zeit t . Die Masse von B ist dann übergegangen in die eines Bereiches $\underline{B}$ im tatsächlichen Zustand zur Zeit t , so daß die Masse von $\underline{B}$ durch die Formel

$$\int_{\underline{B}} \rho \ d\underline{v}$$

gegeben wird, wobei $d\underline{v}$ das Volumenelement im tatsächlichen Zustand bedeutet. Diese beiden Massen bestehen aus denselben Teilchen, sind also gleich, und auf Grund der Transformationsformel für Volumenintegrale besteht zwischen den Volumenelementen die Beziehung

$$d\underline{v} = \underline{D}dv \ , \qquad\qquad (1.27)$$

also hat man

$$\int_B \rho_0 \ dv = \int_{\underline{B}} \rho \ d\underline{v} = \int_B \rho \ \underline{D} \ dv \ .$$

Der Bereich B war beliebig, also folgt

$$\rho_0 = \rho \underline{D} \, . \tag{1.28}$$

Die Aussage (1.28) wird das Gesetz von der Erhaltung der Masse oder die Kontinuitätsgleichung genannt.

Man kann diese Gleichung auf eine Differentialgleichung reduzieren, indem man (1.28) nach der Zeit t differenziert. ρ_0 hängt nicht von t ab; daher gilt

$$\frac{\partial}{\partial t} (\rho \underline{D}) = 0 \, . \tag{1.29}$$

Wir setzen $a_{ij} := \partial \underline{x}_i / \partial x_j$, $i, j = 1,2,3$, und bemerken, daß

$$\frac{\partial \underline{D}}{\partial a_{ij}} := a^{ij}$$

die Minoren bezüglich a_{ij} in $\underline{D}$ sind, also

$$a^{ik} a_{jk} = \underline{D} \delta_{ij} \tag{1.30}$$

gilt, wo $\delta_{ii} = 1$ und $\delta_{ij} = 0$, wenn $i \neq j$. In dieser sowie in den folgenden Formeln wird von der Summationskonvention Gebrauch gemacht, d.h., wenn in einem Produkt derselbe Index zweimal auftritt, so wird über diesen Index summiert, also hier über k von 1 bis 3 . Aus (1.29) erhält man

$$0 = \underline{D} \frac{\partial \rho}{\partial t} + \underline{D} \frac{\partial \rho}{\partial \underline{x}_j} \frac{\partial \underline{x}_j}{\partial t} + \rho a^{ij} \frac{\partial a_{ij}}{\partial t} \, ,$$

woraus folgt

$$\frac{\partial \rho}{\partial t} + \frac{\partial \rho}{\partial \underline{x}_j} \frac{\partial \underline{x}_j}{\partial t} + \frac{\rho}{\underline{D}} a^{ij} \frac{\partial^2 \underline{x}_i}{\partial t \partial x_j} = 0 \, . \tag{1.31}$$

Diese Ausdrücke wollen wir auf die $\underline{x}$-Variablen umschreiben. Dazu denken wir uns die Gleichung $\underline{x} = \underline{x}(x,t)$ nach x aufgelöst, was im Hinblick auf (1.26) wenigstens für einen gewissen Bereich im $\underline{x}$-Raum immer möglich ist; es sei also $x = x(\underline{x},t)$. Hiermit führen wir die Funktion

$$\underline{u}(\underline{x},t) = \underline{\dot{x}}\big(x(\underline{x},t),t\big)$$

ein, d.i. die Geschwindigkeit des im Anfangszustand mit x bezeichneten Teilchens zur Zeit t . Mit Hilfe dieser Funktion können wir (1.31) in der Form

$$\frac{\partial \rho}{\partial t} + \frac{\partial \rho}{\partial \underline{x}_j} \underline{u}_j + \rho \frac{a^{ij}}{\underline{D}} \frac{\partial \underline{u}_i}{\partial x_j} = 0$$

schreiben. Es gilt aber

$$\frac{\partial \underline{u}_i}{\partial x_j} = \frac{\partial^2 \underline{x}_i}{\partial t \partial x_k} \frac{\partial x_k}{\partial \underline{x}_j} = \frac{a^{jk}}{\underline{D}} \frac{\partial \underline{u}_i}{\partial x_k} \, ,$$

woraus wegen

$$\frac{\partial \rho}{\partial \underline{x}_j}\, \underline{u}_j + \rho\, \frac{\partial \underline{u}_j}{\partial \underline{x}_j} = \frac{\partial}{\partial \underline{x}_j}\,(\rho \underline{u}_j) \; : = \operatorname{div}_{\underline{x}}(\rho \underline{u})$$

die Kontinuitätsgleichung in der Form

$$\frac{\partial \rho}{\partial t} + \operatorname{div}_{\underline{x}}(\rho \underline{u}) = 0 \qquad\qquad\qquad (1.32)$$

folgt. Physikalisch läßt sich diese Gleichung auch so deuten: Es sei $\underline{B}$ ein festgehaltener Teilbereich des Kontinuums zur Zeit t . Die in $\underline{B}$ enthaltene Masse ist definitionsgemäß

$$\int_{\underline{B}} \rho \; d\underline{v} \; .$$

Die zeitliche Änderung der Masse ist nach (1.32) und dem Gaußschen Satz [1)]

$$\frac{d}{dt} \int_{\underline{B}} \rho \; d\underline{v} = \int_{\underline{B}} \frac{\partial \rho}{\partial t}\, d\underline{v} = - \int_{\underline{B}} \operatorname{div}_{\underline{x}}(\rho \underline{u}) \; d\underline{v} = - \int_{\underline{O}} \rho \underline{u}' \underline{n} \; d\underline{o} \; ,$$

wobei $\underline{O}$ der Rand von $\underline{B}$ ist und $\underline{n}$ dessen äußere Normale; $d\underline{o}$ bezeichnet das Flächenelement. In Worten läßt sich dieser Sachverhalt folgendermaßen ausdrücken:

Die zeitliche Änderung der Masse in einem festgehaltenen Bereich des Kontinuums zur Zeit t ist gleich dem Nettoausfluß der Masse durch den Rand des Bereiches.

[1)] Im folgenden wird häufig von den Operationen des Matrizenkalküls Gebrauch gemacht. Mit Rücksicht darauf wird ein Vektor g dargestellt durch die einspaltige Matrix (kurz: Spalte) seiner Komponenten: $g = \begin{bmatrix} g_1 \\ g_2 \\ g_3 \end{bmatrix}$. Dann ist $g' = (g_1, g_2, g_3)$ die aus g durch Transposition erzeugte einzeilige Matrix (Zeile) und $g'n = n'g = n_1 g_1 + n_2 g_2 + n_3 g_3 = n_i g_i$ das skalare Produkt der beiden Vektoren n und g . Die Länge des Vektors $|g|$ wird durch $|g| = \sqrt{g'g}$ bezeichnet. Insbesondere hat man $g'\, \operatorname{grad}_x \psi = g_j \frac{\partial \psi}{\partial x_j}$. Der Gaußsche Satz lautet dann: Ist $g' = (g_1, g_2, g_3)$ eine stetig differenzierbare Vektorfunktion und B ein Bereich mit genügend glatter Berandung R , so gilt $\int_B \operatorname{div}_x g \; dv = \int_R g'n \; do$, wo dv das Volumenelement , do das Flächenelement und n die äußere Normale zu R sind.

1.4.   Bewegungsgleichungen eines Kontinuums

1.4.1. Ansatz des Hamiltonschen Prinzips

Um das Hamiltonsche Prinzip anwenden zu können, führen wir für die
Funktion $\underline{L} = T - U$ eine explizite Darstellung ein. Ein Ausdruck für
die kinetische Energie T ist leicht aufzustellen. B sei ein Teil
des Kontinuums im Bezugszustand; wir definieren

$$T = \frac{1}{2} \int_B \rho_0 |\underline{\dot{x}}|^2 \, dv \qquad\qquad (1.33)$$

als die kinetische Energie des Bereiches B . Dabei ist allgemein
$dv = dx_1 dx_2 dx_3$ das Volumenelement an der Stelle x und ρ_0 die
Massendichte des Kontinuums im Bezugszustand.

Das Potential U für die Kräfte, die sich aus einem Potential gewinnen lassen, wird sich als Integral über die Energiedichte w herausstellen. Wir wenden uns jetzt der Frage zu, wie diese anzusetzen ist.
Dabei haben wir von den Wirkungen der einzelnen Teilchen aufeinander
auszugehen, also zu beachten, ob sich zwei ins Auge gefaßte Teilchen
einander nähern oder von einander entfernen, und das findet seinen
Ausdruck darin, wie sich bei festgehaltenem t , $\underline{x}$ mit x ändert.
Die Energiedichte w wird demnach zunächst als Funktion der infinitesimalen Verzerrung gegenüber dem Bezugszustand an der Stelle x
im Augenblick t anzusetzen sein, also als Funktion der Matrix
$(\partial \underline{x}_i / \partial x_j)_{i,j=1,2,3}$. Um ein Teilchen aus der Gleichgewichtslage zu
bringen, d.h. das Kontinuum zu deformieren, bedarf es der Anwendung
von Arbeit. Sie wird im deformierten Körper als potentielle Energie
gespeichert, und weil dies von Stelle zu Stelle auf verschiedene
Weise geschehen kann, muß w auch von x abhängen.
Wir setzen wieder zur Abkürzung

$$a_{ij} = \partial \underline{x}_i / \partial x_j \, , \quad i, j = 1,2,3 \, , \qquad\qquad (1.34)$$

und bilden daraus

$$A = (a_{ij}) \, . \qquad\qquad (1.35)$$

Die Matrix A wird die Deformationsmatrix genannt, ihre Elemente
a_{ij} heißen die neun Deformationskomponenten.

Nun definieren wir die potentielle Energie U eines Teiles B des
Kontinuums als das Integral der von der Matrix A und der Stelle x
abhängigen Funktion w , erstreckt über den Bereich B

$$U = \int_B w(A,x) \, dv \, . \qquad\qquad (1.36)$$

Diese Funktion w wird die Energiedichte oder das elastische Potential genannt. Die Ausdrücke (1.33) und (1.36) zusammengenommen ergeben die Lagrangesche Funktion für das Hamiltonsche Integral

$$\underline{I} = \int_{t_1}^{t_2} (T - U)\, dt \ . \qquad (1.37)$$

Die Bewegungsgleichungen $\underline{L}_k = 0$ folgen wie im Falle endlicher Systeme aus dem Hamiltonschen Prinzip $\delta \underline{I} = 0$, falls keine äußeren
Kräfte wirken (vgl. Abschnitt 1.1.). Im Falle der Anwesenheit zu-
sätzlicher Kräfte muß nach (1.25) das Hamiltonsche Prinzip allgemeiner gefaßt werden, um zu den Bewegungsgleichungen (1.24) zu gelangen. Im Falle eines Kontinuums denken wir uns, daß gewisse äußere
Kräfte wirken, deren Resultante, pro Volumeneinheit des Anfangszu-
standes gerechnet, durch den Vektor $F' = (F_1, F_2, F_3)$ gegeben wird.
Wirken noch auf der Oberfläche 0 des Bereiches B Flächenkräfte,
die von dem Vektor G mit Komponenten G_i gegeben werden, so wird
die bei einer Variation geleistete Arbeit $\delta \underline{A}$ durch den Ausdruck

$$\delta \underline{A} = \int_B F'\, d\underline{x}\, dv + \int_O G'\delta \underline{x}\, do \qquad (1.38)$$

gegeben, und die Bewegungsgleichungen werden durch

$$\delta \underline{I} + \int_{t_1}^{t_2} \delta \underline{A}\, dt = 0 \qquad (1.39)$$

geliefert. Es sei $\phi = \frac{1}{2}\rho_0 |\dot{\underline{x}}|^2 - w(A,x)$. Somit ist ϕ eine Funk-
tion der Matrix A , des Punktes x und der Geschwindigkeit $\dot{\underline{x}}$, und
es wird

$$\underline{I} = \int_{t_1}^{t_2} \int_B \phi(A, \dot{\underline{x}}, x)\, dv\, dt \ .$$

Es geht jetzt darum, $\delta \underline{I}$ auszurechnen. Zu diesem Zweck denken wir
uns wieder einen Parameter ε eingeführt, so daß $\underline{x} = \underline{x}(x,t,\varepsilon)$
(mit $\underline{x}(x,t,0) = \underline{x}(x,t)$) eine willkürliche differenzierbare Funktion
von ε ist. Dann wird $\underline{I}$ eine Funktion von ε . Durch Differentiation von $\underline{I}$ nach diesem Parameter ε folgt

$$\delta \underline{I} = \int_{t_1}^{t_2} \int_B \left[\frac{\partial \phi}{\partial \dot{\underline{x}}_j}\, \delta \dot{\underline{x}}_j + \frac{\partial \phi}{\partial a_{ij}}\, \delta a_{ij} \right] dv\, dt \ . \qquad (1.40)$$

Wir werden wieder versuchen, den gewonnenen Ausdruck für $\delta\underline{I}$ durch partielle Integration so umzuformen, daß unter dem Integralzeichen nur noch die Variationen $\delta\underline{x}_j$ auftreten. Es gilt

$$\delta\dot{\underline{x}}_j = \frac{\partial}{\partial\varepsilon}\left.\frac{\partial\underline{x}_j}{\partial t}\right|_{\varepsilon=0} = \left.\frac{\partial^2}{\partial t\partial\varepsilon}\underline{x}_j\right|_{\varepsilon=0} = \frac{\partial}{\partial t}\,\delta\underline{x}_j$$

und
$$\delta a_{ij} = \frac{\partial}{\partial\varepsilon}\left.\frac{\partial\underline{x}_i}{\partial x_j}\right|_{\varepsilon=0} = \left.\frac{\partial^2}{\partial x_j\partial\varepsilon}\underline{x}_i\right|_{\varepsilon=0} = \frac{\partial}{\partial x_j}\,\delta\underline{x}_i\ .$$

Die partielle Integration des ersten Terms des Integranden in (1.40) nach t liefert daher unmittelbar

$$\int_{t_1}^{t_2}\int_B \frac{\partial\phi}{\partial\dot{\underline{x}}_j}\,\delta\dot{\underline{x}}_j\;dv\;dt = \int_B \frac{\partial\phi}{\partial\dot{\underline{x}}_j}\,\delta\underline{x}_j\Bigg|_{t_1}^{t_2}\;dv\;-$$

$$-\int_{t_1}^{t_2}\int_B\left[\frac{\partial}{\partial t}\frac{\partial\phi}{\partial\dot{\underline{x}}_j}\right]\delta\underline{x}_j\;dv\;dt\ ; \qquad\qquad (1.41)$$

dabei wird natürlich über j summiert. Beim zweiten Summanden in (1.40) müssen wir die Formel der partiellen Integration für Raumintegrale, d.h. den Gaußschen Satz, heranziehen.

Ist g eine beliebige Vektorfunktion mit den Komponenten g_j und ψ eine beliebige Skalarfunktion, so folgt aus der Identität

$$\mathrm{div}_x\,(\psi g) = \psi\,\mathrm{div}_x\,g + g'\,\mathrm{grad}_x\,\psi$$

und dem Gaußschen Satz

$$\int_B g'\,\mathrm{grad}_x\,\psi\;dv = \int_O \psi g'n\;do - \int_B \psi\,\mathrm{div}_x\,g\;dv\ . \qquad\qquad (1.42)$$

Setzen wir speziell $\psi = \delta\underline{x}_i$ und $g_j = \partial\phi/\partial a_{ij}$, so liefert die Formel (1.42)

$$\int_{t_1}^{t_2}\int_B \frac{\partial\phi}{\partial a_{ij}}\,\delta a_{ij}\;dv\;dt =$$

$$= \int_{t_1}^{t_2}\int_O \frac{\partial\phi}{\partial a_{ij}}\,\delta\underline{x}_i n_j\;do\;dt - \int_{t_1}^{t_2}\int_B\left[\frac{\partial}{\partial x_j}\frac{\partial\phi}{\partial a_{ij}}\right]\delta\underline{x}_i\;dv\;dt\ .$$

Das ergibt zusammen mit (1.41) einen Ausdruck für $\delta\underline{I}$, wobei in dem Integranden nur noch $\delta\underline{x}_i$ auftritt

$$\delta \underline{I} = - \int\limits_{t_1}^{t_2} \int\limits_{B} \left[\frac{\partial}{\partial t} \frac{\partial \phi}{\partial \dot{\underline{x}}_i} + \frac{\partial}{\partial x_j} \frac{\partial \phi}{\partial a_{ij}} \right] \delta \underline{x}_i \; dv \; dt \; +$$

$$+ \int\limits_{B} \frac{\partial \phi}{\partial \dot{\underline{x}}_i} \, \delta \underline{x}_i \Bigg|_{t_1}^{t_2} dv + \int\limits_{t_1}^{t_2} \int\limits_{O} \frac{\partial \phi}{\partial a_{ij}} \, \delta \underline{x}_i n_j \; do \; dt \; . \qquad (1.43)$$

Um diesen Ausdruck von $\delta \underline{I}$ noch übersichtlicher zu schreiben, beachten wir, daß nach Definition

$$\frac{\partial \phi}{\partial a_{ij}} = - \frac{\partial w}{\partial a_{ij}} : = - w_{ij}$$

ist. Die neun Größen w_{ij} heißen die Spannungskomponenten, ihre Matrix

$$W = (w_{ij})_{i,j=1,2,3} \qquad (1.44)$$

wird die Spannungsmatrix genannt. Setzen wir noch

$$P_i = w_{ij} \, n_j \qquad (1.45)$$

und beachten weiter, daß nach der Definition von ϕ

$$\frac{\partial \phi}{\partial \dot{\underline{x}}_j} = \rho_0 \, \dot{\underline{x}}_j$$

ist, so erhält der Ausdruck (1.43) für $\delta \underline{I}$ die endgültige Form

$$\delta \underline{I} = - \int\limits_{t_1}^{t_2} \int\limits_{B} \left[\rho_0 \, \ddot{\underline{x}}_i - \frac{\partial w_{ij}}{\partial x_j} \right] \delta \underline{x}_i \; dv \; dt \; +$$

$$+ \int\limits_{B} \rho_0 \underline{x}_i \delta \underline{x}_i \Bigg|_{t_1}^{t_2} dv - \int\limits_{t_1}^{t_2} \int\limits_{O} P_i \delta \underline{x}_i \; do \; dt \; . \qquad (1.46)$$

Diese Variationsgleichung wird uns zu den allgemeinen Bewegungsgleichungen führen und bei der Ableitung der Impulsgleichungen wichtig sein.

1.4.2. Lagrangesche Gleichungen

Zunächst wollen wir aus (1.46) die Bewegungsgleichungen des Kontinuums ableiten. Mit B sei das ganze hier ins Auge gefaßte Kontinuum bezeichnet. Beachten wir, daß mit Rücksicht auf (1.38) und (1.46) die Formel (1.39) identisch in den $\delta \underline{x}_i$ gelten muß. In der Variationsrechnung schließt man daraus, daß die Faktoren von $\delta \underline{x}_i$ do und $\delta \underline{x}_i$ dv verschwinden müssen. Weil außerdem voraussetzungsgemäß für $t = t_1$ und $t = t_2$ die Variationen $\delta \underline{x}_i = 0$ sein sollen, so daß der mittlere Summand auf der rechten Seite von (1.46) von selbst gleich null wird, so kommen wir zu den folgenden zwei Systemen von Gleichungen:

$$\rho_0\, \ddot{\underline{x}}_i = \frac{\partial w_{ij}}{\partial x_j} + F_i \; , \quad i = 1,2,3 \; , \tag{1.47}$$

$$P_i = G_i \; , \quad i = 1,2,3 \; . \tag{1.48}$$

Um diese Gleichungen etwas kürzer schreiben zu können, führen wir den Vektor

$$\operatorname{div}_x W = \begin{bmatrix} \partial w_{1j}/\partial x_j \\ \partial w_{2j}/\partial x_j \\ \partial w_{3j}/\partial x_j \end{bmatrix} \quad (\text{Summation über } j\,)$$

und auch den Vektor P mit den Komponenten P_i ein. So erhalten wir

$$\rho_0\, \ddot{\underline{x}} = \operatorname{div}_x W + F \; , \tag{1.49}$$

$$P = G \; . \tag{1.50}$$

Den Inhalt der Gleichungen (1.47) bzw. (1.49) kann man folgendermaßen ausdrücken: Für jedes einzelne Massenteilchen gilt, daß Masse mal Beschleunigung gleich der Divergenz der Spannung ist, vermehrt um die äußeren Kräfte.

Der Term $\operatorname{div}_x W$ gibt die inneren Kräfte bei der Verformung des Kontinuums, und wir hatten schon dadurch, daß wir $U = \int_B w\, dv$ ansetzten, zum Ausdruck gebracht, daß Verzerrungen an einer einzelnen Stelle innerhalb des Kontinuums Kräfte auslösen.

Die Gleichungen (1.48) bzw. (1.50) entsprechen dagegen Randbedingungen, die an der Oberfläche zu erfüllen sind.

Zusammenfassend werden die Gleichungen (1.47) und (1.48) bzw. (1.49) und (1.50) als Lagrangesche Gleichungen bezeichnet. Ihnen stehen die Eulerschen Gleichungen gegenüber, in denen statt der Differentialquotienten nach den x-Variablen die nach den $\underline{x}$-Variablen auftreten. Das gegenseitige Verhältnis dieser beiden Gleichungssysteme ist gleich dem der Kontinuitätsgleichungen (1.27) und (1.31). Um die Lagrangeschen Gleichungen in die Eulerschen umschreiben zu können, brauchen wir einige Hilfsformeln.

1.4.3. Ein Hilfsformelsystem

Ehe wir an die Umformung der Lagrangeschen Gleichungen in die Eulerschen gehen, wollen wir feststellen, wie sich die Differentialquotienten auf andere Variable umrechnen lassen. Wir denken uns das
Kontinuum einmal im Anfangszustand und dann im Zustand zur Zeit t
die fest gewählt sei, vorliegend. Es seien x und $\underline{x}$ dieselben
Massenpunkte in den beiden Zuständen, so daß die Beziehung $\underline{x}$ =
= $\underline{x}(x,t)$ zwischen entsprechenden Punkten besteht. Wir nehmen im
Punkte x den infinitesimalen Vektor $dx' = (dx_1, dx_2, dx_3)$, das
Flächenelement do und das Volumenelement dv ; $d\underline{x}'$ =
= $(d\underline{x}_1, d\underline{x}_2, d\underline{x}_3)$, $d\underline{o}$ und $d\underline{v}$ seien die entsprechenden Elemente
im deformierten Kontinuum. Wir fragen, wie sich die einen Größen
durch die entsprechenden anderen ausdrücken. Es ist

$$d\underline{x} = A\ dx , \qquad\qquad (1.51)$$

wo A die Funktionalmatrix $(\partial\underline{x}_i/\partial x_j) = (a_{ij})$ ist und $\underline{D}$ =
= $\det(A) > 0$. Bezeichnet man mit A^{-1} die Inverse von A , so
gilt

$$dx = A^{-1}\ d\underline{x} . \qquad\qquad (1.52)$$

Nun seien der Einheitsvektor der nach außen gerichteten Normale in
einem Punkt der Oberfläche (Begrenzung) des betrachteten Kontinuums
im Anfangszustand und $\underline{n}$ der Einheitsnormalenvektor in dem entsprechenden Oberflächenpunkt nach der Deformation. Wir suchen die Bezie-
hung zwischen den Oberflächendifferentialen n do und $\underline{n}\ d\underline{o}$. Man
nehme die Komponente von dx in der Richtung n und bilde das Volumenelement (n'dx) do (vgl. Abb.2), wobei do der Grundflächen-
inhalt im x-System ist.

Entsprechend bilde man das
Volumenelement $(\underline{n}'d\underline{x})\ d\underline{o}$
im x-System. Zwischen
den beiden Volumenele-
menten besteht nach (1.27)
die Beziehung

$$\underline{n}'d\underline{x}\ d\underline{o} = \underline{D}n'dx\ do$$

und nach (1.51)

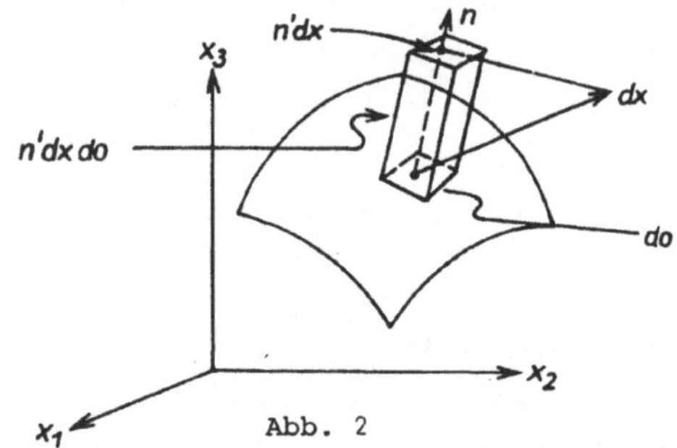

$$\underline{D}\ n'dx\ do = \underline{n}'\ A\ dx\ d\underline{o} = (A'\ \underline{n})'\ dx\ d\underline{o} .$$

Da diese Beziehung identisch in dx besteht, folgt unmittelbar die
gesuchte Relation

$$\underline{D}\, n\, do = A'\, \underline{n}\, \underline{do}\, , \qquad\qquad (1.53)$$

wobei A' die transponierte Matrix von A ist, woraus durch Multiplikation mit A'^{-1}

$$\underline{n}\, \underline{do} = \underline{D}\, A'^{-1}\, n\, do \qquad\qquad (1.54)$$

folgt.

Es seien jetzt die Vektorfunktionen f bzw. $\underline{f}$ mit den Komponenten f_1, f_2, f_3 bzw. $\underline{f}_1$, $\underline{f}_2$, $\underline{f}_3$ vorgegeben, zwischen denen die Beziehung

$$f'n\, do = \underline{f}'\underline{n}\, \underline{do}$$

bestehen möge. Im Hinblick auf (1.53) und (1.54) folgt hieraus

$$f'n\, do = \underline{f}'(\underline{D}\, A'^{-1}n)\, do = \underline{D}(A^{-1}\underline{f})'\, n\, do\, ,$$

also durch Vergleich der Koeffizienten des unbestimmten Vektors $n\, do$

$$f = \underline{D}\, A^{-1}\, \underline{f}$$

und durch Multiplikation mit $\dfrac{1}{\underline{D}}\, A$

$$\underline{f} = \frac{1}{\underline{D}}\, A\, f\, . \qquad\qquad (1.55)$$

Wir behaupten, daß zwischen den Divergenzen der Funktionen f und $\underline{f}$ der einfache Zusammenhang

$$\operatorname{div}_x f = \underline{D}\, \operatorname{div}_{\underline{x}} \underline{f} \qquad\qquad (1.56)$$

besteht. Das ist so zu zeigen: Wir denken uns im x-Raum ein Volumen B ; dem entspricht ein gewisses anderes Volumen $\underline{B}$ im $\underline{x}$-Raum. Dann liefert der Gaußsche Satz

$$\int_B \operatorname{div}_x f\, dv = \int_O f'\, n\, do = \int_{\underline{O}} \underline{f}'\, \underline{n}\, \underline{do} = \int_{\underline{B}} \operatorname{div}_{\underline{x}} \underline{f}\, d\underline{v} =$$

$$= \int_B \underline{D}\, \operatorname{div}_{\underline{x}} \underline{f}\, dv\, .$$

Dabei ist O die Oberfläche von B und $\underline{O}$ die von $\underline{B}$. Da das Volumen beliebig war, gilt (1.56).

1.4.4. Eulersche Gleichungen

Jetzt nehmen wir an Stelle von f speziell den Vektor mit den Komponenten w_{i1} , w_{i2} , w_{i3} , d.i. die i-te Zeile der Spannungsmatrix W . Nach (1.55) ist die k-te Komponente des entsprechenden Vektors in dem $\underline{x}$-System $\dfrac{1}{\underline{D}}\, a_{kj}\, w_{ij}$. Also führen wir die Matrix $\underline{W} = (\underline{w}_{ij})$ durch die Gleichung

$$\underline{W} = \frac{1}{D}\, W\, A' \tag{1.57}$$

ein. $\underline{W}$ wird als Eulersche Spannungsmatrix im Gegensatz zur Lagrangeschen Spannungsmatrix W bezeichnet.

Zur Umformung der Lagrangeschen in die Eulerschen Gleichungen werde (1.49) durch $\underline{D}$ dividiert. Dann tritt links der Faktor $\rho = \rho_0/\underline{D}$ auf. Ebenso ist $\underline{F} := F/\underline{D}$ die äußere Kraft, die pro Volumeneinheit im Zustand zur Zeit t angreift. Beachtet man noch, daß aus der Definition der Matrix $\underline{W}$ folgt, daß (1.56) erfüllt ist, also

$$\mathrm{div}_x\, W = \underline{D}\, \mathrm{div}_{\underline{x}}\, \underline{W}$$

gilt, so kann man den Gleichungen (1.49) auch sofort die Form

$$\rho\underline{\ddot{x}} = \mathrm{div}_{\underline{x}}\, \underline{W} + \underline{F} \tag{1.58}$$

geben.

Nach der Definition der Matrix $\underline{W}$ ist

$$W\, n\, do = \frac{1}{D}\, W\, A'\, \underline{n}\, d\underline{o} = \underline{W}\, \underline{n}\, d\underline{o} \ . \tag{1.59}$$

Führen wir wie in (1.45) $\underline{P}$ durch

$$\underline{P} = \underline{W}\, \underline{n} \tag{1.60}$$

ein, so folgt

$$P\, do = W\, n\, do = \underline{W}\, \underline{n}\, d\underline{o} = \underline{P}\, d\underline{o} \ ,$$

und die Randbedingungen (1.50) lassen sich schreiben

$$\underline{P} = \underline{G} \ . \tag{1.61}$$

Die Gleichungen (1.58) und (1.61) sind die Eulerschen Gleichungen.

Das Gleichungssystem (1.58) wird oft in einer veränderten Form geschrieben. Wir führen ähnlich wie im Abschnitt 1.3. die Funktion

$$\underline{\dot{x}}(x,t) = \underline{\dot{x}}\big(x(\underline{x},t),\ t\big) = \underline{u}(\underline{x},t)$$

ein. Differenziert man die i-te Komponente nach t , so erhält man

$$\underline{\ddot{x}}_i = \frac{\partial \underline{u}_i}{\partial t} + \frac{\partial \underline{u}_i}{\partial \underline{x}_k}\,\frac{\partial \underline{x}_k}{\partial t} = \frac{\partial \underline{u}_i}{\partial t} + \underline{u}_k\,\frac{\partial \underline{u}_i}{\partial \underline{x}_k} \ .$$

Bezeichnet man mit $(\,\mathrm{grad}_{\underline{x}}\, \underline{u}\,)$ die Matrix mit den Zeilen $\mathrm{grad}_{\underline{x}}\, \underline{u}_i$, $i = 1,2,3$, so ergibt sich daraus

$$\underline{\ddot{x}} = (\mathrm{grad}_{\underline{x}}\, \underline{u})\underline{u} + \frac{\partial \underline{u}}{\partial t} \ ,$$

und das System (1.58) nimmt die Gestalt

$$\rho \left[\frac{\partial \underline{u}}{\partial t} + (\mathrm{grad}_{\underline{x}}\, \underline{u})\underline{u} \right] = \mathrm{div}_{\underline{x}}\, \underline{W} + \underline{F} \qquad (1.62)$$

an.

1.5.   Impulsgleichungen und Energiesatz

Es kommt jetzt noch darauf an, die mechanische Bedeutung der in den Bewegungsgleichungen auftretenden Bildungen zu verstehen. Dazu nehmen wir einen gewissen Teil des Kontinuums heraus, der, wie auch die Bewegung vor sich gehen möge, immer aus denselben Teilchen bestehen soll. Wir denken uns also einen bestimmten Teil aus dem Anfangszustand herausgeschnitten; mit fortschreitender Zeit bilden diese individuellen Teilchen einen sich dauernd verändernden Teil des Kontinuums. Für diesen Teil stellen wir jetzt die sechs Impulsgrößen, die Energie und ihre zeitlichen Differentialquotienten auf. Unter dem Impuls eines Teilchens x des Kontinuums verstehen wir das Produkt aus seiner Masse $\rho_0 dv$ und seiner Geschwindigkeit $\dot{\underline{x}}$. Der Gesamtimpuls $\underline{H}$ des in Betracht kommenden Volumens B wird also definiert durch

$$\underline{H} = \int_B \rho_0\, \dot{\underline{x}}\, dv . \qquad (1.63)$$

Der auf den Anfangspunkt bezogene Drall (oder das Impulsmoment) $\underline{M}$ wird durch folgende Formel definiert:

$$\underline{M} = \int_B \rho_0\, \underline{x} \times \dot{\underline{x}}\, dv \ ^{1)} . \qquad (1.64)$$

Schließlich wird die gesamte Energie durch den Ausdruck

$$E = T + U = \int_B \left[\frac{1}{2}\, \rho_0 |\dot{\underline{x}}|^2 + w(A,x) \right]\, dv \qquad (1.65)$$

gegeben.

Die zeitlichen Ableitungen von Impulsgrößen und kinetischer Energie können, da der Integrationsbereich konstant ist, durch Differenzieren nach t unter dem Integralzeichen unmittelbar berechnet werden.

Auf Grund von (1.47) und dem Gaußschen Satz gilt

$$\frac{d}{dt}\, \underline{H} = \int_B \rho_0\, \ddot{\underline{x}}\, dv = \int_B [\mathrm{div}_x\, \underline{W} + \underline{F}]\, dv = \int_O \underline{W}n\, do + \int_B \underline{F}\, dv .$$

$^{1)}$ Das Vektorprodukt zweier Vektoren a und b mit den Koordinaten a_1 , a_2 , a_3 und b_1 , b_2 , b_3 ist definiert als der Vektor $a \times b$ mit den Koordinaten $a_2 b_3 - b_2 a_3$, $a_3 b_1 - a_1 b_3$, $a_1 b_2 - a_2 b_1$.

Daraus schließt man nach (1.59) und der Definition von $\underline{F}$:

$$\frac{d}{dt}\ \underline{H} = \int\limits_{\underline{O}} \underline{W}\ \underline{n}\ d\underline{o} + \int\limits_{\underline{B}} \underline{F}\ d\underline{v}\ ,$$

d.h. nach (1.60)

$$\frac{d}{dt}\ \underline{H} = \int\limits_{\underline{O}} \underline{P}\ d\underline{o} + \int\limits_{\underline{B}} \underline{F}\ d\underline{v}\ . \tag{1.66}$$

Beachtet man, daß $\ a \times a = 0\ $ ist, so findet man ebenso

$$\frac{d}{dt}\ \underline{M} = \int\limits_{B} \rho_0\ \underline{x} \times \underline{\ddot{x}}\ dv = \int\limits_{B}\left[\underline{x} \times \operatorname{div}_x\ W + \underline{x} \times F\right]\ dv =$$

$$= \int\limits_{B} \underline{x} \times \operatorname{div}_{\underline{x}}\ \underline{W}\ d\underline{v} + \int\limits_{B} \underline{x} \times \underline{F}\ d\underline{v}\ .$$

Eine mühsame, aber leichte Rechnung zeigt, daß der Vektor aus der Summe zweier Vektoren besteht. Der erste hat die Komponenten

$$\frac{\partial}{\partial \underline{x}_j}\ (\underline{x}_2\underline{w}_{3j} - \underline{x}_3\underline{w}_{2j})\ , \quad \frac{\partial}{\partial \underline{x}_j}\ (\underline{x}_3\underline{w}_{1j} - \underline{x}_1\underline{w}_{3j})\ ,$$

$$\frac{\partial}{\partial \underline{x}_j}\ (\underline{x}_1\underline{w}_{2j} - \underline{x}_2\underline{w}_{1j})\ .$$

Der zweite Vektor, der mit $\underline{r}$ bezeichnet wird, hat die Komponenten

$$\underline{w}_{23} - \underline{w}_{32}\ , \quad \underline{w}_{31} - \underline{w}_{13}\ , \quad \underline{w}_{12} - \underline{w}_{21}\ .$$

Aus dem Gaußschen Satz und der Definition von $\underline{P}$ folgt unmittelbar, daß

$$\frac{d}{dt}\ \underline{M} = \int\limits_{\underline{B}} \underline{x} \times \underline{F}\ d\underline{v} + \int\limits_{\underline{O}} \underline{x} \times \underline{P}\ d\underline{o} + \int\limits_{\underline{B}} \underline{r}\ d\underline{v} \tag{1.67}$$

gilt.

Bezeichnet man die Spur einer Matrix A mit $\operatorname{Sp}(A)$, so ist zunächst

$$\operatorname{div}_x\ (\underline{\dot{x}}'W) = \frac{\partial}{\partial x_j}\ (\underline{\dot{x}}_i w_{ij}) = \underline{\dot{x}}_i\ \frac{\partial w_{ij}}{\partial x_j} + \frac{\partial \dot{x}_i}{\partial x_j}\ w_{ij} =$$

$$= \underline{\dot{x}}_i\ \frac{\partial w_{ij}}{\partial x_j} + \dot{a}_{ij} w_{ij} = \underline{\dot{x}}'\ \operatorname{div}\ W + \operatorname{Sp}(\dot{A}W) = \underline{\dot{x}}'\ \operatorname{div}\ W + \operatorname{Sp}(W\dot{A}')\ ,$$

und da andererseits nach (1.36)

$$\frac{dU}{dt} = \int\limits_{B} \frac{\partial w}{\partial a_{ij}}\ \dot{a}_{ij}\ dv = \int\limits_{B} w_{ij}\ \dot{a}_{ij}\ dv = \int\limits_{B} \operatorname{Sp}(W\dot{A}')\ dv$$

gilt, folgt

$$\frac{dE}{dt} = \frac{dT}{dt} + \frac{dU}{dt} = \int\limits_B \underline{\dot{x}}' \; F \; dv + \int\limits_B \left[\mathrm{div}(\underline{\dot{x}}'w) - \mathrm{Sp}(W\dot{A}') \right] dv +$$

$$+ \int\limits_B \mathrm{Sp}(W\dot{A}') \; dv = \int\limits_B \underline{\dot{x}}' \; F \; dv + \int\limits_B \mathrm{div}(\underline{\dot{x}}'W) \; dv \; ,$$

was nach dem Gaußschen Satz

$$\frac{dE}{dt} = \int\limits_B \underline{\dot{x}}' \; F \; dv + \int\limits_O \underline{\dot{x}}' \; W \; n \; do$$

ist. Dies ist der Energiesatz . Im Hinblick auf (1.59) und (1.60)
kann man ihn auch in der Form im tatsächlichen Zustand

$$\frac{dE}{dt} = \int\limits_B \underline{\dot{x}}' \; \underline{F} \; d\underline{v} + \int\limits_O \underline{\dot{x}}' \; \underline{P} \; d\underline{o} \tag{1.68}$$

schreiben.

Diese Impulsgleichungen legen uns die mechanische Interpretation der
Größen P und $\underline{P}$ nahe. In der Punktmechanik besagen die Impulsgleichungen, daß die Komponenten des Kraftsystems gleich den Ableitungen der entsprechenden Impulskomponenten sind, und daß die Komponenten des Moments des Kräftesystems im Ursprung gleich den Differentialquotienten der entsprechenden Momentkomponenten des Systems
der Impulsvektoren sind; der Energiesatz sagt dort aus, daß der
Differentialquotient der Energie gleich dem der Leistung der wirkenden Kräfte ist. Dies stimmt aber völlig überein mit den eben für ein
Kontinuum aufgestellten Gleichungen (1.66), (1.67), (1.68), wenn man
die Schlußterme in (1.67) wegläßt und zu den äußeren Kräften $\underline{F}$
noch Kräfte hinzunimmt, die auf den Oberflächen wirken, wobei auf
das Oberflächenelement $d\underline{o}$ eine Kraft $\underline{P}$ pro Flächeneinheit wirkt.
Die Übereinstimmung von (1.67) mit den Flächensätzen ist allerdings
nur dann vollständig, wenn die Schlußterme verschwinden, also wenn
$\underline{r}$ gleich null ist, d.h. wenn

$$\underline{W} = \underline{W}'$$

gilt. Völlige Übereinstimmung ist folglich nur dann vorhanden, falls
die Eulersche Spannungsmatrix $\underline{W}$ symmetrisch ist. Man kann also als
Postulat aufstellen, daß diese Terme wegfallen,und dann nach den
Eigenschaften der Energiedichte fragen, die erfüllt sein müssen, damit $\underline{W}$ symmetrisch ist. Wir wollen hier nicht so vorgehen; wir werden sehen, was für eine außerordentlich einfache Bedeutung die Forderung der Symmetrie der Eulerschen Spannungsmatrix besitzt. In-
zwischen behalten wir einfach diese Zusatzterme bei, ohne sie zu
interpretieren.

Fassen wir das ganze Kontinuum ins Auge, so gelten die Randbedingungen, und in den Impulsgleichungen muß $\underline{P}$ gleich $\underline{G}$ gesetzt werden. $\underline{P}$ tritt explizit auf, wenn man einen Teil des Kontinuums heraushebt, und spielt dann dieselbe Rolle wie die Reaktionskräfte in der Punktmechanik, bei deren Hinzufügen Bindungen weggelassen werden können. Genau so kann auch hier, was die Aufstellung der Impuls- und Energiegleichungen anbelangt, die Verbindung des herausgeschnittenen Teils mit dem übrigen Kontinuum nicht vorhanden gedacht werden. $\underline{P}$ gibt so die Wirkungen des übrigen Teils auf den herausgeschnittenen Teil des Kontinuums wieder.

Es war definitionsgemäß

$$\underline{P} = \underline{W}\,\underline{n} \; ;$$

$\underline{P}$ hängt also linear von der Normalen des Oberflächenelements ab; die Elemente $\underline{w}_{ij}$ der Matrix $\underline{W}$ sind dabei rein lokale Größen, die im Gegensatz zu $\underline{n}$ von der Orientierung der Oberfläche unabhängig sind. Der Vektor $\underline{P}$ stellt die im Kontinuum herrschende Spannung dar. Weist $\underline{P}$ ins Äußere der Oberfläche, so sprechen wir von einer Zugspannung, andernfalls von einer Druckspannung; welcher der beiden Fälle vorliegt, hängt davon ab, ob die quadratische Form

$$\underline{P}'\,\underline{n} = \underline{n}'\,\underline{W}'\,\underline{n}$$

positiv oder negativ ist.

1.6.   Berücksichtigung thermischer Vorgänge

1.6.1.   Formale Einführung der Entropiedichte und der Temperatur

Die Deformation eines Kontinuums ist immer mit der Dissipation von Energie in der Form freigegebener Wärme verbunden. Um thermischen Erscheinungen und ihren Auswirkungen gerecht zu werden, entnehmen wir der Thermodynamik die Begriffe der Entropie und der (absoluten) Temperatur. Die Entropie bestimmt die Richtung eines natürlichen thermischen Vorganges und läßt sich, ähnlich wie die Energie und die Masse, aus einer Dichtefunktion berechnen. Es sei also η die Entropiedichte zur Zeit t an der Stelle x . Dann ist

$$\int_B \eta(x,t)\, dv$$

die Entropie in dem Bereich B zur Zeit t . Die Entropie selbst hat die Dimensionen von Energie pro Temperatureinheit. Die Funktion η ist eine unbekannte Funktion, die neben $\underline{x} = \underline{x}(x,t)$ noch zu ermitteln ist. Wir haben also die vier unbekannten Koordinaten

$(\underline{x}_1 , \underline{x}_2 , \underline{x}_3 , \eta)$ als Funktionen der Veränderlichen (x,t) zu bestimmen.

Die kinetische Energie bleibt bei der Einführung dieser vierten Koordinate ungeändert; anders steht es dagegen mit der potentiellen Energie, weil die Energiedichte w jetzt auch noch als Funktion der vierten Koordinaten η anzusetzen ist:

$$w = w(A, x, \eta) \ . \tag{1.69}$$

Wenn die Entropie als Systemkoordinate aufgefaßt wird, so spielt die Temperatur $\theta = \theta(x,t)$ die Rolle der auf diese Systemkoordinate wirkenden Kraft. Das heißt genauer, daß die während einer Variation geleistete Arbeit der äußeren Kräfte jetzt den Ausdruck

$$\delta\underline{A} = \int\limits_{B} F'\delta\underline{x} \ dv + \int\limits_{B} \theta\delta\eta \ dv$$

hat.

Das Hamiltonsche Prinzip lautet wie gewöhnlich

$$\delta\int\limits_{t_1}^{t_2} (T - U) \ dt + \int\limits_{t_1}^{t_2} \delta\underline{A} \ dt = 0 \ .$$

Die durch Berücksichtigung thermischer Vorgänge in dieser Formel aufgetretenen Änderungen bestehen nur in der Hinzunahme einer vierten Variablen η in dem Ausdruck für w und in einem Zusatzterm in $\delta\underline{A}$. Die Bewegungsgleichungen ergeben sich aus dem Hamiltonschen Prinzip, indem man die Koeffizienten von $\delta\underline{x}_1$, $\delta\underline{x}_2$, $\delta\underline{x}_3$ und jetzt auch von $\delta\eta$ gleich null setzt. Der Koeffizient von $\delta\eta$ ist leicht anzugeben, weil in w nur η selbst und keine Differentialquotienten von η auftreten; er ist

$$- \frac{\partial w}{\partial \eta} + \theta \ .$$

Also muß außer den drei Bewegungsgleichungen (1.47) bzw. (1.49) noch die vierte Gleichung

$$\theta = \frac{\partial w}{\partial \eta} \tag{1.70}$$

erfüllt sein.

An den Impulsgleichungen (1.66) und (1.67) ändert sich durch die Hinzunahme von η nichts. Wir behaupten, daß die Energiegleichung (1.68) jetzt lautet

$$\frac{d}{dt} E = \int\limits_{B} \underline{F}' \ \dot{\underline{x}} \ d\underline{v} + \int\limits_{O} \underline{P}'\dot{\underline{x}} \ d\underline{o} + \int\limits_{B} \theta \ \frac{\partial \eta}{\partial t} \ dv \ . \tag{1.71}$$

Diese Gleichung läßt sich in Worten so ausdrücken:

Die zeitliche Änderung der Energie ist gleich der geleisteten Arbeit
der äußeren Kräfte plus der geleisteten Arbeit der Oberflächenkräfte
plus der geleisteten Arbeit der zugeführten Wärme.

Die Gleichung (1.71) sowie auch den darauf folgenden Satz kann man
folgendermaßen beweisen: Es ist zunächst mit (1.70)

$$\frac{dU}{dt} = \frac{d}{dt} \int_B w(A,x,\eta)\, dv = \int_B \left\{ Sp(W\dot{A}') + \theta\, \frac{\partial \eta}{\partial t} \right\} dv \ .$$

Wie bei der Herleitung von (1.68) haben wir

$$\int_B \dot{\underline{x}}'\, \mathrm{div}_x W\, dv = \int_B \left\{ \mathrm{div}_x(W'\dot{\underline{x}}) - Sp(W\dot{A}) - \theta\, \frac{\partial \eta}{\partial t} + \theta\, \frac{\partial \eta}{\partial t} \right\} dv =$$

$$= \int_O \dot{\underline{x}}\, W\, n\, do + \int_B \theta\, \frac{\partial \eta}{\partial t}\, dv - \frac{dU}{dt} \ ,$$

woraus (1.71) sofort folgt. Der Integrand des Zusatztermes

$\int \theta\, \frac{\partial \eta}{\partial t}\, dv$ hängt mit

$$dQ = \theta\, \frac{\partial \eta}{\partial t}\, dv\, dt \qquad\qquad (1.72)$$

zusammen und wird gemäß den Gesetzen der Thermodynamik als die in
dem Zeitintervall dt dem Bereich B zugeführte Wärme gedeutet.

Hiermit ist aber noch nicht viel gewonnen. Es sind nur Größen eingeführt und ihre Bedeutung angegeben. Es müßte wenigstens an jeder
Stelle und zu jeder Zeit die Temperatur gegeben sein, genau wie früher die Kraft gegeben war. Das ist aber nie der Fall.

Nun sind es vorzugsweise zwei Arten von Forderungen, die man an die
Art und Weise der thermischen Ausgleichungen stellt und welche dann
wieder auf Bewegungsgleichungen der früheren Art führen. Das sind
die Bedingungen, die die adiabatischen und die isothermischen Vorgänge charakterisieren.

1.6.2. Adiabatische Vorgänge

Die adiabatischen Vorgänge sind dadurch charakterisiert, daß die
Entropie zeitlich konstant bleibt, also nach (1.72) die zugeführte
Wärme null ist, so daß $\partial \eta / \partial t = 0$ und daher $\eta = \eta(x)$ eine reine
Ortsfunktion ist. Die Entropiedichte ist also durch ihren Wert im
Anfangszustand gegeben. w ist eine Funktion von A , x und η .
Da η hier eine bekannte Funktion der Veränderlichen x allein
ist, können wir uns ihren Ausdruck in den x in w eingesetzt

denken und werden so unmittelbar auf den alten Fall zurückgeführt, daß w eine Funktion von x und A ist. Wir können uns dann x aus den alten Bewegungsgleichungen bestimmt denken und dann hinterher die Temperatur aus der vierten Gleichung (1.70) entnehmen. Bei den adiabatischen Vorgängen trennen sich also die beiden Probleme der Bestimmung der Bewegung und der Bestimmung der Temperatur völlig voneinander.

1.6.3. Isotherme Vorgänge

Bei den isothermen Vorgängen bleibt die Temperatur der einzelnen materiellen Teilchen im Laufe der Zeit ungeändert, d.h. $\partial\theta/\partial t = 0$, so daß θ eine Funktion von x allein und zwar eine durch den Anfangszustand bekannte Funktion ist. Hier ergibt sich eine gewisse Komplikation, da nämlich w nicht bekannt ist; vielmehr weiß man nur, daß

$$\frac{\partial w}{\partial \eta} = \theta$$

gilt, wobei $\theta = \theta(x)$ von der Zeit unabhängig ist.

Wir können hier formal genau wie bei den adiabatischen Bewegungen vorgehen, weil η und θ in dem Sinne konjugierte Größen sind, daß sie ihre Rollen vertauschen können, wie wir zunächst zeigen werden. Es ist w eine Funktion der Variablen A , x und η . Mit Hilfe der sogenannten Legendreschen Transformation führen wir eine Funktion w* derselben Variablen wie w durch

$$w* = w*(A, x, \eta) = w - \eta\,\frac{\partial w}{\partial \eta}$$

ein. Nach (1.70) ist

$$w* = w - \eta\theta \; . \tag{1.73}$$

Nun denken wir uns η aus (1.70) ausgerechnet, also als Funktion von A , θ und x dargestellt, und diesen Ausdruck für η in w*(A, x, η) eingesetzt. Dann wird w* eine Funktion $\overline{w}*(A, x, \theta)$, die als die Dichte der freien Energie bezeichnet wird. Die freie Energie in einem Volumen V wird aus dem Integral

$$\int_V \overline{w}* \, dv$$

gewonnen. Beschränkt man sich nun auf ein festes materielles Teilchen, nimmt man also an, daß x konstant ist, so wird das vollständige Differential von $d\overline{w}*$ einerseits

$$d\overline{w}* = \frac{\partial \overline{w}*}{\partial a_{ij}}\, da_{ij} + \frac{\partial \overline{w}*}{\partial \theta}\, d\theta \; ; \tag{1.74}$$

andererseits erhält man nach (1.73) für dw*

$$dw^* = \frac{\partial w}{\partial a_{ij}}\, da_{ij} + \frac{\partial w}{\partial \eta}\, d\eta - \eta\, d\theta - \theta\, d\eta \ .$$

Nach (1.70) ist aber

$$\frac{\partial w}{\partial \eta}\, d\eta - \theta\, d\eta = 0 \ ,$$

und da $dw^* = d\bar{w}^*$ ist, gilt

$$\bar{d}w^* = \frac{\partial w}{\partial a_{ij}}\, da_{ij} - \eta\, d\theta = d\bar{w}^* \ .$$

Durch Koeffizientenvergleich mit (1.74) folgt jetzt

$$\frac{\partial w}{\partial a_{ij}} = \frac{\partial w^*}{\partial a_{ij}} \qquad\qquad (1.75)$$

und

$$\frac{\partial \bar{w}^*}{\partial \theta} = -\,\eta \ . \qquad\qquad (1.76)$$

Nach (1.75) kann man in den Bewegungsgleichungen überall w durch
w* ersetzen, da in ihnen nicht w selbst, sondern nur die Größen
$w_{ij} = \partial w/\partial a_{ij}$ auftreten, wenn man dabei θ an die Stelle der vierten Unbekannten η treten läßt; an die Stelle der vierten Bewegungsgleichung (1.70) ist dabei die Gleichung (1.76) zu setzen. Damit
kann man bei den isothermen Vorgängen genau wie bei den adiabatischen
vorgehen. Jetzt ist w* eine bekannte Funktion von A und x ; x
bestimmt sich aus den alten Bewegungsgleichungen, wo nur die Energiedichte w durch die Dichte der freien Energie $\bar{w}^*$ zu ersetzen ist.
Die Entropie wird dann bei bekanntem x durch die vierte Gleichung
(1.76) geliefert.

2. Kinematik des Kontinuums

<u>2.1.</u>   <u>Deformations- und Spannungsmatrizen unter Koordinaten-
transformationen</u>

Wir müssen uns jetzt mit der Frage beschäftigen, wie sich die Spannungsgrößen bei Einführung neuer Koordinaten transformieren. Dazu setzen wir wieder

$$x = \begin{bmatrix} x_1 \\ x_2 \\ x_3 \end{bmatrix} \quad , \quad \underline{x} = \begin{bmatrix} \underline{x}_1 \\ \underline{x}_2 \\ \underline{x}_3 \end{bmatrix} \quad \text{usw.;}$$

die neuen Koordinaten mögen durch die Substitution

$$\overline{x} = Tx \tag{2.1}$$

eingeführt werden, deren Matrix $T = (c_{ij})$, $c_{ij} = \partial \overline{x}_i / \partial x_j$, sei. Wir lassen Transformationen auf irgendein schiefwinkliges Koordinatensystem mit demselben Ursprung zu, so daß T eine ganz beliebige, invertierbare Matrix ist. Ändern wir die Koordinaten, so bekommen wir statt

$$A = (a_{ij}) \quad \text{mit} \quad a_{ij} = \partial \underline{x}_i / \partial x_j \quad \text{und}$$

$$W = (w_{ij}) \quad \text{mit} \quad w_{ij} = \partial w / \partial a_{ij}$$

zwei andere Matrizen

$$\overline{A} = (\overline{a}_{ij}) \quad \text{mit} \quad \overline{a}_{ij} = \partial \underline{\overline{x}}_i / \partial \overline{x}_j \quad \text{und}$$

$$\overline{W} = (\overline{w}_{ij}) \quad \text{mit} \quad \overline{w}_{ij} = \partial \overline{w} / \partial \overline{a}_{ij} \ .$$

Wir werden den Zusammenhang zwischen A und $\overline{A}$ sowie zwischen W und $\overline{W}$ herstellen. Beweisen wir zunächst, daß

$$\overline{A} = T \, A \, T^{-1} \tag{2.2}$$

ist, wobei T^{-1} die Inverse von T ist. Das ist folgendermaßen einzusehen. Es war $\underline{x} = \underline{x}(x)$, und die Matrix A war durch die Beziehung

$$d\underline{x} = A \, dx \tag{2.3}$$

erklärt. Dabei lassen wir die Abhängigkeit bezüglich t außer acht, da sie in diesen Betrachtungen keine Rolle spielt. Genau so ist $\overline{A}$ durch

$$d\underline{\overline{x}} = \overline{A} \, d\overline{x} \tag{2.4}$$

zu erklären. Weil die Koordinatentransformation für x und $\underline{x}$ natürlich dieselbe ist, gilt analog zu (2.1)

$$\bar{\underline{x}} = T\underline{x} \ .$$

Da diese Beziehungen linear sind, kann man sie durch die entsprechenden in den Differentialen ersetzen und erhält

$$d\bar{\underline{x}} = T \ dx \quad \text{und} \quad d\bar{\underline{x}} = T \ d\underline{x} \ .$$

Daraus folgt aber nach (2.4) und (2.3)

$$d\bar{\underline{x}} = T \ d\underline{x} = TA \ dx = TAT^{-1} \ d\bar{\underline{x}} \ ,$$

woraus man unmittelbar die Behauptung (2.2) erhält.

Als nächstes leiten wir die Transformationsformeln für die Lagrangesche sowie auch für die Eulersche Spannungsmatrix her. Dazu benutzen wir den Umstand, daß das Differential der potentiellen Energie von Natur aus eine Invariante ist, d.h.

$$\bar{w}(\bar{A}) = w(A) + \text{const.} \tag{2.5}$$

Nach (2.2) ist $\bar{a}_{i\ell} = c_{ij} a_{jk} \gamma_{k\ell}$, wobei $\gamma_{k\ell}$ die Elemente von T^{-1} sind. Also gilt

$$\frac{\partial \bar{a}_{i\ell}}{\partial a_{mn}} = c_{im} \gamma_{n\ell} \ .$$

Nach (2.5) ist

$$\frac{\partial w}{\partial a_{i\ell}} = \frac{\partial \bar{w}}{\partial \bar{a}_{jk}} \frac{\partial \bar{a}_{jk}}{\partial a_{i\ell}} \ ,$$

das heißt

$$w_{i\ell} = \bar{w}_{jk} c_{ji} \gamma_{\ell k} = c_{ji} \bar{w}_{jk} \gamma_{\ell k}$$

bzw. in Matrixschreibweise

$$W = T' \bar{W} T'^{-1} \quad \text{oder} \quad \bar{W}' = TW'T^{-1} \ . \tag{2.6}$$

Der Nachweis derselben Transformationsformel für die Eulersche Spannungsmatrix läßt sich leicht auf den der Lagrangeschen Matrix mittels der Gleichung (1.57) zurückführen, die den Zusammenhang zwischen den beiden Matrizen liefert. Es gilt nämlich $\underline{W} = \frac{1}{D} WA'$ und natürlich ebenso in den anderen Koordinaten $\bar{\underline{W}} = \frac{1}{\underline{D}} \bar{W} \bar{A}'$.

Nach (2.2) gilt $\underline{D} = \det(A) = \det(\bar{A}) = \bar{\underline{D}}$ und weiter

$$\bar{\underline{W}} = \frac{1}{\underline{D}} \bar{W} \bar{A}' = \frac{1}{\underline{D}} T'^{-1} W T' \ T'^{-1} A' \ T' = \frac{1}{\underline{D}} T'^{-1} W A' \ T' = T'^{-1} \underline{W} T' \ ,$$

also

$$\bar{\underline{W}} = T'^{-1} \underline{W} T' \quad \text{oder} \quad \underline{W} = T' \bar{\underline{W}} T'^{-1} \tag{2.7}$$

2.2.   Orthogonale Transformationen und ihre Invarianten

Bisher haben wir Transformationen auf beliebige schiefwinklige Koordinatensysteme zugelassen. In diesem Abschnitt wird angenommen, daß das rechtwinklige Ausgangskoordinatensystem in ein kongruentes übergeführt wird, daß also T eine orthogonale Matrix mit der Determinante +1 ist.

Es sei an dieser Stelle daran erinnert, daß die orthogonalen Matrizen U durch die Beziehung

$$U^{-1} = U' \text{ , d.h. } U'U = E \text{ ,} \tag{2.8}$$

gekennzeichnet sind, wo E die Einheitsmatrix darstellt. Daher ist das innere Produkt zweier Vektoren a und b eine orthogonale Invariante, d.h.

$$(Ua)'(Ub) = a' b \text{ .}$$

Ausgehend von der Deformationsmatrix $A = (a_{ij})$ bilden wir die drei Größen

$$p_1 = \frac{1}{2} (a_{32} - a_{23}) \text{ ,}$$
$$p_2 = \frac{1}{2} (a_{13} - a_{31}) \text{ ,} \tag{2.9}$$
$$p_3 = \frac{1}{2} (a_{21} - a_{12}) \text{ ;}$$

wir wollen zeigen, daß sie sich genau wie die lokalen Koordinaten x_i selbst transformieren, d.h., wenn $\bar{x} \doteq Tx$, so sind die entsprechenden Größen $\bar{p}_1$, $\bar{p}_2$, $\bar{p}_3$ im neuen Koordinatensystem gegeben durch

$$\bar{p} = T p \text{ ;} \tag{2.10}$$

wir sagen dann, daß die p_j die Komponenten eines Vektors sind.

Nehmen wir zunächst an, daß dies schon bewiesen ist. Zusammen mit dem Vektor p betrachten wir die schiefsymmetrische Matrix

$$P = \begin{bmatrix} 0 & -p_3 & p_2 \\ p_3 & 0 & -p_1 \\ -p_2 & p_1 & 0 \end{bmatrix} = \frac{1}{2} (A - A')$$

und beweisen, daß dann auch Px für jede beliebige Koordinatenspalte x einen Vektor darstellt.

Es seien y ein willkürlicher Vektor und (y,p,x) die Matrix mit den drei Spalten y , p , x . Dann ist

$$\bar{y}' \bar{P} \bar{x} = \det (\bar{y}, \bar{p}, \bar{x}) = \det (Ty, Tp, Tx) = \det \big(T(y,p,x)\big) =$$
$$= \det T \det (y,p,x) = \det (y,p,x) = y' Px = \bar{y}' TPx \text{ ,}$$

also $\overline{P}\,\overline{x} = TPx$. Dies war die Behauptung. Hieraus folgt, daß $\overline{P}\,Tx=$ $= TPx$ und daher

$$\overline{P} = TPT^{-1} = TPT' \ , \tag{2.11}$$

was man auch leicht aus der Definition $\overline{P} = \frac{1}{2}\,(\overline{A} - \overline{A}')$ hätte schließen können.

Umgekehrt: In Analogie zu der Bildung von P aus p setzen wir

$$X = \begin{pmatrix} 0 & -x_3 & x_2 \\ x_3 & 0 & -x_1 \\ -x_2 & x_1 & 0 \end{pmatrix} \ ;$$

dann haben wir $y'Px = \det(y,p,x) = -\det(y,x,p) = -y'\,X\,p$, und weil $\overline{X} = TXT'$, folgt $\overline{y}'\,\overline{X}\,\overline{p} = y'\,X\,p$, und da $\overline{y}'\,\overline{X} = y'\,T'\,TXT'=$ $= y'\,XT'$, muß $\overline{p} = Tp$ sein.

Ist nun $q = Ap$, so haben wir

$$\overline{q} = \overline{A}\,\overline{p} = T\,A\,T'\,T\,p = T\,A\,p = T\,q \ ,$$

womit gezeigt ist, daß zugleich mit p auch q ein Vektor ist.

In den Längenquadraten und dem skalaren Produkt sind drei Invarianten der beiden Vektoren gegeben, nämlich

$$\kappa_1 = |p|^2 \ , \quad \kappa_2 = p'q \ , \quad \kappa_3 = |q|^2 \ . \tag{2.12}$$

Weil die a_{ij} neun Größen sind und eine orthogonale Substitution von drei unabhängigen Parametern, z.B. den Eulerschen Winkeln, abhängt, muß es im ganzen $9 - 3 = 6$ unabhängige Invarianten für den Übergang zu einem neuen rechtwinkligen Koordinatensystem geben. Im Laufe der Betrachtung werden sich die drei noch fehlenden Invarianten von selbst einstellen.

2.3.   Infinitesimale Deformation des Kontinuums

Die vorangehenden Betrachtungen werden im folgenden angewendet und ergänzt bei der Untersuchung der sogenannten infinitesimalen Deformation des Kontinuums. Wir wollen die Verzerrung studieren, die in der Umgebung eines bestimmten materiellen Teilchens statthat. Diese lokale Deformation wird durch die Matrix A gegeben; wir betrachten die infinitesimalen Verhältnisse. Wir denken uns am Teilchen x einmal im Bezugszustand und einmal im Zustand zur Zeit t ein lokales Koordinatensystem mit dem Ursprung in diesem Teilchen und den Achsen ξ_1 , ξ_2 , ξ_3 , parallel zu den allgemeinen Koordinatenachsen x_1 , x_2 , x_3 . Es seien dx_1 , dx_2 , dx_3 die Relativkoordinaten eines Punktes im Bezugszustand in Bezug auf x und $d\underline{x}_1$, $d\underline{x}_2$, $d\underline{x}_3$

diejenigen desselben Punktes zur Zeit t in Bezug auf $\underline{x}$. Dann gilt
natürlich die Deformationsformel

$$d\underline{x} = A \, dx \; .$$

Setzen wir zur Abkürzung $\eta = d\underline{x}$ und $\xi = dx$, so wird also die infinitesimale Deformation in der Umgebung des materiellen Teilchens
durch die Transformation

$$\eta = A\xi$$

gegeben. Damit ist die anschauliche Diskussion der Deformation in der
Umgebung eines Teilchens auf die einer affinen Transformation zurückgeführt.

Die Diskussion beruht auf dem folgenden Satz:

> Jede affine Transformation ist das Produkt aus einer Drehung
> und einer reinen Dehnung (Verzerrung), und beide sind eindeutig bestimmt.

Diese Aussage ist gleichbedeutend mit dem folgenden bekannten Satz
der linearen Algebra:

> Jede reelle nichtsinguläre Matrix A mit $\underline{D} = \det(A) > 0$ ist
> das Produkt aus einer eigentlich orthogonalen Matrix Ω , d.h.
> $\Omega'\Omega = E$ und $\det(\Omega) = + 1$, und einer positiv-definiten sym-
> metrischen Matrix M , d.h. $A = \Omega M$, und die Faktoren Ω und
> M sind eindeutig bestimmt.

Wir skizzieren den Beweis. Man bilde die Matrix $G = A'A$. Diese ist
symmetrisch, also $G' = G$, und positiv definit, d.h., die quadratische Form $x'Gx = (Ax)'(Ax)$ ist positiv für alle nichtverschwin-
denden Vektoren x . Die Matrix G hat daher eine eindeutig bestimmte positiv definite Quadratwurzel M , d.i. eine Matrix, die der Bedingung $M^2 = G$ genügt. Man setze $\Omega = AM^{-1}$.

Es ist $\det(\Omega) = 1$, und wegen $\Omega'\Omega = M^{-1}A'AM^{-1} = M^{-1}MMM^{-1} = E$ ist
Ω eine orthogonale Matrix. Offenbar gilt $A = \Omega M$.

Den Fakt, daß eine Deformation mit umkehrbarer symmetrischer Matrix
eine Verzerrung des Kontinuums darstellt, kann man folgendermaßen
einsehen: Durch eine Drehung T führe man ein neues Koordinatensystem $\eta = T\xi$ ein, in dem die Matrix M die Gestalt

$$TMT^{-1} = \begin{bmatrix} \lambda_1 & 0 & 0 \\ 0 & \lambda_2 & 0 \\ 0 & 0 & \lambda_3 \end{bmatrix} = \Lambda$$

annimmt (Hauptachsentransformation der Matrix M). Die sicher positiven Eigenwerte λ_1 , λ_2 , λ_3 der symmetrischen Matrix M erscheinen dann als die durch die Deformation bewirkten Dehnungen des Kontinuums in Richtung der neuen Koordinatenachsen.

Umgekehrt kann man die positiven Dehnungskoeffizienten λ_1 , λ_2 , λ_3 längs der Achsen des η-Systems beliebig vorgeben und hat dann die Deformation im ξ-System dargestellt durch die Matrix

$$A = \overset{\cdot}{T}{}' \, \Lambda \, T \ .$$

Es sei noch darauf hingewiesen, daß man die Dehnungskoeffizienten λ_1 , λ_2 , λ_3 als die positiven Quadratwurzeln der Lösungen der charakteristischen Gleichung $\det(\sigma E - G) = 0$ erhält.

2.4.   Invarianten der Deformationsmatrix

Die Gleichung
$$\det (\sigma E - G) = 0 \tag{2.13}$$
ist eine kubische Gleichung der Form
$$\sigma^3 - I_1 \sigma^2 + I_2 \sigma - I_3 = 0 \ .$$

Ihre Wurzeln seien σ_1 , σ_2 , σ_3 . Eine kurze Rechnung zeigt, daß die Koeffizienten I_1 , I_2 , I_3 der Gleichung durch die Relationen

$$\begin{aligned}
I_1 &= \mathrm{Sp}\ (G) \ , \\
I_2 &= \det\ (G)\ \mathrm{Sp}\ (G^{-1}) \ , \\
I_3 &= \det\ (G)
\end{aligned} \tag{2.14}$$

gegeben sind; sie lassen sich daher auch mittels der Elemente der Matrix A ausdrücken.

Da $\sigma_j = \lambda_j^2$; $j = 1, 2, 3$ ist, wird der Zusammenhang der I_j mit M durch

$$\begin{aligned}
I_1 &= \lambda_1^2 + \lambda_2^2 + \lambda_3^2 \ , \\
I_2 &= \lambda_1^2\lambda_2^2 + \lambda_2^2\lambda_3^2 + \lambda_3^2\lambda_1^2 \ , \\
I_3 &= \lambda_1^2\lambda_2^2\lambda_3^2
\end{aligned} \tag{2.15}$$

gegeben.

Im Abschnitt 2.2. hatten wir die drei orthogonalen Invarianten κ_1 , κ_2 , κ_3 einer Deformation gefunden und die Existenz von drei weiteren erschlossen. Dies sind die drei Dilatationsgrößen, die Eigenwerte der Matrix M , die mit λ_1 , λ_2 , λ_3 bezeichnet wurden. Sie bleiben bei Drehungen ungeändert, da M und TMT^{-1} dieselben Eigenwerte haben, so daß auch I_1 , I_2 , I_3 ungeändert bleiben. In

$$\kappa_1 \ , \ \kappa_2 \ , \ \kappa_3 \ ; \ I_1 \ , \ I_2 \ , \ I_3$$

haben wir so ein vollständiges System von Invarianten von A beim
Übergang zu einem neuen rechtwinkligen Koordinatensystem. Statt der
I_j könnte man natürlich hier auch die λ_j nehmen; diese haben aber
den Nachteil, sich nicht rational durch die Elemente der Matrix A
ausdrücken zu lassen.

Die Matrix A wird auch mit Rücksicht auf ihr Verhalten bei Transformationen als Tensor bezeichnet. Es handelt sich dabei um eine Weiterbildung des Vektorbegriffs. Die sechs eben aufgestellten Invarianten von A entsprechen dabei der einen Invariante eines Vektors,
nämlich der Quadratsumme seiner Komponenten.

Es sei noch eine geometrische Deutung der Matrix $G = A'A$ erwähnt,
die auf dem schon benutzten Umstand beruht, daß

$$\xi'G\xi = \eta'\eta = |\eta|^2 \tag{2.16}$$

ist. Wir betrachten die Fläche zweiten Grades

$$\xi'G\xi = 1 \ ,$$

welche ein nichtausgeartetes Ellipsoid darstellt, weil ja die quadratische Form (2.16) positiv definit ist. Für die Punkte ξ dieses
Ellipsoids gilt

$$|\eta|^2 = 1 \ ,$$

d.h., das Ellipsoid wird bei der affinen Transformation A in eine
Einheitskugel übergeführt. Wir könnten die Matrix G einführen
durch die Frage nach der Gesamtheit derjenigen Punkte, die durch die
affine Transformation in die Einheitskugel übergehen. Das Ellipsoid,
das von diesen Punkten gebildet wird, heißt Deformationsellipsoid.
Es hat als Hauptachsen die Dilatationsachsen, die somit die Längen

$$1/\lambda_1 \ , \quad 1/\lambda_2 \ , \quad 1/\lambda_3$$

haben.

2.5. Invarianzbeschränkungen der Energiedichte

Wir kehren wieder zur Bewegung des Kontinuums zurück. Wir hatten gesehen, daß die lokale Deformation des Kontinuums durch die Matrix

$$A = (a_{ij}) = (\partial \underline{x}_i / \partial x_j)$$

gegeben ist, die einer affinen Transformation in der Umgebung des
betreffenden Teilchens entspricht. Nach dem eben Ausgeführten können
wir diese lokale Deformation dahingehend beschreiben, daß die Umgebung des Teilchens in Richtung dreier, zueinander orthogonaler Achsen
im Verhältnis $\lambda_1 : \lambda_2 : \lambda_3$ dilatiert wird und dann die so deformierte Umgebung noch einer Drehung unterworfen wird. Das entspricht

der Zerlegung
$$A = \Omega\, M\,, \tag{2.17}$$

wo M eine positiv definite und Ω eine orthogonale Matrix mit
$\det(\Omega) = 1$ ist. Wir hatten wieder angenommen, daß die Energiedichte
w von A abhängt:
$$w = w(A)\,.$$
Nicht jede Funktion einer Matrix käme als Energiedichtefunktion in
Betracht; vielmehr muß w gewissen naheliegenden Invarianzeigen-
schaften genügen, die zu einer weitgehenden Spezialisierung der Energiedichte führen.

Zuerst nehmen wir an, daß der deformierte Körper einer starren Drehung unterworfen wird, also geht $\underline{x}$ durch die orthogonale Transformation mit der Matrix U über in
$$\underline{y} = U\,\underline{x}\,.$$
Danach wird w eine Funktion
$$w = w(UA)\,.$$
Wir nehmen an, daß die gespeicherte innere Energie bei einer starren
Drehung ungeändert bleibt, und fordern, daß für alle affinen Transformationen A und alle eigentlichen orthogonalen Transformationen
U die Energiedichte w die Bedingung
$$w(UA) = w(A) \tag{2.18}$$

erfüllt. Aus (2.17) und (2.18) folgt sofort
$$w(M) = w(\Omega^{-1}A) = w(A)\;;$$
also hängt w nur von der lokalen Verzerrung ab, nicht aber von der
mit der Deformation verbundenen Drehung um einen fixierten Punkt des
Kontinuums.

Man kann weiterhin den Fall ins Auge fassen, daß das Kontinuum isotrop ist, d.h. daß die durch die Dilatationen erzeugte Energiedichte
unabhängig von den Richtungen der Dilatationsachsen ist. Mit anderen
Worten, es muß w nicht nur invariant gegen eine Ersetzung von A
durch UA sein, sondern darüber hinaus muß es unverändert bleiben,
wenn man nur die Richtungen der Deformation ändert, d.h., es gilt
(2.18) und
$$w(U\,A\,U') = w(A)\,. \tag{2.19}$$
Äquivalent dazu kann man
$$w(A\,Q) = w(A)$$
für alle affinen Transformationen A und alle eigentlichen orthogonalen Transformationen Q forden. Die Bedingungen (2.18) und (2.19)
bedeuten, da w allein von der Matrix Λ abhängt, d.h. von den drei
Größen λ_1 , λ_2 , λ_3 bzw. I_1 , I_2 , I_3 (vgl. (2.15)), daß

4 Herglotz, Mechanik

$$w = w(\lambda_1, \lambda_2, \lambda_3) = \tilde{w}(I_1, I_2, I_3) \qquad\qquad (2.20)$$

ist. Es kommt jetzt darauf an, die Bedingungen dafür, daß das eine
oder das andere der Fall ist, in Form von partiellen Differentialgleichungen für w aufzustellen.

Wir werden an einem einfachen Beispiel zeigen, worum es sich hier
handelt und wie man zu den Differentialgleichungen gelangt. Es sei w
eine Funktion der zwei reellen Veränderlichen x und y . Wir fragen
nach Bedingungen für w , gegenüber Transformationen der Form

$$(x,y) \rightarrow T_a(x,y) = (x + a, y - a)$$

invariant zu sein, wobei a irgendeine Zahl bedeutet. Diese Transformationen bilden eine eingliedrige Gruppe; setzt man nämlich zwei solche Transformationen T_a und T_b zusammen, so addieren sich einfach die Parameterwerte a und b . T_0 ist die Identitätstransfor-
mation. Wir suchen Bedingungen dafür, daß

$$w\big(T_a(x,y)\big) = w(x + a, y - a) = w(x,y) \qquad\qquad (2.21)$$

für alle Parameterwerte a ist. Daher ist

$$\big[w(x + a, y - a) - w(x,y)\big]/a = 0$$

für alle $a \neq 0$. Läßt man a gegen null streben, so erhält man in
dem Punkt (x,y)

$$\delta w = \lim_{a \to 0} \big[w(x+a, y-a) - w(x, y-a) + w(x, y-a) - w(x,y)\big]/a =$$

$$= w_x - w_y = 0 . \qquad\qquad (2.22)$$

Andererseits hat die allgemeine Lösung dieser partiellen Differentialgleichung die Form $w = w_1(x + y)$, wobei $w_1(u)$ eine differenzierbare Funktion der einen Veränderlichen u darstellt, und diese
genügt der Bedingung (2.21). Mit anderen Worten, um Funktionen w
zu bestimmen, die (2.21) erfüllen, genügt es, (2.21) auf Transformationen anzuwenden, die in einer infinitesimalen Umgebung der Identität liegen. Man spricht daher von der Invarianz gegenüber einer infinitesimalen Transformation. Die Invarianz wird durch die Gleichung
(2.22) dargestellt, die nach dem oben Ausgeführten äquivalent mit
(2.21) ist.

Das oben geschilderte Verfahren, Invarianten zu gewinnen, ist allge-
meingültig. Nach einem allgemeinen Satz der klassischen Lieschen
Theorie der Transformationsgruppen folgt aus der Invarianz von w
gegenüber den infinitesimalen Transformationen unmittelbar die Invarianz gegenüber den sogenannten endlichen Transformationen der Gruppe.

Man könnte trivialerweise zu diesem Ergebnis kommen, indem man in
(2.21) einfach $a = y$ setzt: dann ist $w(x + y, 0) = w(x,y)$; es
ging aber darum, die allgemeine Methode an einem einfachen Beispiel
zu erläutern.

Genau so, wie an diesem Beispiel gezeigt, gehen wir bei dem vorliegenden etwas komplizierteren Problem vor. Wir suchen die Bedingungen
dafür, daß w bei den infinitesimalen Transformationen der Gruppe
invariant ist, und benutzen, daß diese Bedingungen dann auch für alle
Transformationen der Gruppe hinreichend sind.

Es sei $\{U(\varepsilon)\}$ eine eingliedrige kontinuierliche Gruppe eigentlich
orthogonaler Transformationen mit dem reellen Parameter ε so gewählt, daß

$$U(0) = E , \quad U(\varepsilon_1 + \varepsilon_2) = U(\varepsilon_1)U(\varepsilon_2) .$$

Wir nehmen an, was sich in der Tat beweisen läßt, daß die Matrix
$U(\varepsilon)$ in ε analytisch ist. Aus der Orthogonalitätsbedingung
$U(\varepsilon)'U(\varepsilon) = E$ folgt durch Differentiation nach ε die Gleichung
$U(\varepsilon)'\dot{U}(\varepsilon) + \dot{U}(\varepsilon)'U(\varepsilon) = 0$; wenn $\delta U = \dot{U}(0) = \Omega$ gesetzt wird, ergibt
sich

$$\Omega + \Omega' = 0 .$$

Die Matrix Ω , die man die Matrix der infinitesimalen Transformation der Gruppe $\{U(\varepsilon)\}$ nennt, ist also schiefsymmetrisch und hat
die Gestalt

$$\Omega = \begin{pmatrix} 0 & -\omega_3 & \omega_2 \\ \omega_3 & 0 & -\omega_1 \\ -\omega_2 & \omega_1 & 0 \end{pmatrix} .$$

Es läßt sich übrigens zeigen, daß

$$U(\varepsilon) = \exp(\varepsilon\Omega) = E + \varepsilon\Omega + \frac{1}{2!}\varepsilon^2\Omega^2 + \dots$$

ist.

Die Matrix Ω gestattet eine mechanische Deutung. Es sei ε der
Zeitparameter für die in der Gruppe $\{U(\varepsilon)\}$ zusammengefaßte stetige
Folge von Bewegungen. Die Drehung $U(\varepsilon)$ bringt den Vektor ξ , bzw.
dessen Endpunkt, in die Lage $\eta = U(\varepsilon)\xi$, so daß

$$\dot{U}(0)\xi = \Omega\xi \tag{2.23}$$

die Anfangsgeschwindigkeit jenes Endpunktes ist. Definieren wir ω
als den Vektor mit den soeben eingeführten Komponenten ω_1 , ω_2 ,
ω_3 , so ist $\Omega\xi = \omega \times \xi$ der Vektor der Winkelgeschwindigkeit der
Drehung U zur Zeit $\varepsilon = 0$; denn da $\Omega\omega = \omega \times \omega = 0$ ist, bestimmt

die Richtung von ω die (bei der Drehung fest bleibende) Achse der Drehung und zugleich den Drehsinn. Die absolute Größe der Geschwindigkeit ist die Länge $|\omega \times \xi| = |\omega|\,|\xi|\,\sin(\omega,\xi)$ des Vektors $\omega \times \xi$. Es folgt daher, daß $|\omega|$ den Betrag der Winkelgeschwindigkeit der Drehung darstellt.

Jetzt kommen wir dazu, die oben formulierten Invarianzbedingungen für die Energiedichte $w = w(A)$ durch Differentialgleichungen auszudrücken. Zu diesem Zweck beachten wir, daß wegen der Invarianz (2.18)

$$\delta w(A) = \sum_{i,j} \frac{\partial w}{\partial a_{ij}}\, \delta a_{ij} = Sp(W'\delta A) = 0$$

ist. Unter Anwendung der Gleichung (2.23) mit ξ ersetzt durch die Spalten der Matrix A ergibt sich

$$\delta(UA) = \Omega A \,,$$

so daß

$$\delta w(UA) = Sp\bigl(W'\delta(UA)\bigr) = Sp(W'\Omega A) = Sp(AW'\Omega) =$$
$$= \sum_{j=1}^{3} \alpha_j \omega_j = 0 \tag{2.24}$$

wird. Als Identität in den Unbestimmten ω_1 , ω_2 , ω_3 ist diese Relation gleichbedeutend mit den drei partiellen Differentialgleichungen

$$\alpha_1 = a_{2j}w_{3j} - a_{3j}w_{2j} = 0 \,,$$
$$\alpha_2 = a_{3j}w_{1j} - a_{1j}w_{3j} = 0 \,, \tag{2.25}$$
$$\alpha_3 = a_{1j}w_{2j} - a_{2j}w_{1j} = 0 \,.$$

Liegt der Fall der Isotropie vor, der zu den zusätzlichen Bedingungen (2.19) führte, so haben wir

$$\delta w = Sp(W'\Omega A - W'A\Omega) = 0 \,,$$

woraus wegen (2.24)

$$Sp(W'A\Omega) = \sum_{j=1}^{3} \alpha_j^{*} w_j = 0 \tag{2.26}$$

folgt. Diese Relation ist gleichwertig mit den drei partiellen Differentialgleichungen

$$\alpha_1^{*} = a_{j3}w_{j2} - a_{j2}w_{j3} = 0 \,,$$
$$\alpha_2^{*} = a_{j1}w_{j3} - a_{j3}w_{j1} = 0 \,, \tag{2.27}$$
$$\alpha_3^{*} = a_{j2}w_{j1} - a_{j1}w_{j2} = 0 \,.$$

Eine Funktion $\overset{.}{w}$, die der Bedingung (2.18) bzw. den Bedingungen
(2.18) und (2.19) genügt, muß die Differentialgleichungssysteme
(2.25) bzw. (2.25) und (2.27) erfüllen. In jedem Falle läßt sich w
als eine Funktion der Matrix M , des symmetrischen Faktors der Deformationsmatrix A , auffassen. Wir haben also gezeigt, daß jede
Funktion der Matrix M oder ihrer Invarianten jenen Systemen von
Differentialgleichungen genügen muß. Andererseits ist nach dem oben
erwähnten Satz der Lieschen Theorie der Transformationsgruppen jede
Lösung dieser Gleichungen eine Funktion von M , oder genauer, eine
Funktion der Invarianten I_1 , I_2 , I_3 von M .

In der allgemeinen Impulsmomentgleichung (1.67) trat der Zusatzterm
$\int_{\underline{B}} \underline{r}\, d\underline{v}$ auf, den man im Hinblick auf die entsprechende Formel der
Mechanik der Punktsysteme nicht erwarten konnte. Es stellte sich
heraus, daß dieser Term dann und nur dann wegfällt, wenn die Eulersche Spannungsmatrix symmetrisch ist. Für diese Bedingung ergibt sich
aus dem Vorangehenden eine mechanische Interpretation.

Schreiben wir die Gleichung (1.57) in der Form $\underline{D}\cdot\underline{W} = WA'$, so haben
wir

$$Sp(\underline{D}\ \underline{W}\ \Omega) = \underline{D}\cdot Sp(\underline{W}\Omega) = Sp(WA'\Omega) = Sp(\Omega WA') = Sp(AW'\Omega') =$$
$$= - Sp(AW'\Omega) = - x_j\omega_j \ .$$

Andererseits ist

$$Sp(\underline{W}\Omega) = (\underline{w}_{23} - \underline{w}_{32})\omega_1 + (\underline{w}_{31} - \underline{w}_{13})\omega_2 + (\underline{w}_{12} - \underline{w}_{21})\omega_3 \ .$$

Also gilt

$$\alpha_1 = \underline{w}_{23} - \underline{w}_{32} \ , \quad \alpha_2 = \underline{w}_{31} - \underline{w}_{13} \ , \quad \alpha_3 = \underline{w}_{12} - \underline{w}_{21} \ .$$

Die Symmetriebedingungen $\underline{w}_{ij} = \underline{w}_{ji}$ sind also mit den drei Invarianzbedingungen (2.25) gleichbedeutend.

Unter den hier diskutierten Bedingungen nimmt der sogenannte Drehim-
puls- oder Drallsatz die folgende Gestalt an:

$$\frac{dM}{dt} = \int_{\underline{v}} \underline{x} \times \underline{F}\, d\underline{v} + \int_{\partial\underline{v}} \underline{x} \times \underline{P}\, do \ , \qquad\qquad (2.28)$$

oder in Worten: Die zeitliche Änderung des Drehimpulsmomentes setzt
sich zusammen aus den durch die Volumenkräfte und den durch die Oberflächenkräfte bewirkten Teilen.

3. Mechanik spezieller Kontinua

3.1.   Thermodynamische Hilfsbetrachtungen

In der Thermodynamik wird festgestellt, daß die innere Energie der
Masseneinheit eines geschlossenen idealen Gases proportional zur Temperatur ist

$$U = c_v \theta$$

und daß die ebenfalls auf die Masseneinheit bezogene Entropie S
sich folgendermaßen zusammensetzt:

$$S = c_v \, \log \theta + R \log \frac{1}{\rho} \; , \quad c_v \, , \; R \; \text{ sind konstant.}$$

Dabei wurde der Nullpunkt der Entropieskala bei $\theta = 1$ und $\rho = 1$
gewählt. c_v ist die spezifische Wärme bei konstantem Volumen, und
R ist die universelle Gaskonstante. Führt man die spezifische Wärme
c_p bei konstantem Druck ein, so ist

$$R = c_p - c_v \; .$$

Es ist vielfach nützlich, das Verhältnis $k = c_p/c_v$ einzuführen;
dann ist $R = c_v(k - 1)$.

Von Natur aus ist $c_p > c_v > 0$, so daß $R > 0$ und $k > 1$ sind.
Es kommt jetzt darauf an festzustellen, welcher Ansatz für die Energiedichte w pro Volumeneinheit des Bezugszustandes zu wählen ist.

In der Physik geht man so vor, daß man die Feststellungen, welche
unter Annahme der Homgenität im Großen gemacht werden, dann auf die
Verhältnisse im Kleinen überträgt.

Wir fixieren in dem sich bewegenden Gas die Stelle x im Bezugszustand. Die Dichte des Gases an dieser Stelle sei wieder ρ_0 . Das
Teilchen werde im tatsächlichen Zustand zur Zeit t mit $\underline{x}$ bezeichnet, die Dichte mit ρ . Ein Volumenelement B um die Stelle x
soll übergeführt werden in das Volumenelement $\underline{B}$ um die Stelle $\underline{x}$.

Die Energiedichte an der Stelle x pro Volumeneinheit haben wir mit
w bezeichnet. Es wäre also $\int_B w \, dv$ der Energieinhalt des Elementes
B und auch der von $\underline{B}$ im tatsächlichen Zustand. Dieses Element hat
die Masse

$$\int_B \rho_0 \, dv = \int_{\underline{B}} \rho \, d\underline{v} \; ,$$

wobei $d\underline{v} = \underline{D} \, dv$, $\rho_0 = \underline{D}\rho$ ist. Es sei U der Energieinhalt der
Masseneinheit. Hier handelt es sich um eine Masse der Größe $\rho_0 \, dv$.

Also ergibt sich

$$\int_B w \, dv = \int_B U \, \rho_0 \, dv$$

und entsprechend für die Entropiedichte

$$\int_B \eta \, dv = \int_B S \, \rho_0 \, dv \ .$$

Demnach haben wir

$$w = U \, \rho_0 = c_v \, \theta \, \rho_0 \tag{3.1}$$

sowie auch

$$\eta = S \, \rho_0 = \left[c_v \, \log \theta + R \, \log \frac{D}{\rho_0} \right] \rho_0 = \ .$$

$$= c_v \, \rho_0 \left[\log \theta + (k - 1) \, \log \frac{D}{\rho_0} \right] \ ;$$

somit

$$\eta = c_v \, \rho_0 \, \log \left[\theta \left(\frac{D}{\rho_0} \right)^{k-1} \right] \ . \tag{3.2}$$

Um die Bewegungsgleichungen ansetzen zu können, müssen wir w als
Funktion von η ausdrücken. Nach (3.2) ist

$$\theta = \left(\frac{\rho_0}{D} \right)^{k-1} \exp \{ \eta / c_v \rho_0 \} \ ,$$

also ist nach (3.1) w als Funktion von η gegeben durch

$$w = c_v \, \rho_0 \left(\frac{\rho_0}{D} \right)^{k-1} \exp \{ \eta / c_v \rho_0 \} \ . \tag{3.3}$$

Wir haben nun eine Form von w , wie sie in dem allgemeinen Ansatz
(vgl. Abschnitt 1.4.) vorgesehen war. Was die Abhängigkeit von A
anbetrifft, hängt w nur von

$$\underline{D} = \det (A) = \sqrt{I_3} = \lambda_1 \lambda_2 \lambda_3$$

ab. w erfüllt also hier alle Invarianzbedingungen. Es ist unabhängig von den Richtungen der Dilatationsachsen und auch unabhängig von der Richtung des Koordinatensystems, denn die Determinante bleibt bei Koordinatentransformationen unverändert.

Um zu der Energiedichte $\underline{w}$ im Zustand zur Zeit t zu gelangen, dividieren wir beide Seiten von (3.3) durch $\underline{D}$ und erhalten

$$\underline{w} = c_v \left(\frac{\rho_0}{D} \right)^{k} \exp \{ \eta / (c_v \rho_0) \} \ . \tag{3.4}$$

Wir bilden noch die Ableitung von - w nach $\underline{D}$, die mit p bezeichnet werde, und erhalten

$$p = - \frac{\partial w}{\partial \underline{D}} = R\left(\frac{\rho_0}{\underline{D}}\right)^k \exp\{\eta/(c_v\rho_0)\} \ ; \tag{3.5}$$

p ist offenbar positiv. Wir werden dann sofort beim Ansatz der Bewegungsgleichungen auf die Bedeutung dieses Ausdrucks geführt.

In dem Fall adiabatischer Vorgänge ist $\eta = \eta(x)$ eine reine Ortsfunktion. Sie möge als ein Parameter aufgefaßt werden, und der Ausdruck

$$w = c_v\rho_0\left(\frac{\rho_0}{\underline{D}}\right)^{k-1} \exp\{\eta/(c_v\rho_0)\} \tag{3.6}$$

kann direkt in die Bewegungsgleichungen eingesetzt werden. Für die Energiedichte pro Volumeneinheit des Zustandes zur Zeit t erhält man

$$\underline{w} = c_v\, \rho^k \exp\{\eta/(c_v\rho_0)\} \ ,$$

wonach die Energiedichte $\underline{w}$ zur Zeit t an der Stelle $\underline{x}$ eine Funktion der an der betreffenden Stelle herrschenden Dichte ist.

Um die Temperatur θ zu erhalten, müssen wir den Differentialquotienten $\partial w/\partial\eta$ bilden, woraus folgt

$$\theta = \frac{\partial w}{\partial\eta} = \left(\frac{\rho_0}{\underline{D}}\right)^{k-1} \exp\{\eta/c_v\rho_0\} = \rho^{k-1} \exp\{\eta/c_v\rho_0\} \ .$$

Zur Behandlung isothermer Zustände hatten wir die Funktion

$$w^* = w - \eta\,\frac{\partial w}{\partial\eta} = w - \eta\theta$$

eingeführt. Gemäß (3.1) und (3.2) läßt sich w^* in die Form

$$w^* = c_v\theta\rho_0\left\{ 1 - \log\left[\left(\frac{D}{\rho_0}\right)^{k-1}\right]\right\}$$

bringen. Damit haben wir die gesuchte Darstellung von w^*. Es gilt entsprechend wie vorher

$$\underline{w}^* = w^*/\underline{D} = c_v\theta\rho \left\{ 1 - \log\left[\theta\,\rho^{k-1}\right]\right\} \ .$$

Die Entropiedichte wird dadurch erhalten, daß man den Differentialquotienten $-\partial w^*/\partial\theta$ bildet:

$$\eta = - \partial w^*/\partial\theta = c_v\rho_0\left[\log\theta + (k-1)\log\frac{D}{\rho_0}\right] \ .$$

Weiter definieren wir p^* durch die Gleichung

$$p^* := - \partial w^*/\partial\underline{D} = \frac{R\theta\rho_0}{\underline{D}} \ . \tag{3.7}$$

Dann ist

$$p = p^* \ , \tag{3.8}$$

denn in (1.75) hatten wir festgestellt, daß

$$\partial w^*/\partial a_{ij} = \partial w/\partial a_{ij}$$

ist. Die Relation (3.8) läßt sich, wie man leicht nachrechnet, auch
aus obigen Angaben bestätigen.

Die Gleichung (3.7) zusammen mit (3.8) gibt die Zustandsgleichung des
Gases. Wir werden sehen, daß p mit dem im Gase herrschenden Druck
zu identifizieren ist.

Dabei hat sich herausgestellt, daß der negativ genommene Differentialquotient sowohl von w als auch von w^* nach $\underline{D}$ positiv ist.
Das bedeutet, daß durch Kompression der Energieinhalt eines Teilchens
unseres Gases gesteigert wird. Greift man einen Raumteil B heraus,
so ist dessen Energieinhalt $\int\limits_{B} w\, dv$; das Integral erstreckt sich
über den festen Bereich B im Bezugszustand. Nimmt $\underline{D}$ ab, so ist
der Differentialquotient von w bzw. w^* nach $\underline{D}$ negativ, und der
Energieinhalt wird zunehmen. Die Aussage " $\underline{D}$ nimmt ab" kann folgendermaßen erklärt werden: Der Integrationsbereich B im Bezugszustand geht in den Bereich $\underline{B}$ zur Zeit t über. Sein Volumen ist
$|\underline{B}| = \int\limits_{\underline{B}} d\underline{v}$, und wegen $d\underline{v} = \underline{D}\, dv$ folgt $|\underline{B}| = \int\limits_{B} \underline{D}\, dv$. Nimmt $\underline{D}$
ab (man beachte, daß B fest ist), so muß das zur Zeit t eingenom-
mene Volumen $|\underline{B}|$ kleiner werden.

3.2.   Bewegungsgleichungen der Gase

Zur Aufstellung der Eulerschen und der Lagrangeschen Gleichungen muß
man Ausdrücke für die Spannungsmatrizen W und $\underline{W}$ ermitteln. Da die
Abhängigkeit von w von ρ_0 und η keine Rolle spielt, setzen wir
$w = w(\underline{D})$, so daß

$$w_{ij} = \frac{\partial w}{\partial a_{ij}} = \frac{dw}{d\underline{D}} \cdot \frac{\partial \underline{D}}{\partial a_{ij}}$$

wird. Nun ist $\partial \underline{D}/\partial a_{ij}$ gleich dem Minor a^{ij} zu a_{ij} in A , und
wir erhalten mit Rücksicht auf (3.5)

$$W = - p\, \underline{D}\, A'^{-1} . \tag{3.9}$$

Nach (1.57) ist $\underline{W} = \frac{1}{\underline{D}} W A'$, also im Hinblick auf (3.9)

$$\underline{W} = - pE . \tag{3.10}$$

Die Einfachheit des Ansatzes für w tritt insbesondere in der Form
der Eulerschen Spannungsmatrix $\underline{W}$ zutage. Sie ist symmetrisch, was
vorauszusehen war, weil w die Invarianzbedingungen erfüllt.

Jetzt läßt sich auch die Bedeutung von p klären. Wir hatten gesehen, daß auf das Oberflächenelement $d\underline{o}$ mit der Normalen $\underline{n}$ eine Kraft $\underline{P}$ der Gestalt $\underline{P} = \underline{W}\,\underline{n}$ wirkt. Nach (3.10) ist $\underline{P} = -\,p\,\underline{n}$. Der Vektor $\underline{P}$ fällt also in die Richtung der Normalen $\underline{n}$. Wir hatten gefunden, daß p immer positiv sein muß; der Vektor $\underline{P}$ hat also die Richtung der inneren Normalen und den Betrag p . Wir haben es mit einer Druckspannung zu tun, und der Druck wirkt normal zu dem Flächenelement, dessen Spannungszustand wir suchen (vgl. Abb. 3).

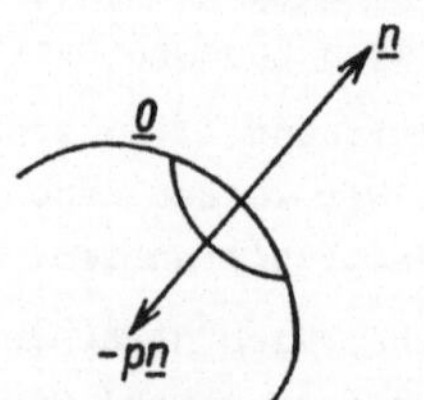

Abb. 3

Nun wollen wir die Bewegungsgleichungen aufstellen. Die Lagrangeschen Gleichungen (1.49) $\rho_0 \underline{\ddot{x}} = \mathrm{div}_x W + F$ nehmen jetzt die Gestalt

$$\rho_0 \underline{\ddot{x}} = -\,DA'^{-1}\,\mathrm{grad}_x p - p\,\mathrm{div}_x(DA'^{-1}) + F \qquad (3.11)$$

an. Wir wollen zeigen, daß der zweite Term auf der rechten Seite verschwindet.

Zu diesem Zweck sei daran erinnert, daß aus der Beziehung

$$F'\,n\,do = \underline{F}'\,\underline{n}\,d\underline{o}$$

nach (1.56) folgt

$$\mathrm{div}_x F = \underline{D}\,\mathrm{div}_{\underline{x}}\,\underline{F}\ ,$$

wobei F und $\underline{F}$ Vektoren sind. Diese Schlußweise gilt auch, wenn F und $\underline{F}$ Matrizen sind, da man die Zeilen ja als Vektoren auffassen kann. Aber nach (1.53) ist

$$D\,A'^{-1}\,n\,do = E\,\underline{n}\,d\underline{o}\ ,$$

also

$$\mathrm{div}_x(D\,A'^{-1}) = \mathrm{div}_{\underline{x}}\,E = 0\ ,$$

da die Einheitsmatrix konstant ist, so daß ihre Divergenz verschwindet. Danach vereinfachen sich die Lagrangeschen Gleichungen (3.11) zu

$$\rho_0 \underline{\ddot{x}} = -\,\underline{D}\,A'^{-1}\,\mathrm{grad}_x\,p + F\ . \qquad (3.12)$$

Man gibt den Lagrangeschen Gleichungen oft noch eine etwas andere Form. Multiplizieren wir das Gleichungssystem (3.12) mit der Matrix A' , so erhalten wir

$$A'(\rho_0 \underline{\ddot{x}} - F) + \underline{D}\,\mathrm{grad}_x\,p = 0\ .$$

Dividieren wir beide Seiten durch $\underline{D}$, setzen wir $\underline{F} = F/\underline{D}$ und berücksichtigen, daß $\rho = \rho_0/\underline{D}$ ist, so nehmen die Lagrangeschen Gleichungen die Gestalt

$$A'(\rho\ddot{\underline{x}} - \underline{F}) + \mathrm{grad}_x\, p = 0 \qquad (3.13)$$

an. Bei Berücksichtigung von (3.10) nehmen die Eulerschen Gleichungen (1.58) die Gestalt

$$\rho\ddot{\underline{x}} = -\,\mathrm{grad}_{\underline{x}}\,\underline{p} + \underline{F} \qquad (3.14)$$

mit $p = p(x) = \underline{p}(\underline{x},t) = \underline{p}$ an. Dieses Gleichungssystem kann man nach (1.62) auch in der Form

$$\rho\left[\frac{\partial \underline{u}}{\partial t} + (\mathrm{grad}_{\underline{x}}\,\underline{u})\underline{u}\right] = -\,\mathrm{grad}_{\underline{x}}\,\underline{p} + \underline{F} \qquad (3.15)$$

schreiben.

3.3.   Bewegungsgleichungen inkompressibler Flüssigkeiten

Eine inkompressible Flüssigkeit ist ein kontinuierliches Medium, in dem die Größe des Volumens eines beliebigen Bereiches B von jedem darauf angewandten äußeren Druck (oder Zug) unabhängig ist; es gibt also keine inneren Spannungen, und dies hat zur Folge, daß die Energiedichte $w = w(\underline{D})$ verschwindet. Außerdem wird angenommen, daß die Flüssigkeit homogen und isotrop ist. "Homogen" bedeutet, daß die Dichte ρ_0 im Anfangszustand (als Funktion von x) konstant ist; "isotrop" verlangt, daß es in der Flüssigkeit keine physikalisch bevorzugten Richtungen gibt.

Weil bei Deformationen keine Volumenänderungen stattfinden können, hat die Deformationsdeterminante hier immer den Wert

$$\underline{D} = 1 \;. \qquad (3.16)$$

Da somit $\rho = \rho_0$ ist, wird auch ρ (als Funktion von $\underline{x}$) konstant sein, so daß nach (1.32) die Kontinuitätsgleichung die Gestalt

$$\mathrm{div}_{\underline{x}}\,\underline{u} = 0 \qquad (3.17)$$

annimmt.

Man könnte versuchen, die Bewegungsgleichungen für inkompressible Flüssigkeiten aus den allgemeinen Gleichungen (vgl. Abschnitte 1.4.2. und 1.4.4.) durch den Grenzübergang $\underline{D} \to 1$ zu gewinnen. Doch ist es einfacher, sie direkt aus dem Hamiltonschen Prinzip herzuleiten.

Auf Grund der obigen Vereinbarungen dürfen wir im vorliegenden Falle von thermischen Einflüssen absehen und das Hamiltonsche Prinzip in der Form

$$\delta\int_{t_2}^{t_1} \int_B \frac{1}{2}\,\rho\,|\dot{\underline{x}}|^2 \; dv \; dt + \int_{t_1}^{t_2} \int_B F'\,\delta\,\underline{x}\; dv\; dt = 0$$

ansetzen (vgl. (1.38)) mit (3.16) als Nebenbedingung. Die Variationsrechnung liefert einen einfachen Formalismus zur Behandlung einer
derartigen Aufgabe: Es ist die Weiterbildung der Lagrangeschen Multi-
plikatormethode zur Bestimmung von Extremwerten von Funktionen mehre-
rer Veränderlicher mit Nebenbedingungen. Angewandt auf das vorliegende Variationsproblem besteht die Methode darin, daß man die mit
dem Lagrangeschen Multiplikator λ multiplizierte linke Seite der
Nebenbedingung $\underline{D} - 1 = 0$ integriert, d.h.

$$\delta Z = \delta \int_{t_1}^{t_2} \int_B \lambda(\underline{D} - 1)\,dv\,dt$$

in die linke Seite der Variationsgleichung mit aufnimmt, so daß diese die Gestalt

$$\delta \int_{t_1}^{t_2} \int_B \frac{1}{2}\,\rho_0 |\underline{\dot{x}}|^2\,dv\,dt + \int_{t_1}^{t_2} \int_B F'\delta\,\underline{x}\,dv\,dt +$$

$$+ \delta \int_{t_1}^{t_2} \int_B \lambda(\underline{D} - 1)\,dv\,dt = 0 \qquad (3.18)$$

bekommt. [1] Der Multiplikator ist eine vom Variationsparameter ε
unabhängige Funktion von x und t und wird daher nicht variiert.
Daher verschwindet der Term $\delta \int_{t_1}^{t_2} \int_B \lambda\,dv\,dt$, und der Zusatzterm erscheint in der Form

$$\delta Z = \int_{t_1}^{t_2} \int_V \lambda \delta\underline{D}\,dv\,dt = \int_{t_1}^{t_2} \int_V \lambda\,\frac{\partial \underline{D}}{\partial a_{ij}}\,\delta a_{ij}\,dv\,dt =$$

$$= \int_{t_1}^{t_2} \int_V \lambda a^{ij}\,\delta\,\frac{\partial x_i}{\partial x_j}\,dv\,dt = \int_{t_1}^{t_2} \int_V \lambda a^{ij}\,\frac{\partial}{\partial x_j}\,(\delta\underline{x}_i)\,dv\,dt \ .$$

Ferner ist

$$\lambda a^{ij}\,\frac{\partial \delta\underline{x}_i}{\partial x_j} = \frac{\partial}{\partial x_j}\,(\lambda\,a^{ij}\,\delta\,\underline{x}_i) - \left[\frac{\partial}{\partial x_j}\,(\lambda a^{ij})\right]\delta\,\underline{x}_i =$$

$$= \mathrm{div}(\lambda A'^{-1}\delta\underline{x}) - \frac{\partial \lambda}{\partial x_j}\,a^{ij}\,\delta\,\underline{x}_i - \lambda\,\frac{\partial a^{ij}}{\partial x_j}\,\delta\,\underline{x}_i =$$

---

[1] Vgl. R. Courant; D. Hilbert: Methoden der mathematischen Physik
I.1. Aufl. Berlin: Springer-Verlag 1931, Seite 190.

$$= \mathrm{div}(\lambda A'^{-1}\delta\underline{x}) - \lambda(\mathrm{div}\ \underline{D}\ A'^{-1})\delta\underline{x} - \frac{\partial\lambda}{\partial x_j}\, a^{ij}\, \delta\, \underline{x}_i =$$

$$= \mathrm{div}(\lambda A'^{-1}\delta\underline{x}) - \frac{\partial\lambda}{\partial x_j}\, a^{ij}\, \delta\, \underline{x}_i\ .$$

Anwendung des Gaußschen Satzes ergibt

$$\delta Z = \int\limits_{t_1}^{t_2} \int\limits_{\partial B} \lambda n' A'^{-1}\delta\underline{x}\ do\ dt - \int\limits_{t_1}^{t_2} \int\limits_{B} \frac{\partial\lambda}{\partial x_j}\, a^{ij}\, \delta\, \underline{x}_i\ dv\ dt\ .$$

Nun benutzen wir die Randbedingung: Die Vektorfunktion ist am Rande
B von ε unabhängig, d.h., am Rande ist $\delta\underline{x} = 0$; daher verschwindet das Oberflächenintegral, und wir haben

$$\delta Z = - \int\limits_{t_1}^{t_2} \int\limits_{B} a^{ij}\, \frac{\partial\lambda}{\partial x_j}\, \delta\, \underline{x}_i\ dv\ dt\ .$$

Nimmt man den so erhaltenen Ausdruck des Zusatzterms in die Variationsgleichung (3.18) und setzt die Koeffizienten von $\delta\underline{x}_i$ gleich
null, so kommt man auf eine Modifikation der Lagrangeschen Bewegungsgleichungen:

$$\delta\ddot{\underline{x}} = F - A'^{-1}\ \mathrm{grad}_x\ \lambda\ . \tag{3.19}$$

Man vergleiche dieses Gleichungssystem mit (1.49). Der Term div W
ist weggefallen, weil W verschwindet, und dafür ist der Zusatzterm
$A'^{-1}\ \mathrm{grad}_x\ \lambda$ hinzugekommen. Vergleichen wir dieses Ergebnis mit
(3.12) und beachten, daß in unserem Fall $\underline{D} = 1$ ist, so sehen wir,
daß p hier die Rolle des Lagrangeschen Multiplikators spielt, der
durch Berücksichtigung der Nebenbedingung (3.16) hereinkommt.

3.4.   Wirbelsätze der Gasdynamik

Wir kehren zurück zur Theorie der kompressiblen Flüssigkeiten und
kommen so zur Herleitung der wichtigsten Folgerungen der Ergebnisse
aus Abschnitt 3.2., die als die Helmholtzschen Wirbelsätze bekannt
sind; "Sätze", da es sich um drei Gleichungen betr. die Komponenten
des sogenannten Wibelvektors $\omega = (1/2)\ \mathrm{rot}_x\ \underline{u}$ handelt, die wir jedoch in eine Vektorgleichung (3.36) zusammenfassen und somit den Wir-
belsatz nennen können.

3.4.1. Formulierung der Voraussetzungen

Wir gehen aus von der Eulerschen Gleichung in der Form (3.14), d.i.

$$\rho\ddot{\underline{x}} = -\ \mathrm{grad}_x\ \underline{p} + \underline{F}\ . \tag{3.20}$$

Die hierin vorkommenden Größen $\underline{p}$ und $\underline{F}$ müssen wir zwei für die Gültigkeit des Wirbelsatzes wesentlichen Beschränkungen unterwerfen. Der Vektor $\underline{F}$ stellt die im Punkte $\underline{x}$ des Gases am Volumenelement $\underline{B}$ angreifende Kraft dar, gemessen pro Masseneinheit, und wir setzen voraus:

(i) Das Vektorfeld $\underline{F}/\rho$ besitzt ein Potential, d.h., es gibt eine Funktion $\Phi(\underline{x},t)$ derart, daß

$$(1/\rho)\underline{F} = - \text{grad}_{\underline{x}}\ \Phi(\underline{x},t) \ . \tag{3.21}$$

Die Funktion $p = p(x) = \underline{p}(\underline{x},t) = \underline{p}$ war in (3.5) eingeführt worden; sie erwies sich (vgl. (3.10)) als das Diagonalelement der Eulerschen Spannungsmatrix $\underline{W} = pE$ sowie nach (3.3) bzw. (3.4) als Funktion von $\rho = \rho_0/\underline{D}$ und möglicherweise von x . Die zweite hier aufzunehmende Beschränkung ist, daß

(ii) die (Eulersche) Energiedichte $\underline{w} = w/\underline{D}$ nur von ρ , nicht aber explizit von x abhängt.

Diese Voraussetzung ist erfüllt bei den isothermen Vorgängen, d.h. wenn die Temperatur im ganzen Kontinuum konstant bleibt, und auch bei den adiabatischen Vorgängen, d.h. bei zeitlich konstanter Entropiedichte.

Nach (3.5) gilt nun

$$p = - \frac{\partial w}{\partial \underline{D}} = - \frac{\partial}{\partial \underline{D}} \left(\underline{D}\ \underline{w}(\rho_0/\underline{D})\right) = \rho\ \frac{dw}{d\rho} - \underline{w}(\rho) \ . \tag{3.22}$$

Nach unserer Voraussetzung hängt somit der Druck p allein von $\rho_0/\underline{D} = \rho$ ab, d.h. $p = p(\rho)$. Betrachten wir eine ganz bestimmte Bewegung des Kontinuums, so ist ρ eine Funktion des Ortes $\underline{x}$ und der Zeit t . Dann gilt nach (3.22)

$$\frac{1}{\rho}\ \text{grad}_{\underline{x}}\ p = \frac{1}{\rho}\ \frac{dp}{d\rho}\ \text{grad}_{\underline{x}}\ \rho = \frac{d^2 w}{d\rho^2}\ \text{grad}_{\underline{x}}\ \rho = \text{grad}_{\underline{x}}\ \left(\frac{dw}{d\rho}\right) \ .$$

Bildet man die Funktion

$$V(\underline{x},t) := \Phi(\underline{x},t) - \frac{dw}{d\rho} \ , \tag{3.23}$$

in der man sich ρ durch den Ausdruck in $(\underline{x},t)$ ersetzt denkt, so kann man (3.20) in der Form

$$\ddot{\underline{x}} = \text{grad}_{\underline{x}}\ V \quad \text{oder} \quad \ddot{\underline{x}}_i = \frac{\partial V}{\partial \underline{x}_i} \tag{3.24}$$

schreiben.

Die Bewegung ist bestimmt durch die drei Funktionen

$$\underline{x}_j = \underline{x}_j(x_1,\ x_2,\ x_3,\ t) \ , \quad j = 1,\ 2,\ 3 \ .$$

Dieses sind Lösungen des Systems (3.24) von drei gewöhnlichen Differentialgleichungen zweiter Ordnung, in dem t die Integrationsvariable ist, während die in Grenzen willkürlichen x_1 , x_2 , x_3 , die in (3.24) nicht explizit auftreten, als Integrationskonstanten aufzufassen sind.

Wenn wir also eine bestimmte Bewegung ins Auge fassen, können wir eine Funktion V so herstellen, daß die Funktionen $\underline{x}_j$ eine dreiparametrige Lösungsschar dieses Systems von gewöhnlichen Differentialgleichungen zweiter Ordnung bilden. Man darf aber nicht glauben, daß damit die Bestimmung der Bewegung des Gases auf die Auflösung eines Systems gewöhnlicher Differentialgleichungen zurückgeführt ist; denn um V zu bilden, braucht man den Ausdruck von ρ als Funktion von $(\underline{x},t)$, und dazu muß man die ganze Bewegung kennen. Zur Auffindung der Bewegung reicht also die Lösung der Gleichungen (3.24) nicht aus. Nur wenn wir eine näher bestimmte Bewegung des Kontinuums ins Auge fassen, sind die $\underline{x}_i$ Lösungen jenes für alle diese Bewegungen charakteristischen Systems von gewöhnlichen Differentialgleichungen.

3.4.2. Kanonisches System

Der nächste Schritt besteht darin, das Gleichungssystem (3.24) in ein sogenanntes kanonisches System von Differentialgleichungen erster Ordnung zu verwandeln. Bei einem derartigen System kann man eine Aussage machen über die Art, wie eine Lösungsschar von den Integrationskonstanten abhängt, und es stellt sich heraus, daß der Wirbelsatz eigentlich ein bekannter Satz über Lösungen kanonischer Systeme ist.

Das Gleichungssystem (3.24) können wir symmetrischer schreiben, indem wir außer den $\underline{x}_i$ die Komponenten des Vektors

$$\underline{\dot{x}} = \frac{\partial \underline{x}}{\partial t} = u(x,t) \tag{3.25}$$

als unbekannte Funktionen einführen, so daß nach (3.24) gilt

$$\dot{u} = \frac{\partial u}{\partial t} = \mathrm{grad}_{\underline{x}} \, V \;. \tag{3.26}$$

Definieren wir nun die charakteristische Funktion

$$\mathcal{H}\,(\underline{x},u,t) = \mathcal{H} = \frac{1}{2}\,|u|^2 - V(\underline{x},t) \;, \tag{3.27}$$

so nimmt das Gleichungssystem (3.25), (3.26) die Gestalt

$$\frac{\partial \underline{x}}{\partial t} = \mathrm{grad}_u \mathcal{H} \quad , \quad \frac{\partial u}{\partial t} = -\,\mathrm{grad}_{\underline{x}} \mathcal{H} \tag{3.28}$$

an, oder getrennt nach den Komponenten der auftretenden Vektoren:

$$\frac{\partial \underline{x}_i}{\partial t} = \frac{\partial \mathcal{H}}{\partial u_i} \quad , \quad \frac{\partial u_i}{\partial t} = - \frac{\partial \mathcal{H}}{\partial \underline{x}_i} \quad , \quad i = 1,2,3 \; .$$

So haben wir an Stelle der drei Differentialgleichungen (3.24) zweiter Ordnung ein System von sechs Differentialgleichungen erster Ordnung. Ein solches wie (3.28) gebildetes Gleichungssystem nennt man
ein kanonisches System; es ist durch die Funktion $\mathcal{H}$ eindeutig
bestimmt.

Die im folgenden zu beweisenden Sätze über kanonische Systeme lassen
sich ohne weiteres auf den Fall ausdehnen, daß es sich um ein System
von 2n Gleichungen handelt, die ebenso wie (3.28) gebildet werden,
wobei $\mathcal{H}$ eine Funktion der 2n + 1 Veränderlichen $\underline{x}_i$, u_i , t
darstellt. Doch beschränken wir uns hier auf den Fall n = 3 .

Zunächst beweisen wir den Fundamentalsatz über kanonische Systeme.
Es sei $\underline{x} = \underline{x}(x,t)$ eine Schar von Lösungen von (3.28) mit x_1 , x_2 ,
x_3 als Scharparameter. Der Satz besagt, daß das Skalarprodukt $u'd\underline{x}$
sich in der Form

$$u'd\underline{x} = \mathcal{H} \, dt + d\Omega + X'dx \qquad\qquad (3.29)$$

darstellen läßt, wobei Ω nur von (x,t) und die Vektorfunktion
$X' = (X_1, X_2, X_3)$ nur von x abhängt.

Die Differentialbeziehung (3.29) ist eine Identität in den Komponenten dx_1 , dx_2 , dx_3 , dt . Infolgedessen läßt sie sich in vier Be-
hauptungen aufspalten. Zunächst ergibt ein Vergleich der Koeffizienten von dt :

$$u' \frac{\partial \underline{x}}{\partial t} = \mathcal{H} + \frac{\partial \Omega}{\partial t}$$

oder nach (3.28) und (3.27)

$$\frac{\partial \Omega}{\partial t} + \mathcal{H} = |u|^2 \; . \qquad\qquad (3.30)$$

Entsprechend liefert der Vergleich der Koeffizienten von dx_j

$$u_i \frac{\partial \underline{x}_i}{\partial x_j} = \frac{\partial \Omega}{\partial x_j} + X_j$$

oder

$$A' u = \mathrm{grad}_x \, \Omega + X \; . \qquad\qquad (3.31)$$

Es wird also behauptet, daß es eine Funktion $\Omega = \Omega(x,t)$ und eine
Vektorfunktion X = X(x) gibt, so daß die Gleichungen (3.30) und
(3.31) erfüllt sind.

Zum Beweis bilden wir zunächst eine Funktion Ω , die der ersten
Gleichung genügt. Durch (3.31) sind dann die x_i festgelegt, und
man muß zeigen, daß sie für die Funktion Ω , von der man ausgegan-
gen war, als unabhängig von t herauskommen. Wir setzen also

$$\Omega(x,t) = \int \{ \tfrac{1}{2} |u|^2 + V \} \, dt \ . \tag{3.32}$$

Nach der Definition (3.27) von $\mathcal{H}$ erfüllt dieses Ω offenbar
(3.30). Es muß also noch gezeigt werden, daß die für dieses Ω aus
(3.31) sich ergebenden X_i unabhängig von t sind, d.h. daß $\partial X/\partial t$
verschwindet. Nun ist nach (3.31) und (3.29)

$$\frac{\partial X}{\partial t} = - \frac{\partial}{\partial t} \, \mathrm{grad}_x \, \Omega + \frac{\partial}{\partial t} \, (A'u) =$$

$$= - \mathrm{grad}_x \frac{\partial \Omega}{\partial t} + \frac{\partial A'}{\partial t} + u + A' \frac{\partial u}{\partial t} =$$

$$= - \mathrm{grad}_x \{ \tfrac{1}{2} |u|^2 + V \} + \frac{\partial A'}{\partial t} \, u + A' \frac{\partial u}{\partial t} \ .$$

Aus den Identitäten

$$(\frac{\partial}{\partial t} \, a_{ji})u_j = (\frac{\partial}{\partial x_i} \, \dot{x}_j)u_j = \frac{\partial u_j}{\partial x_i} \, u_j$$

folgt

$$(\frac{\partial}{\partial t} \, A')u = \tfrac{1}{2} \, \mathrm{grad}_x |u|^2 \ ,$$

und da nach (3.26)

$$A' \frac{\partial u}{\partial t} = \mathrm{grad}_x \, V$$

ist, heben sich alle Glieder in dem Ausdruck für $\partial X/\partial t$ weg; es
folgt

$$\frac{\partial X}{\partial t} = 0 \ ,$$

was zu zeigen war. Damit ist die Fundamentalgleichung (3.29) bewiesen.

Wir wollen das System (3.31) noch auf die reziproke Form bringen,
indem wir nach u auflösen. Multipliziert man in (3.31) beide Seiten
mit A'^{-1} , so bekommt man sofort

$$u = A'^{-1} \, \mathrm{grad}_x \, \Omega + A'^{-1} \, X \ .$$

Beachtet man, daß mit $\Omega = \Omega(x,t) = \Omega\big(x(\underline{x},t),T\big) = \overline{\Omega}(\underline{x},t) = \overline{\Omega}$

$$A'^{-1} \, \mathrm{grad}_x \, \Omega = \mathrm{grad}_{\underline{x}} \, \overline{\Omega}$$

wird [1], so nimmt die nach u aufgelöste Fundamentalformel (3.31)

---

[1] Dies folgt aus der Invarianz des Differentials:

$$\frac{\partial \Omega}{\partial x_j} \, dx_j = \frac{\partial \Omega}{\partial \underline{x}_i} \, \frac{\partial \underline{x}_i}{\partial x_j} \, dx_j = a_{ij} \frac{\partial \Omega}{\partial \underline{x}_i} \, dx_j \ .$$

die Gestalt

$$u = \text{grad}_{\underline{x}}\, \overline{\Omega} + A'^{-1}\, X \tag{3.33}$$

an.

3.4.3. Helmholtzscher Wirbelsatz

Um die Wirbelgleichungen abzuleiten, bilden wir die Rotation des Vektors u , den wir uns als Funktion $\underline{u} = \underline{u}(\underline{x},t)$ im tatsächlichen Zustand zur Zeit t ausgedrückt denken. Es sei

$$\omega = \frac{1}{2}\, \text{rot}_{\underline{x}}\, \underline{u} \; . \tag{3.34}$$

Man nennt $\omega = (\omega_1,\omega_2,\omega_3)$ den "Wirbelvektor", die ω_j die "Wirbelkomponenten" des betreffenden Teilchens $\underline{x}$. Entsprechend bilden wir den Vektor

$$\phi = \frac{1}{2}\, \text{rot}_x\, X \; , \tag{3.35}$$

so daß $\omega = \omega(\underline{x},t)$ von $\underline{x}$ und t abhängt, während $\phi = \phi(x)$ eine nur von x abhängige Vektorfunktion ist.

Formelmäßig wird der Wirbelsatz dargestellt durch die folgende Relation zwischen den beiden soeben eingeführten Vektoren ω und ρ :

$$\underline{D}\omega = A\phi \; , \tag{3.36}$$

oder aufgelöst nach ϕ :

$$\phi = \underline{D}\, A^{-1}\, \omega \; . \tag{3.37}$$

Diese Formel kann man mit Hilfe des Stokesschen Satzes einfach beweisen. Denken wir uns eine Fläche S im Bezugszustand. Im tatsächlichen Zustand geht diese aus gewissen materiellen Teilchen bestehende Fläche in eine aus denselben Teilchen bestehende Fläche $\underline{S}$ über. Einem Oberflächenelement do im Anfangszustand entspricht das Oberflächenelement $d\underline{o}$ im Zustand zur Zeit t . Dabei wird nach (1.53) und (1.54) der Zusammenhang durch

$$\underline{D}\, n\, do = A'\, \underline{n}\, d\underline{o} \; ,$$

$$\underline{n}\, d\underline{o} = \underline{D}\, A'^{-1}\, n\, do$$

gegeben.

Wir betrachten nun das über die Berandung C der Fläche S erstreckte Linienintegral

$$\int_C X'\, dx \; .$$

Wir wollen es auf das Kontinuum im Zustand zur Zeit t überpflanzen. Die Kontour C geht durch die Transformation $\underline{x} = \underline{x}(x,t)$ (bei fest-

gehaltenem t) in die Berandung $\underline{C}$ von $\underline{S}$ über, die den neuen Integrationsweg darstellt. Zur Umformung des Integranden wird (3.29)
angewendet. Da die Zeit t festgehalten wird, hat man $\underline{u}'d\underline{x}$ =
= X'dx + dΩ und daher

$$\int_C X'\ dx = -\int_{\underline{S}} d\overline{\Omega} + \int_{\underline{C}} \underline{u}'d\underline{x}\ .$$

Nun ist aber dΩ ein vollständiges Differential auf $\underline{S}$; infolgedessen fällt das über einen geschlossenen Weg erstreckte Integral

$$\int_{\underline{S}} d\overline{\Omega}$$

weg, und es bleibt

$$\int_C X'\ dx = \int_{\underline{C}} \underline{u}'\ d\underline{x}\ .$$

Das ist also so weit eine unmittelbare Folgerung aus der fundamentalen Formel (3.29). Ersetzen wir diese Linienintegrale auf Grund des
Stokesschen Satzes durch Flächenintegrale, so wird

$$\int_S (\mathrm{rot}_x\ X)'\ n\ do = \int_{\underline{S}} (\mathrm{rot}_{\underline{x}}\ \underline{u})'\ \underline{n}\ d\underline{o}\ ,$$

und mit den in (3.34) und (3.35) eingeführten Bezeichungen

$$\int_S \phi'\ n\ do = \int_{\underline{S}} \omega'\ \underline{n}\ d\underline{o}\ . \tag{3.38}$$

Diese Beziehung gilt, wenn wir irgendeine Fläche S im Bezugszustand
und dann die entsprechende aus denselben Teilchen gebildete Fläche $\underline{S}$
im Zustand zur Zeit t nehmen. Da der Integrationsbereich willkürlich ist, können wir die Fläche auf einen Punkt zusammengezogen denken und bekommen

$$\phi'\ n\ do = \omega'\ \underline{n}\ d\underline{o}\ .$$

Diese Beziehung muß identisch in n do bzw. $\underline{n}\ d\underline{o}$ erfüllt sein.
Ersetzen wir n do durch $\frac{1}{D}$ A' $\underline{n}$ d$\underline{o}$, so erhalten wir die Beziehung
$\omega = \frac{1}{D}$ Aϕ , die zu beweisen war.

3.5.   Folgerungen aus den Wirbelsätzen

3.5.1. Wirbelfreie Bewegungen eines Gases

Der Wirbelvektor ω ist eine Funktion von $\underline{x}$ und t , also nicht
eine Größe, die mit einem individuellen Teilchen unveränderlich verbunden ist, wie es für den Vektor $\phi = \phi(x)$ zutrifft. Doch gilt der
Satz:

Wenn der Wirbelvektor $\omega = \omega(\underline{x},t)$ für das Teilchen mit der "Nummer"

x zu einer Zeit t_0 verschwindet, so verschwindet er für dieses Teilchen zu jeder Zeit t .

Denn ist $\omega(\underline{x},t_0) = 0$, so ist nach (3.37) auch $\phi(x) = 0$; da aber $\phi(x)$ von t unabhängig ist, verschwindet ω nach (3.36) zu jeder anderen Zeit.

Eine Bewegung des Gases heißt "zur Zeit t wirbelfrei", wenn für alle $\underline{x}$ gilt $\omega(\underline{x},t) = 0$. Aus dem obigen Satz schließt man:

Wenn eine Bewegung des Gases zu einer Zeit t_0 wirbelfrei ist, so ist sie wirbelfrei zu jeder Zeit $t > t_0$ und $t < t_0$.

Dies bedeutet, daß ohne Einwirkung äußerer Kräfte in einer Flüssigkeit Wirbel nicht entstehen und nicht vergehen können.

Eine weitere Vereinfachung im Falle wirbelfreier Bewegungen findet ihren Ausdruck in dem folgenden Satz:

Bei jeder wirbelfreien Bewegung eines Kontinuums hat die Geschwindigkeit des zur Zeit t an der Stelle $\underline{x}$ befindlichen Teilchens ein Potential; d.h., es existiert eine Funktion $\psi = \psi(\underline{x},t)$ derart, daß

$$\underline{u}(\underline{x},t) = \operatorname{grad}_{\underline{x}} \psi(\underline{x},t) \ , \ \text{d.h.} \ \underline{u}_i = \frac{\partial \psi}{\partial \underline{x}_i} \quad (i = 1,2,3) \ . \quad (3.39)$$

Zum Beweis beachten wir, daß wegen der Wirbelfreiheit nach (3.37) $\phi(x) = 0$ gilt, woraus nach (3.35) rot X = 0 folgt. Daher gibt es eine Funktion $\chi = \chi(x)$, für die $X = \operatorname{grad}_x \chi$ ist, d.h. $X_i dx_i =$ $= X' dx = d\chi$. Im Hinblick auf (3.29) haben wir also

$$\underline{u}_i \ d\underline{x}_i = \underline{u}' \ d\underline{x} = \ \mathcal{H} \, dt + d\overline{\Omega} + d\chi = d\psi = \frac{\partial \psi}{\partial \underline{x}_i} \, d\underline{x}_i \ , \quad (3.40)$$

wenn wir $\psi = \overline{\Omega} + \chi$ setzen. Dann ist $\underline{u}_i = \frac{\partial \psi}{\partial \underline{x}_i}$, w.z.b.w.

Wir wollen diese Betrachtung durch einen Hinweis auf die Hamilton-
-Jacobische partielle Differentialgleichung für das Potential ψ vervollständigen. Vergleich der Koeffizienten von dt in (3.39) liefert

$$\frac{\partial \psi}{\partial t} + \mathcal{H} = 0 \ .$$

Nun ist $\mathcal{H}$ eine bestimmte Funktion von $\underline{x}$, $\underline{u}$, t . Ersetzen wir $\underline{u}$ durch $\operatorname{grad}_{\underline{x}} \psi$, so haben wir in

$$\frac{\partial \psi}{\partial t} + \mathcal{H} \, (\underline{x}, \ \operatorname{grad}_{\underline{x}} \psi, \ t) = 0 \quad\quad (3.41)$$

eine partielle Differentialgleichung für ψ . Das Geschwindigkeitsfeld bei der wirklichen Bewegung liefert eine Lösung dieser Gleichung. Umgekehrt stellt diese Gleichung (3.41) eine notwendige Bedingung für das Geschwindigkeitsfeld einer jeden wirklichen Bewegung dar.

3.5.2. Wirbellinien

Die zu festgehaltener Zeit t von den Punkten $\underline{x} = \underline{x}(x,t)$ ausgehenden Wirbelvektoren $\omega = \omega(\underline{x},t)$ bilden ein Vektorfeld. Die Integralkurven dieses Vektorfeldes, die durch Integration des Differentialgleichungssystems

$$\frac{d\underline{x}_1}{\omega_1} = \frac{d\underline{x}_2}{\omega_2} = \frac{d\underline{x}_3}{\omega_3} \tag{3.42}$$

erhalten werden, heißen Wirbellinien der Flüssigkeitsbewegung. Eine Wirbellinie ist geometrisch dadurch festgelegt, daß sie in jedem ihrer Punkte $\underline{x}$ den von $\underline{x}$ ausgehenden Wirbelvektor als Tangente hat.

Für die Wirbellinien gilt der folgende "Erhaltungssatz":

Die Teilchen des Kontinuums, die zu einer Zeit t_0 auf einer bestimmten Wirbellinie liegen, befinden sich zur Zeit t auf derselben Wirbellinie (d.i. jene Linie, in die erstere durch die Bewegung $\underline{x} =$ $= \underline{x}(x,t)$ übergegangen ist).

Zum Beweis wird das Gleichungssystem (3.42) in den Eulerschen Variablen $\underline{x}_i$ reduziert auf ein System in den Lagrangeschen Variablen x_j, welches den Zeitparameter nicht mehr enthält. Das geschieht auf Grund der Formeln

$$(1.51) \quad d\underline{x} = A \, dx \quad \text{oder} \quad d\underline{x}_i = a_{ij} \, dx_j \, ,$$

$$(3.36) \quad \underline{D}\omega = A\phi \quad \text{oder} \quad \underline{D}\omega_i = a_{ij}\phi_j \, ,$$

woraus folgt

$$\frac{d\underline{x}_i}{\underline{D}\omega_i} = \frac{a_{ij}dx_j}{a_{ij}\phi_j} = \frac{dx_k}{\phi_k} \, , \quad i, \, k = 1,2,3 \quad {}^{1)}.$$

Daher hat man für die Schar der Wirbellinien das von t unabhängige System von Differentialgleichungen

$$\frac{dx_1}{\phi_1} = \frac{dx_2}{\phi_2} = \frac{dx_3}{\phi_3} \, , \tag{3.43}$$

womit der Satz bewiesen ist.

Aus den Integralkurven dieser Differentialgleichungen für den Anfangszustand der Bewegung erhält man die Wirbellinien zur Zeit t, indem man die festen Kurven des Bezugszustandes durch die Transformation $\underline{x} = \underline{x}(x,t)$ auf den Zustand zur Zeit t überpflanzt. Die materiellen

---

[1] Über die Indizes i und k wird nicht summiert.

Teilchen, die einmal auf einer Wirbellinie liegen, liegen dann immer darauf, mit anderen Worten, es werden die Wirbellinien bei der Bewegung mitgeführt.

3.5.3. Zirkulation und Wirbelröhre

Im Anfangszustand zur Zeit $t = t_0$ sei im Kontinuum ein von der geschlossenen Raumkurve C berandetes Flächenstück S gegeben. Wir verfolgen die Lage der materiellen Teilchen, die zur Zeit t_0 auf S liegen. Zur Zeit $t > t_0$ habe sich S durch Bewegung und Deformation in das von der Kurve $\underline{C}$ berandete Flächenstück $\underline{S}$ verwandelt (vgl. Abb. 4). Wir betrachten das Integral

$$J = J(t) = \int_{\underline{S}} \omega' \; \underline{n} \; d\underline{o} = \frac{1}{2} \int_{\underline{S}} \underline{n}' \; rot_{\underline{x}} \; \underline{u} \; d\underline{o}$$

über den mit der Zeit veränderlichen Integrationsbereich $\underline{S}$. Mit Hilfe des Stokesschen Satzes kann man dieses Integral in das Kontourintegral

$$J = \frac{1}{2} \int_{\underline{C}} \underline{u}' \; d\underline{x}$$

verwandeln, welches die Zirkulation durch das Flächenstück $\underline{S}$,genannt wird.

Satz von der Erhaltung der Zirkulation:

Die Zirkulation J ist von der Zeit t unabhängig.

Zum Beweis werden wir das Integral J auf ein Integral über die Fläche S im Bezugszustand reduzieren. In der Tat folgt aus dem Wirbelsatz (3.36) durch skalare Multiplikation mit dem Normalenvektor $\underline{n}$:

$$\underline{D} \; \omega' \; \underline{n} = (A\phi)' \; \underline{n} = \phi' \; A' \; \underline{n} \; .$$

Im Hinblick auf (1.53) gilt $A' \; \underline{n} \; d\underline{o} = \underline{D} \; n \; do$, also

$$\omega' \; \underline{n} \; d\underline{o} = \frac{1}{\underline{D}} \; \phi' \; A' \; \underline{n} \; d\underline{o} = \frac{1}{\underline{D}} \; \phi'(\underline{D}n) \; do = \phi' \; n \; do \; ,$$

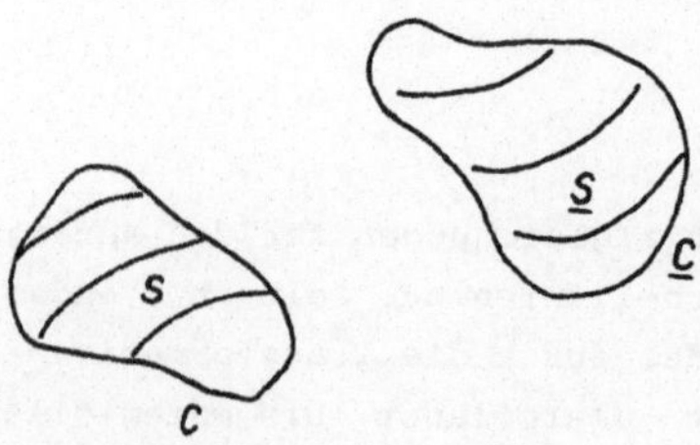

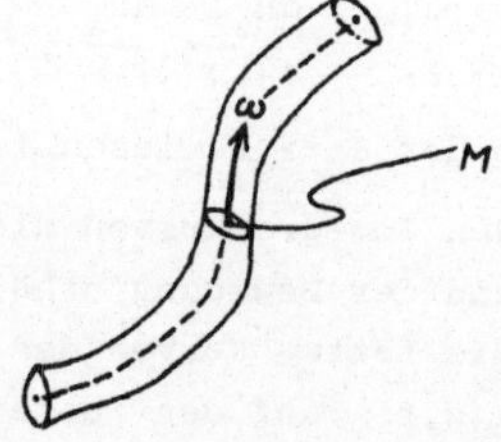

Abb. 4   Abb. 5

wonach

$$J = \int_S \phi' \, n \, do = \frac{1}{2} \int_C X' \, dx \; ,$$

über die festgewählte, also zeitunabhängige Kurve C erstreckt, in Bezug auf t konstant sein muß.

Man gibt dieser Tatsache oft folgende konkrete Interpretation. Man betrachte eine "unendlich dünne" Wirbelröhre zur Zeit t , d.h. eine schmale Röhre, die von lauter Wirbellinien gebildet wird. Es sei M ein bestimmtes materielles Teilchen auf der Mittellinie der Röhre mit dem Koordinatenvektor $\underline{x}$ (vgl. Abb. 5).

Nun seien $\underline{S}$ ein beliebiger Querschnitt der Röhre, der M enthält, und $\underline{S}_0$ der Normalquerschnitt durch M , so daß ω auf $\underline{S}_0$ senkrecht steht (vgl. Abb. 6). Wir verfolgen M und den Querschnitt $\underline{S}$ in ihrem Verlauf bei der Bewegung des Kontinuums. Bedeutet $\underline{n}$ die Normale von $\underline{S}$, so ist wieder $\omega' \, \underline{n} \, \underline{do} = \phi' \, n \, do$ von der Zeit unabhängig. Andererseits gilt

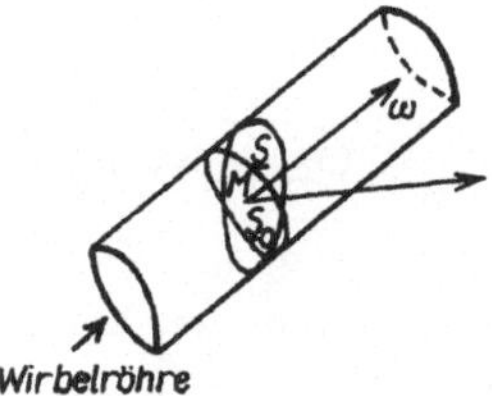

Abb. 6

$$\omega' \, \underline{n} \, \underline{do} = |\omega| \, \cos(\underline{n},\omega) \, \underline{do} \; ,$$

wobei $\cos(\underline{n},\omega) \, \underline{do} = |\underline{S}_0|$ gleich dem Flächeninhalt des Normalquerschnitts ist. Mithin ist $|\omega| \; |\underline{S}_0|$ zeitlich konstant. Somit haben wir den Satz:

Der Flächeninhalt des Normalquerschnitts einer Wirbelröhre ist umgekehrt proportional zum Betrag des Wirbelvektors längs einer Mittellinie der Röhre.

3.5.4. Wirbelsätze bei inkompressiblen Flüssigkeiten

Wir gehen wieder aus von der Eulerschen Gleichung (3.20). Wie oben ist $\underline{p} = \underline{p}(\underline{x},t)$ (vgl. Abschnitt 3.2.) eine vierte unbekannte Funktion, die wir an Stelle des Lagrangeschen Multiplikators λ eingeführt hatten (vgl. (3.19)). Außerdem haben wir hier $\underline{D} = 1$ zu setzen

Nehmen wir zunächst an, die Flüssigkeit sei homogen, also ρ eine von $\underline{x}$ und wegen der Inkompressibilität auch von t unabhängige Konstante. Dann ist

$$\frac{1}{\rho} \, \mathrm{grad}_{\underline{x}} \, \underline{p} = \mathrm{grad}_{\underline{x}} \, \frac{\underline{p}}{\rho} \; ;$$

man kann daher, wie oben, $\frac{1}{\rho} \, \mathrm{grad}_{\underline{x}} \, \underline{p}$ als Gradient einer Funktion in

$\underline{x}$ und t darstellen. Setzen wir wieder voraus, daß $\frac{1}{\rho}\,\underline{F}$ als Gradient eines Potentials erscheint, so sind alle Vorbedingungen für die Ableitung des Wirbelsatzes erfüllt.

Mit einer leichten Modifikation kann man die Wirbelsätze auch für inhomogene inkompressible Flüssigkeiten aussprechen. In diesem Falle hat die Dichte in der Umgebung eines Punktes einen von t unabhängigen Wert, d.h.

$$\rho(\underline{x},t) = \rho_0(x) .$$

Nehmen wir ferner an, daß $\underline{F}$ der Gradient einer Funktion $\psi(\underline{x},t)$ ist, und setzen wir $V = \psi - \underline{p}$, so können wir das von t unabhängige ρ in (3.20) mit unter das Differentiationszeichen nehmen und erhalten

$$\frac{\partial^2}{\partial t^2}\,(\rho\underline{x}) = \operatorname{grad}_{\underline{x}} V .$$

Diese Gleichung ist vollkommen analog zu (3.24), wenn wir $\underline{p}$ durch $\rho\underline{p}$ ersetzen. Es werden also alle Folgerungen gelten, wenn wir überall $\rho\underline{p}$ statt $\underline{p}$ und infolgedessen auch $\rho\underline{u}$ statt $\underline{u}$ schreiben. Als Wirbelvektor führen wir daher den Vektor

$$\omega = \frac{1}{2}\,\operatorname{rot}_{\underline{x}}\,(\rho\underline{u})$$

ein, dann gelten mit diesen Modifikationen der Bezeichnung die Wirbelsätze.

Damit schließen wir die hydrodynamischen Betrachtungen.

3.6.   Bewegungsgleichungen der infinitesimalen Bewegungen

3.6.1. Umformung der Deformationsmatrix

Wir nehmen an, daß die Bewegung des Kontinuums um einen gewissen mittleren Zustand stattfindet, von dem sich das Kontinuum niemals weit entfernt. Die Entfernungen von diesem mittleren Zustand werden wir als Größen erster Ordnung ansehen, deren Potenzen und Produkte vernachlässigt werden können. Auf diese Weise gelangen wir zu linearen Differentialgleichungen für die Bewegung. Als Bezugszustand wählen wir naturgemäß diesen mittleren Zustand.

Ein Teilchen befinde sich im Bezugszustand im Punkte x , zur Zeit t im Punkte $\underline{x} = \underline{x}(x,t)$. Wir setzen

$$\underline{x} = x + \phi(x,t) \tag{3.44}$$

und behandeln den Vektor ϕ sowie auch dessen Differentialquotienten als Größen erster Ordnung. Es soll hier gleich bemerkt werden, daß diese Näherung nur gebraucht wird, um einen sachgemäßen Ansatz für

die Energiedichtefunktion zu finden. Haben wir den Ansatz, so ergibt
sich alles weitere durch Anwendung der allgemeinen Sätze unter den
angegebenen Annahmen.

Zunächst fassen wir die infinitesimale Deformation ins Auge. Es ist
nach (3.44) $A = E + B$ mit $B = (b_{ij})$ und $b_{ij} = \partial \phi_i / \partial x_j$, wobei
die b_{ij} "klein von erster Ordnung" sind. Wir definieren

$$\Omega = \frac{1}{2} (B - B') , \quad \Gamma = \frac{1}{2} (B + B') ,$$

so daß Ω schiefsymmetrisch und Γ symmetrisch ist. Dann ist $A =$
$= E + \Omega + \Gamma$. Wir bemerken, daß die Matrizen Ω und Γ klein von
erster Ordnung sind, d.h., ihre Elemente haben diese Eigenschaft.

Setzen wir nun
$$U = E + \Omega , \quad M = E + \Gamma ,$$
so haben wir die der Polarzerlegung (vgl. Abschnitt 2.3.) entsprechende Darstellung $A = UM$,   korrekt bis auf Matrizensummanden, die
von höherer Ordnung klein sind.

Es sei nun

$$\Omega = \begin{pmatrix} 0 & -\omega_3 & \omega_2 \\ \omega_3 & 0 & -\omega_1 \\ -\omega_2 & \omega_1 & 0 \end{pmatrix} ,$$

wo ω_1 , ω_2 , ω_3 die Komponenten des Vektors $\omega = \frac{1}{2} \mathrm{rot}_x \phi(x,t)$
sind. Dann ist die Matrix U bis auf den Term $-\Omega^2$ orthogonal
und repräsentiert eine Drehung um den Winkel $|\omega|$ mit dem Vektor ω
als Achse.

Die symmetrische Matrix
$$M = E + \Gamma$$
dagegen entspricht einer unendlich wenig von der Identität abweichen-
den reinen Deformation. Die drei zueinander senkrechten Dilatationsachsen können dabei natürlich beliebig von den Koordinatenachsen verschieden sein, weil das von einer Kugel unendlich wenig verschiedene
Deformationsellipsoid doch beliebige Achsenrichtungen haben kann.
Aber die Dilatationsgrößen λ_1 , λ_2 , λ_3 können nur wenig von eins
verschieden sein, da die Hauptachsen des Ellipsoids annähernd gleich
dem Kugelradius sind. Wir können also setzen $\lambda_j = 1 + \sigma_j$, $j = 1,$
2, 3 . Die λ_j sind die Eigenwerte der Matrix M , und wegen

$$0 = \det (\lambda_j E - M) = \det (\lambda_j E - E - \Gamma) = \det \left((\lambda_j - 1)E - \Gamma \right)$$

sind die $\sigma_j = \lambda_j - 1$ die Eigenwerte von Γ . Die σ_j sind Größen
erster Ordnung, so daß also

$$\underline{D} = \det (A) = \lambda_1 \lambda_2 \lambda_3 = (1 + \sigma_1)(1 + \sigma_2)(1 + \sigma_3) \approx$$
$$\approx 1 + \sigma_1 + \sigma_2 + \sigma_3$$

wird, das heißt

$$\underline{D} \approx 1 + \mathrm{Sp}\ (A)\ .$$

Daraus folgt die Formel

$$D \approx 1 + \mathrm{div}_x\ \phi\ , \tag{3.45}$$

die wir später anwenden werden.

3.6.2. Ansatz der Energiedichte als quadratische Form in den infinitesimalen Deformationsgrößen

Ohne thermische Einflüsse zu berücksichtigen, hatten wir die Energiedichte als Funktion der Deformation A und des Punktes x angesetzt. Anstelle der Elemente a_{ij} der Matrix A = E + B wollen wir die Elemente b_{ij} der Matrix B als unabhängige Variable der Funktion w annehmen. Wir machen die Voraussetzung, daß sich w als Potenzreihe in den neun Variablen b_{ij} mit konstanten Koeffizienten schreiben läßt; das Kontinuum soll also im Bezugszustand in dem Sinne homogen sein, daß die Energiedichte an jeder Stelle dieselbe Funktion der lokalen Deformation ist. Dann können wir ohne Beschränkung der Allgemeinheit annehmen, daß das konstante Glied in dieser Potenzreihe null ist, denn für die Bestimmung der Bewegung kommt es nur auf die Differentialquotienten

$$w_{ij} = \partial w / \partial a_{ij} = \partial w / \partial b_{ij}$$

an. Wir können sogar annehmen, daß jene Potenzreihe erst mit Gliedern zweiter Ordnung anfängt, wenn wir die weitere Voraussetzung machen, daß der Bezugszustand, um den das Kontinuum schwingt, spannungsfrei ist. Das heißt, für jedes Volumenelement verschwindet die Flächenspannung P = Wn , also sind die Komponenten w_{ij} von W an der Stelle B = 0 sämtlich null. Aber diese sind gerade die Koeffizienten der linearen Terme in der Potenzreihe, wie behauptet.

Somit haben wir für w den Ansatz

$$w = \big[\, b_{ij}\, \big]_2 + \big[\, b_{ij}\, \big]_3 + \dots ,$$

wobei $\big[b_{ij} \big]_n$ die Summe aller Glieder n-ter Ordnung in den b_{ij} bezeichnet. Wir wollen in der Potenzreihe Glieder genau so hoher Ordnung mitnehmen, wie sie sich auf die linearen Terme der Bewegungsgleichungen auswirken. Weil

$$\underline{x} = x + \phi(x,t)$$

und daher

$$\frac{\partial^2 \underline{x}}{\partial t^2} = \frac{\partial^2 \phi}{\partial t^2}$$

ist, kann man die Bewegungsgleichungen in der Form

$$\rho_0 \frac{\partial^2 \phi}{\partial t^2} = \text{div}_x W + F \tag{3.46}$$

schreiben. Nun ist $b_{ij} = \partial \phi_i / \partial x_j$. Damit also in den Bewegungsgleichungen rechts nur lineare Terme in ϕ und dessen Ableitungen stehen
(die anderen werden voraussetzungsgemäß vernachlässigt), haben wir w
als eine quadratische Form in den neun Größen b_{ij} anzusetzen. Wir
bezeichnen die Koeffizienten von $b_{ij}b_{k\ell}$ in dieser quadratischen
Form mit $c_{ijk\ell}$ und erhalten so die Gleichung

$$w = c_{ijk\ell}b_{ij}b_{k\ell},$$

wo alle Indizes die Werte 1 , 2 , 3 durchlaufen. Man kann die Matrix der quadratischen Form ohne weiteres als symmetrisch voraussetzen,
also verlangen, daß $c_{ijk\ell} = c_{k\ell ij}$ gilt. Dann ist

$$w_{ij} = \partial w / \partial b_{ij} = c_{ijk\ell}b_{k\ell} + c_{k\ell ij}b_{k\ell} = 2c_{ijk\ell}b_{k\ell}$$

und folglich, da die $c_{ijk\ell}$ nicht von x abhängen,

$$\frac{\partial w_{ij}}{\partial x_j} = 2c_{ijk\ell} \frac{\partial}{\partial x_j} b_{k\ell} = 2c_{ijk\ell} \frac{\partial^2 \phi_k}{\partial x_j \partial x_\ell} . \tag{3.47}$$

3.6.3. Bewegungsgleichungen

Setzt man (3.47) in (3.46) ein, so erhält man die Lagrangeschen Bewegungsgleichungen in der Form

$$\rho_0 \frac{\partial^2 \phi_i}{\partial t^2} = 2c_{ijk\ell} \frac{\partial^2 \phi_k}{\partial x_j \partial x_\ell} + F_i , \quad i = 1, 2, 3 . \tag{3.48}$$

Sind die Koeffizienten der quadratischen Form, durch die wir w
approximieren, bekannt, so haben wir in diesen Gleichungen ein System
linearer partieller Differentialgleichungen für ϕ_1 , ϕ_2 , ϕ_3 .

3.7.   Gleichwertige Ansätze für die Energiedichte

3.7.1. Koeffizientenbedingung für gleichwertige Formen

Es kann vorkommen, daß zwei verschiedene quadratische Formen für w
zu genau den gleichen Bewegungsgleichungen führen. Es seien w und
w* solche quadratischen Formen. Damit die Bewegungsgleichungen dieselben sind, muß

$$\frac{\partial w_{ij}}{\partial x_j} = \frac{\partial w_{ij}^*}{\partial x_j} \ , \quad \text{d.h.} \quad \frac{\partial}{\partial x_j}(w_{ij} - w_{ij}^*) = 0 \ , \quad i = 1,2,3 \ ,$$

gelten. Zwei quadratische Formen w und w^* liefern demnach denselben Beitrag zu den Bewegungsgleichungen, wenn ihre Differenz überhaupt keinen Beitrag zu diesen liefert. Wir sind so auf die Frage zurückgeführt, wann eine quadratische Form w der neun Variablen b_{ij} überhaupt keinen Beitrag zu den Bewegungsgleichungen liefert, so daß diese einfach die Form

$$\rho_0 \, \frac{\partial^2 \phi}{\partial t^2} = F$$

haben. Aus (3.48) sieht man, daß w dann und nur dann keinen Beitrag liefert, wenn die Summen

$$c_{ijk\ell} \, \frac{\partial^2 \phi_k}{\partial x_j \partial x_\ell} \ , \quad i = 1,2,3 \ ,$$

identisch verschwinden, d.h. wenn der Koeffizient eines jeden der auftretenden Differentialquotienten gleich null ist. Da $c_{ijk\ell}$ +

$+ \ c_{i\ell kj}$ der Koeffizient von $\dfrac{\partial^2 \phi_k}{\partial x_j \partial x_\ell} = \dfrac{\partial^2 \phi_k}{\partial x_\ell \partial x_j}$ ist, liefert w dann

und nur dann keinen Beitrag, wenn für alle i ,. k und $j \leq \ell$

$$c_{ijk\ell} + c_{i\ell kj} = 0$$

gilt, so daß

$$2w = 2c_{ijk\ell} b_{ij} b_{k\ell}$$

und bei Umbenennung der Indizes

$$2w = c_{ijk\ell} b_{ij} b_{k\ell} + c_{ijk\ell} b_{ij} b_{k\ell} =$$
$$= c_{ijk\ell} b_{ij} b_{k\ell} + c_{i\ell kj} b_{i\ell} b_{kj} = c_{ijk\ell} \{ b_{ij} b_{k\ell} - b_{i\ell} b_{kj} \}$$

wird. Die Ausdrücke $b_{ij} b_{k\ell} - b_{i\ell} b_{kj}$ sind die Minoren der Funktionaldeterminante

$$\det(B) = \frac{\partial(\phi_1, \phi_2, \phi_3)}{\partial(x_1, x_2, x_3)} \ .$$

Wir haben also das Resultat, daß die Energiedichte w dann und nur dann keinen Beitrag zu den Bewegungsgleichungen liefert, wenn sie sich als Linearkombination der Minoren der Funktionaldeterminante der ϕ_k nach den x_j darstellen läßt. Zwei quadratische Formen liefern dann und nur dann denselben Beitrag zu den Bewegungsgleichungen, wenn ihre Differenz der Bedingung $c_{ijk\ell} + c_{i\ell kj} = 0$ genügt.

3.7.2. Herleitung dieser Bedingung aus dem Hamiltonschen Prinzip

Man kann diesen eigentümlichen Umstand auch unmittelbar aus dem Hamiltonschen Prinzip einsehen. Wir wollen zeigen, daß, wenn w eine Linearkombination der Ausdrücke

$$b_{ij}b_{k\ell} - b_{i\ell}b_{kj} = \frac{\partial \phi_i}{\partial x_j} \frac{\partial \phi_k}{\partial x_\ell} - \frac{\partial \phi_i}{\partial x_\ell} \frac{\partial \phi_k}{\partial x_j}$$

ist, es bereits aus der Variationsgleichung, die das Hamiltonsche Prinzip darstellt, herausfällt. In dieser Gleichung kommt w nur in dem Integral

$$\int_{t_1}^{t_2} U \, dt = - \int_{t_1}^{t_2} \int_V w \, dv \, dt$$

vor. Nun ist

$$\int_V \left[\frac{\partial \phi_i}{\partial x_j} \frac{\partial \phi_k}{\partial x_\ell} - \frac{\partial \phi_i}{\partial x_\ell} \frac{\partial \phi_k}{\partial x_j} \right] dv =$$

$$= \int_V \left[\frac{\partial}{\partial x_j} \left(\phi_i \frac{\partial \phi_k}{\partial x_\ell} \right) - \frac{\partial}{\partial x_\ell} \left(\phi_k \frac{\partial \phi_k}{\partial x_j} \right) \right] dv \ ,$$

und mit Hilfe des Gaußschen Satzes wird dieses Integral

$$= \int_{\partial V} \left[\phi_i \frac{\partial \phi_k}{\partial x_\ell} n_j - \phi_i \frac{\partial \phi_k}{\partial x_j} n_\ell \right] do \ .$$

Danach liefert w , wenn es eine Linearkombination der Minoren der Funktionaldeterminante von ϕ nach x ist, nur Oberflächenintegrale als Beitrag, muß also aus den Variationsgleichungen herausfallen, denn bei der Variation werden ja die Werte von ϕ an der Oberfläche festgehalten.

3.7.3. Allgemeinere Untersuchung des Tatbestandes

Es liegt hier ein Sachverhalt von ganz allgemeinem Charakter zugrunde. Nehmen wir z.B. den Fall einer Funktion f(x) von einer Variablen. Die Ableitung f'(x) spielt dann in zwei Fragestellungen eine Rolle:

(i) f(x) sei gegeben: wir suchen die Werte x , für die f(x) ein Extremum wird. Die Antwort ist, daß die einzig möglichen derartigen x der Bedingung f'(x) = 0 genügen müssen.

(ii) Wir fragen nach den Funktionen f(x) , für die f'(x) identisch verschwindet. Es sind, wie wir wissen, die Funktionen f(x) = $\equiv$ const.

Die entsprechenden Fragen können wir für das Funktional

$$J = \int_{t_1}^{t_2} \underline{L}(q,\dot{q}) \, dt \ , \quad q = (q_1,\ldots,q_n) \ ,$$

stellen, welches wir auffassen können als eine Funktion der Kurven im q-Raum, die durch die q_i als Funktionen von t gegeben werden. Wir fragen:

(i) Für welche Kurven $q = q(t)$ bei festgehaltenen Endpunkten $q(t_1) =$ $= q^1$ und $q(t_2) = q^2$ wird J ein Extremum? Wir fanden diese Extremalkurven, indem wir von einer Kurve zu einer unendlich benachbarten übergingen. Die notwendige Bedingung war das Verschwinden der Lagrangeschen Ableitungen

$$\underline{L}_k = \frac{d}{dt} \frac{\partial \underline{L}}{\partial \dot{q}_k} - \frac{\partial \underline{L}}{\partial q_k} \ , \quad k = 1,\ldots,n \ .$$

(ii) Wie muß $\underline{L}$ beschaffen sein, damit $\underline{L}_k \equiv 0$ ist? Es muß dann J beim Übergang zu Nachbarkurven unverändert bleiben, das Integral J muß für alle Kurven denselben Wert haben, J darf nur von den Endpunkten q^1 und q^2 abhängen, und $\underline{L}$ muß folglich ein vollständiges Differential sein. Mit anderen Worten: es muß eine Funktion $f(q_1,\ldots,q_n)$ geben, so daß

$$\underline{L} = \frac{d}{dt} f(q_1,\ldots,q_n) = \frac{\partial f}{\partial q_k} \dot{q}_k$$

und

$$J = f(q^2) - f(q^1)$$

wird.

Ganz analog liegt die Sache auch in dem vorliegenden Falle. Wir haben früher festgestellt, daß

$$\operatorname{div}_x W = - F + \rho_0 \frac{\partial^2 \phi}{\partial t^2}$$

sein muß, damit ein Ausdruck, in dem $\iint w \, dv \, dt$ auftritt, ein Extremum wird. Wir haben jetzt nach den Funktionen w gefragt, für die gilt

$$\operatorname{div}_x W = 0 \ .$$

Wir haben gefunden, daß dafür das Integral $\iint w \, dv \, dt$ nur von den Grenzen abhängig sein muß.

3.7.4. Wirbelvektor

Es sei noch eine Bemerkung eingeschaltet. Die Zerlegung der Matrix B der infinitesimalen Deformation in die Matrix Γ einer infinitesimalen reinen Deformation und die Matrix Ω einer infinitesimalen Drehung liefert eine einfache Deutung des in der Hydrodynamik eingeführten Wirbelvektors ω . Wir hatten in der Hydrodynamik den Zustand zur Zeit t betrachtet; $\underline{x}$ bezeichnete ein individuelles Teilchen zu dieser Zeit und $\underline{u}(\underline{x},t)$ seine Geschwindigkeit. Wir fassen den Zustand zur Zeit $t + \tau$, τ "infinitesimal", ins Auge und fragen nach den Begleitumständen bei dem Übergang von t zu $t + \tau$. Es hat sich dann jedes Teilchen um den Vektor $\tau\underline{u}$ (Zeit mal Geschwindigkeit) verschoben. Die Verhältnisse liegen nun genau so wie bei der in Abschnitt 3.6.1. betrachteten infinitesimalen Bewegung des Kontinuums.

Dem damals betrachteten Anfangszustand entspricht bei unserer augenblicklichen Betrachtung der Zustand zur Zeit t , dem damaligen Zustand zur Zeit t hier der Zustand zur Zeit $t + \tau$, der damaligen infinitesimalen Verschiebung $\phi(x,t)$ hier die infinitesimale Verschiebung $\tau\underline{u}(\underline{x},t)$. Betrachten wir jetzt die infinitesimale Deformation, die ein Volumenelement im Zeitintervall $(t, t + \tau)$ erfahren hat: sie setzt sich aus einer reinen Deformation und einer Drehung zusammen. Die Komponenten ω der infinitesimalen Drehung wurden dabei durch die Formel

$$\omega = \frac{1}{2} \operatorname{rot}_x \phi$$

aus der Verschiebung ϕ geliefert: in unserer jetzigen Betrachtung, wo die Verschiebung mit $\tau\underline{u}(\underline{x},t)$ bezeichnet wird, ist also

$$\omega = \frac{\tau}{2} \operatorname{rot}_{\underline{x}} \underline{u} \ .$$

Vergleichen wir dieses Resultat mit (3.34), so sehen wir, daß der Vektor ω , der hier die infinitesimale Drehung des Teilchens wiedergibt, bis auf den Faktor τ mit dem dortigen Wirbelvektor ω übereinstimmt. Wir können somit sagen, daß der Wirbelvektor ω , noch mit τ multipliziert, die infinitesimale Drehung eines Volumenelementes zur Zeit $t + \tau$ gegenüber dem Zustand zur Zeit t gibt.

3.7.5. Umformung der Bedingung aus 3.7.1.

Wir kehren wieder zurück zur Untersuchung des Zusammenhanges zweier Ansätze für die Energiedichte w und w^* , die dieselben Bewegungsgleichungen liefern. Wir wollen die neun Größen b_{ij} alle durch die sechs Größen

$$\gamma_{ij} = \frac{1}{2} (b_{ij} + b_{ji})$$

und die drei Größen

$$\omega_k = -\frac{1}{2}(b_{ij} - b_{ji}) \ , \quad i, j, k \sim 1,2,3 \quad (\text{zykl.}),$$

ausdrücken.

Zu diesem Zweck drücken wir die Minoren von $\det B$ durch die γ_{ij} und ω_j aus. Zunächst ist

$$B = \Gamma + \Omega = \begin{bmatrix} \gamma_{11} & \gamma_{12}{}^{-\omega_3} & \gamma_{13}{}^{+\omega_2} \\ \gamma_{12}{}^{+\omega_3} & \gamma_{22} & \gamma_{23}{}^{-\omega_1} \\ \gamma_{13}{}^{-\omega_2} & \gamma_{23}{}^{+\omega_1} & \gamma_{33} \end{bmatrix} \ .$$

Bezeichnet allgemein $a^{ij} = \dfrac{\partial}{\partial a_{ij}} \det(A)$ den zu a_{ij} gehörigen Minor einer Matrix A , so ist

$$b^{11} = \gamma_{22}\gamma_{33} - (\gamma_{23} + \omega_1)(\gamma_{23} - \omega_1) =$$

$$= \gamma_{22}\gamma_{33} - (\gamma_{23})^2 + (\omega_1)^2 = \gamma^{11} + (\omega_1)^2$$

und allgemein

$$b^{jj} = \gamma^{jj} + (\omega_j)^2 \ , \text{ nicht über } j \text{ summiert;}$$

$$b^{ij} = \gamma^{ij} + \omega_i\omega_j - \bar{\omega}_k \quad \text{für} \quad (i,j,k) = (1,2,3) \ ,$$
$$(2,3,1) \ , \ (3,1,2) \ ;$$

$$b^{ij} = \gamma^{ij} + \omega_i\omega_j + \bar{\omega}_k \quad \text{für} \quad (i,j,k) = (1,3,2) \ ,$$
$$(2,1,3) \ , \ (3,2,1)$$

$$(3.49)$$

mit $\bar{\omega}_k = \gamma_{k\ell}\omega_\ell$.

Wir haben schon gesehen, daß w und $w*$ dann und nur dann denselben Beitrag zu den Bewegungsgleichungen liefern, wenn die Differenz $w - w*$ linear in den b^{ij} war. Nach (3.49) hat der allgemeinste lineare Ausdruck in den b^{ij} die Form:

$$\sum \alpha_{jj} b^{jj} + \sum_{i<j} \alpha_{ij} b^{ij} + \sum_{i<j} \alpha_{ji} b^{ji} =$$

$$= \sum_{j=1}^{3} \alpha_{jj}\left(\gamma^{jj} + (\omega_j)^2\right) + \sum_{(i,j,k) \text{ zykl.}} \alpha_{ij}(\gamma^{ij} + \omega_i\omega_j - \bar{\omega}_k) +$$

$$+ \sum_{(i,j,k) \text{ zykl.}} \alpha_{ji}(\gamma^{ij} + \omega_i\omega_j + \bar{\omega}_k) \ ;$$

dabei werden die Summationen über die zyklischen Permutationen (i,j,k) von $(1,2,3)$ erstreckt. Führen wir die Konstanten

$$\beta_{ij} = \begin{cases} \alpha_{ij} & , \ i = j \ , \\ \frac{1}{2}(\alpha_{ij} + \alpha_{ji}) & , \ i \neq j \ , \end{cases}$$

$$\beta_k = \alpha_{ij} - \alpha_{ji} \, , \quad k \neq i \, , \quad k \neq j \, , \quad (i, j, k) \ \text{zyklisch,}$$

ein, so erhalten wir

$$w - w^* = \beta_{ij}(\gamma^{ij} + \omega_i \omega_j) + \beta_j \bar{\omega}_j =$$
$$= \beta_{ij}(\gamma^{ij} + \omega_i \omega_j) + \beta_j \gamma_{jk} \omega_k \, . \tag{3.50}$$

Wenn es nur auf die Bewegungsgleichungen ankommt, können wir zu w diesen Ausdruck hinzufügen, der neun willkürliche Konstanten enthält. Der allgemeinste Ansatz von w als quadratische Form in neun Variablen enthält 45 Konstanten; wie wir sehen, lassen sich neun von diesen Konstanten in einen Term vereinigen, der für die Bewegungsgleichungen ohne Bedeutung ist, so daß also der allgemeine Ansatz für w genau 36 Konstanten für die Bewegungsgleichungen gibt.

Die allgemeinste quadratische Form in den b^{ij} hat nach (3.49), auf die γ_{ij} und ω_j umgeschrieben, die Gestalt

$$w = \Phi(\gamma_{ij}) + \Omega(\gamma_{ij} \mid \omega_i) + \Psi(\omega_j) \, , \tag{3.51}$$

wobei Φ eine quadratische Form in den γ_{ij} mit 21 Konstanten, Ω eine bilineare Form in den γ_{ij} und ω_j mit 18 Konstanten und Ψ eine quadratische Form in den ω_j mit 6 Konstanten bezeichnet. Also enthält der Ansatz für w wieder 45 Konstanten. Wir können w durch einen für die Bewegungsgleichungen gleichwertigen Ansatz w^*, der nur 36 willkürliche Konstanten enthält, ersetzen, indem wir in den Koeffizienten in Ω und Ψ die β_{ij} und β_k verwenden und (3.50) berücksichtigen. Dann geht (3.51) in die gleichwertige Normalform

$$w^* = \Phi(\gamma_{ij}) + \Omega^*(\gamma_{ij} \mid \omega_i) \tag{3.52}$$

über, wo Ω^* keine Terme der Form $\gamma_{jj}\omega_j$, $j = 1,2,3$, enthält.

3.8.   Grundgleichungen der Elastizitätstheorie

3.8.1. Ansätze für die Energiedichte

Für die Elastizitätstheorie sind zwei Ansätze von Bedeutung:

(i) Die Energiedichte w hängt nur von der reinen Deformation an jeder einzelnen Stelle ab, aber nicht von der Drehung, so daß w = = w(Γ) .

Nach den Ausführungen im Abschnitt 3.7. enthält diese Funktion dann 21 willkürliche Konstanten, die alle in die Bewegungsgleichungen eingehen; diesen Ansatz hat man bei der Untersuchung der Elastizitätseigenschaften von Kristallen zu machen.

(ii) Der elastische Körper ist isotrop. Dann hängt w nur von den Dilatationsgrößen σ_1 , σ_2 , σ_3 oder, was auf dasselbe herauskommt, von ihren elementarsymmetrischen Funktionen I_1 , I_2 , I_3 ab.

Die σ_1 , σ_2 , σ_3 sind die Eigenwerte der Matrix Γ , d.h. die Wurzeln der charakteristischen Gleichung

$$\det(\sigma E - \Gamma) = \sigma^3 - I_1\sigma^2 + I_2\sigma - I_3 = 0$$

mit

$$I_1 = \gamma_{11} + \gamma_{22} + \gamma_{33} = \mathrm{Sp}(\Gamma) = \sigma_1 + \sigma_2 + \sigma_3 = \mathrm{div}_x \, \phi \ ,$$

$$I_2 = \gamma_{22}\gamma_{33} - \gamma_{23}^2 + \gamma_{33}\gamma_{11} - \gamma_{31}^2 + \gamma_{11}\gamma_{22} - \gamma_{12}^2 =$$
$$= \det(\Gamma) \, \mathrm{Sp}(\Gamma^{-1}) = \sigma_2\sigma_3 + \sigma_3\sigma_1 + \sigma_1\sigma_2 \ ,$$

$$I_3 = \det(\Gamma) = \sigma_1\sigma_2\sigma_3 \ . \tag{3.53}$$

Hiernach sind I_1 , I_2 , I_3 homogen bzw. vom ersten, zweiten, dritten Grade in den γ_{ij} . Da nun w eine quadratische Form in den γ_{ij} sein soll, die nur von den I_1 , I_2 , I_3 abhängt und weil I_3 vom dritten Grade in den γ_{ij} ist, kann w nur von der Gestalt

$$w(I_1 , I_2 , I_3) = \alpha I_1^2 + \beta I_2 \tag{3.54}$$

sein, wobei α und β Konstanten sind.

3.8.2. Kristallelastizität

Die im allgemeinsten Fall erforderliche Anzahl von 21 Elastizitätskonstanten wird bedeutend kleiner, wenn der Körper Symmetrien aufweist. Bei einem Kristall sind die verschiedenen Richtungen physikalisch ungleichwertig; eine Kristallklasse wird charakterisiert durch die Gruppe aller orthogonalen Substitutionen
$$\bar{x} = Ux \ ,$$
die die Richtungseigenschaften ungeändert lassen, also Richtungen in gleichwertige überführen. Der Ansatz der Energiedichte w muß daher für die einzelne Kristallklasse so gewählt werden, daß w bei Ausübung einer der linearen Substitutionen der zur Kristallklasse gehörigen Gruppe sich nicht ändert. Die Funktion w ist hier eine quadratische Form der sechs Größen γ_{ij} , deren Matrix Γ ist. Übt man auf die Punkte x die Transformation der Matrix U aus, so geht die Deformationsmatrix nach (2.2) über in
$$\bar{\Gamma} = U \, \Gamma \, U' \ .$$
Die Substitution der x-variablen induziert also eine lineare Substitution der Größen γ_{ij} . Wir können daher der Kristallklasse eine Gruppe linearer Substitutionen der γ_{ij} zuordnen, bei denen w un-

geändert bleibt. Wir haben also die allgemeinste quadratische Invariante gegenüber den Transformationen der γ_{ij} der zur betreffenden Kristallklasse gehörigen Gruppe zu suchen. Die Kristalle lassen sich nach ihrer Symmetrie um einen Punkt in 32 Kristallklassen einteilen, die man in sieben Kristallsystemen, triklin, monoklin, rhombisch, rhomboedrisch, hexagonal, tetragonal und kubisch zusammenfaßt.

3.8.3. Elastizitätstheorie isotroper Medien

Der Ansatz (ii) entspricht dem Fall, daß es in dem elastischen Medium keine ausgezeichneten Richtungen gibt; die zugehörige Gruppe ist dann die Gruppe aller Drehungen um den ins Auge gefaßten Punkt. In diesem Falle hat die Energiedichte w die in (3.54) angegebene Gestalt. Die Invariante I_1 – in der Physik meist mit θ bezeichnet – bestimmt im Hinblick auf (3.53) und (3.45) angenähert den Wert der Determinante $\underline{D} = 1 + I_1$ der Deformationsmatrix, also das Volumenvergrößerungsverhältnis bei einer Verzerrung des Mediums.

Man kann annehmen, daß jede reine Deformation eines elastischen Mediums in diesem positive innere Energie weckt. Folglich ist w eine positive quadratische Form in den sechs Größen γ_{ij} (vgl. (3.54)). Daraus ergeben sich Ungleichungen für die Koeffizienten α und β. In der Tat schreiben wir w als Linearkombination zweier nichtnegativer Ausdrücke

$$
\begin{aligned}
w &= \alpha(\sigma_1 + \sigma_2 + \sigma_3)^2 + \beta(\sigma_2\sigma_3 + \sigma_3\sigma_1 + \sigma_1\sigma_2) = \\
&= \alpha(\sigma_1^2 + \sigma_2^2 + \sigma_3^2) + (2\alpha + \beta)(\sigma_2\sigma_3 + \sigma_3\sigma_1 + \sigma_1\sigma_2) = \\
&= \alpha(\sigma_1^2 + \sigma_2^2 + \sigma_3^2) + (2\alpha + \beta)\left[\tfrac{1}{2}\left((\sigma_2 + \sigma_3)^2 + (\sigma_3 + \sigma_1)^2 + \right.\right. \\
&\qquad\qquad \left.\left. + (\sigma_1 + \sigma_2)^2\right) - (\sigma_1^2 + \sigma_2^2 + \sigma_3^2)\right] = \\
&= -(\alpha + \beta)(\sigma_1^2 + \sigma_2^2 + \sigma_3^2) + \\
&\qquad + \tfrac{1}{2}(2\alpha + \beta)\left[(\sigma_2 + \sigma_3)^2 + (\sigma_3 + \sigma_1)^2 + (\sigma_1 + \sigma_2)^2\right] ,
\end{aligned}
$$

so sieht man, daß $\alpha + \beta < 0$, $2\alpha + \beta > 0$ sein müssen und folglich $\alpha > 0$ und $\beta < 0$ und $\alpha < |\beta| < 2\alpha$.

Es wird sich als zweckmäßig herausstellen, statt α und β die beiden Konstanten $\lambda = 2\alpha + \beta$, $\mu = -\tfrac{1}{2}\beta$ einzuführen, für die man die Ungleichungen

$$
\lambda + 2\mu > 0, \quad \lambda > 0, \quad \mu > 0, \quad \lambda - 2\mu < 0 \tag{3.55}
$$

bestätigen kann. Mit diesen Koeffizienten haben wir dann

$$w = \frac{1}{2}\,\lambda\,I_1^2 + 2\mu\left(\frac{1}{2}\,I_1^2 - I_2\right)\ . \tag{3.56}$$

Um die Bewegungsgleichungen aufzustellen, benötigen wir die Spannungsmatrix $W = (w_{ij})$, $w_{ij} = \dfrac{\partial w}{\partial b_{ij}}$. Weil $\gamma_{ii} = b_{ii}$ und $\gamma_{ij} = \dfrac{1}{2}\,(b_{ij} + b_{ji})$ für $i \neq j$, ergibt sich, wenn man die γ als unabhängige Variable betrachtet,

$$w_{ii} = \frac{\partial w}{\partial \gamma_{ii}}\ , \quad w_{ij} = \frac{1}{2}\,\frac{\partial w}{\partial \gamma_{ij}} \quad \text{für } i \neq j\ . \tag{3.57}$$

Mit Rücksicht auf (3.53) ist, wenn $i, j, k \sim 1, 2, 3$:

$$\frac{\partial I_1}{\partial \gamma_{ii}} = 1\ , \quad \frac{\partial I_1}{\partial \gamma_{ij}} = 0\ , \quad \frac{\partial I_2}{\partial \gamma_{ii}} = \gamma_{jj} + \gamma_{kk}\ , \quad \frac{\partial I_2}{\partial \gamma_{ij}} = -\,2\gamma_{ij}$$

und daher nach (3.56) und (3.57)

$$w_{ii} = \lambda I_1 + 2\mu(I_1 - \gamma_{jj} - \gamma_{kk}) = \lambda I_1 + 2\mu\gamma_{ii}\ ,$$

$$w_{ij} = 2\mu\gamma_{ij}\ ,$$

also

$$W = \lambda\theta E + 2\mu\Gamma \quad (\theta = I_1) \tag{3.58}$$

und

$$P = Wn = \lambda\theta n + 2\mu\Gamma n\ . \tag{3.59}$$

Nach (1.47) lauten die Bewegungsgleichungen

$$\rho_0\,\frac{\partial^2 x_i}{\partial t^2} = \frac{\partial w_{ij}}{\partial x_j} + F_i\ , \quad i = 1,2,3\ ,$$

worin

$$\frac{\partial w_{ij}}{\partial x_j} = \lambda\,\frac{\partial}{\partial x_i}\,\theta + 2\mu\,\frac{\partial}{\partial x_j}\,\gamma_{ij}$$

zu setzen ist, oder nach (1.49) in Vektorform

$$\rho_0\,\frac{\partial^2 x_i}{\partial t^2} = \lambda\,\mathrm{grad}_x\,\theta + 2\mu\,\mathrm{div}_x\,\Gamma + F\ .$$

Ferner ist definitionsgemäß (vgl. Abschnitt 3.6.1.)

$$\gamma_{ij} = \frac{1}{2}\left(\frac{\partial \phi_i}{\partial x_j} + \frac{\partial \phi_j}{\partial x_i}\right)\ ,$$

also

$$\frac{\partial w_{ij}}{\partial x_j} = \lambda\,\frac{\partial}{\partial x_i}\,\frac{\partial \phi_j}{\partial x_j} + \mu\left(\frac{\partial^2 \phi_i}{\partial x_j^2} + \frac{\partial^2 \phi_j}{\partial x_i \partial x_j}\right)\ .$$

Unter Benutzung des Laplaceschen Operators

$$\Delta\phi_i = \frac{\partial^2\phi_i}{\partial x_1^2} + \frac{\partial^2\phi_i}{\partial x_2^2} + \frac{\partial^2\phi_i}{\partial x_3^2}$$

ergeben sich so die Bewegungsgleichungen in der Form

$$\rho_0\,\frac{\partial^2 x_i}{\partial t^2} = (\lambda + \mu)\,\frac{\partial}{\partial x_i}\,(\mathrm{div}\ \phi) + \mu\Delta\phi_i + F_i$$

oder in Vektorbezeichnung

$$\rho_0\,\frac{\partial^2\phi}{\partial t^2} = (\lambda + \mu)\,\mathrm{grad}_x\,\Theta + \mu\Delta\phi + F\ ; \tag{3.60}$$

dies ist ein System linearer partieller Differentialgleichungen zweiter Ordnung für die Vektorfunktion ϕ der Variablen (x,t) .

Um uns die Bedeutung der Elastizitätskoeffizienten λ und μ näherzubringen, betrachten wir zunächst eine Ähnlichkeitstransformation mit dem Koordinatenursprung als Ähnlichkeitszentrum:

$$\underline{x} := x + \sigma x\ ,$$

also

$$\phi(x) = \sigma x\ ,$$

und fragen, welche Gestalt hier die Energiedichte und die innere Spannung annehmen.

Man berechnet sofort:

$$\gamma_{11} = \gamma_{22} = \gamma_{33} = \sigma\ ,$$

$$\gamma_{12} = \gamma_{23} = \gamma_{13} = 0$$

und stellt fest, daß (vgl. Abb. 7)

$$\sigma_1 = \sigma_2 = \sigma_3 = \sigma\ ,$$

$$\Theta = 3\sigma\ ,$$

$$w = \frac{9}{2}\,\lambda\sigma^2 + 3\mu\sigma^2 = \frac{3}{2}\,(3\lambda + 2\mu)\sigma^2\ ,$$

$$P = (3\lambda + 2\mu)\sigma n\ .$$

Damit hätte man ein Mittel, experimentell die Kombination $3\lambda + 2\mu$ herzustellen. Läßt man nämlich auf einen Teil des Körpers überall gleichmäßig einen normalen Zug von der Größe $3\lambda + 2\mu$ wirken, so bewirkt dieser eine Vergrößerung des Körpers im Verhältnis $1/(1 + \sigma)$.

Abb. 7

Betrachten wir weiter folgende Deformation

$$\underline{x}_1 = x_1 + \sigma x_1\ ,$$

$$\underline{x}_2 = x_2 - \sigma x_2\ ,$$

$$\underline{x}_3 = x_3 \ ,$$

d.h. also

$$\phi_1(x) = \sigma x_1 \ ,$$

$$\phi_2(x) = -\sigma x_2 \ ,$$

$$\phi_3(x) = 0 \ .$$

Die Punkte einer Ebene normal zur $x_1 x_2$-Ebene bleiben dieselben; es werden also nur Punkte innerhalb der $x_1 x_2$-Ebene verschoben.

Nun gilt

$$\gamma_{11} = \sigma \ , \quad \gamma_{22} = -\sigma \ , \quad \gamma_{33} = 0 \ ,$$

$$\gamma_{12} = \gamma_{23} = \gamma_{13} = 0 \ ,$$

und demnach ist

$$\sigma_1 = \sigma \ , \quad \sigma_2 = -\sigma \ , \quad \sigma_3 = 0 \ , \quad \theta = 0 \ .$$

Wir haben eine Dilatation bezüglich x_1 von der Größe $1 + \sigma$, bezüglich x_2 von der Größe $1 - \sigma$ und bezüglich x_3 von der Größe 1. Um wieviel wir in der x_1-Richtung auseinanderziehen, um so viel pressen wir in der x_2-Richtung zusammen.

$$w = 2\mu\sigma^2 \ ,$$

$$P_1 = 2\mu\sigma n_1 \ ,$$

$$P_2 = -2\mu\sigma n_2 \ ,$$

$$P_3 = 0 \ .$$

Wir denken uns ein zylinderförmiges Stück des Mediums mit der Achse des Zylinders parallel zur x_3-Achse (vgl. Abb. 8).

Es ist die Normalenrichtung bezüglich der x_1-Achse zu spiegeln, um die Richtung des Vektors P zu erhalten. Die Größe von P ist $2\mu\sigma$. Nach der x_1-Richtung wird der Zylinder auseinandergezogen, nach der x_2-Richtung zusammengepresst. Man könnte hieraus experimentell den Elastizitätskoeffizienten μ bestimmen.

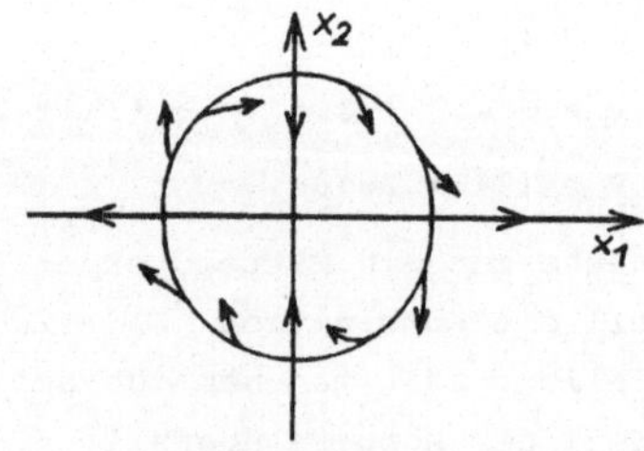

Abb. 8

3.9. Differentialgleichungen der Kristalloptik

Anfangs war w allgemein als eine Funktion in den Größen a_{ij} an-

gesetzt worden; sodann hatten wir bei den infinitesimalen Deformationen w als beliebige quadratische Form in den γ_{ij} und ω_j angenommen. Dieser allgemeine Ansatz könnte überflüssig erscheinen, da
in der Hydrodynamik w doch immer nur von der reinen Deformation abhängt, also von den γ_{ij} . Der Grund unseres Vorgehens ist aber der,
daß über die sich dabei ergebenden Differentialgleichungen allgemeine
Sätze und Tatsachen aufgestellt werden können, die dann nicht nur für
die Elastizitätslehre, sondern auch für die Kristalloptik und Elektro-
dynamik gültig sind;   denn auch hier lassen sich die fundamentalen
Differentialgleichungen aus dem an die Spitze gestellten Hamiltonschen Prinzip herleiten. Natürlich soll damit keine mechanische Theorie dieser Disziplinen gegeben werden.

Beispielsweise werden wir auf die Gleichungen der Kristalloptik geführt, wenn wir die Bewegungsgleichungen für den Fall aufstellen, daß
w allein von der infinitesimalen Drehung und gar nicht von der reinen Deformation abhängt. Es sei also w eine quadratische Form in
den Variablen ω_1 , ω_2 , ω_3 . Weil sich die ω_j bei orthogonalen
Substitutionen wie die Komponenten eines Vektors transformieren
müssen, kann man in dieser quadratischen Form $w(\omega_1,\omega_2,\omega_3)$ durch
passende Wahl des Koordinatensystems die Produktglieder beseitigen
und sie so auf die Form

$$w = 2A_1\omega_1^2 + 2A_2\omega_2^2 + 2A_3\omega_3^2 \tag{3.61}$$

bringen. Um die Spannungsmatrix W aufzustellen, berücksichtigen wir

$$w_{ij} = \partial w/\partial b_{ij} = \frac{\partial w}{\partial \omega_\ell}\,\frac{\partial \omega_\ell}{\partial b_{ij}}$$

und

$$\Omega = \frac{1}{2}\,(B - B') = \begin{bmatrix} 0 & -\omega_3 & \omega_2 \\ \omega_3 & 0 & -\omega_1 \\ -\omega_2 & \omega_1 & 0 \end{bmatrix}$$

und erhalten somit

$$W = 2 \begin{bmatrix} 0 & -A_3\omega_3 & A_2\omega_2 \\ A_3\omega_3 & 0 & -A_1\omega_1 \\ -A_2\omega_2 & A_1\omega_1 & 0 \end{bmatrix} .$$

Der Ausdruck für W liefert die Bewegungsgleichungen

$$\rho_0\,\frac{\partial^2 \phi_1}{\partial t^2} = -\,2A_3\,\frac{\partial \omega_3}{\partial x_2} + 2A_2\,\frac{\partial \omega_2}{\partial x_3} + F_1 \ , \tag{3.62}$$

$$\rho_0 \frac{\partial^2 \phi_2}{\partial t^2} = 2A_3 \frac{\partial \omega_3}{\partial x_1} - 2A_1 \frac{\partial \omega_1}{\partial x_3} + F_2 \; ,$$

$$\rho_0 \frac{\partial^2 \phi_3}{\partial t^2} = - 2A_2 \frac{\partial \omega_2}{\partial x_1} + 2A_1 \frac{\partial \omega_1}{\partial x_2} + F_3 \; . \tag{3.62}$$

Man führe jetzt die Größen

$$\psi_j = 2A_j \omega_j \quad (\text{nicht über } j \text{ summiert}), \quad j = 1,2,3 \; ,$$

ein. Vergleicht man dies mit der Definition der ψ_j , so sieht man, daß das resultierende Gleichungssystem

$$\rho_0 \frac{\partial^2 \phi_1}{\partial t^2} = - \frac{\partial \psi_3}{\partial x_2} + \frac{\partial \psi_2}{\partial x_3} + F_1 \; ,$$

$$\rho_0 \frac{\partial^2 \phi_2}{\partial t^2} = - \frac{\partial \psi_1}{\partial x_3} + \frac{\partial \psi_3}{\partial x_1} + F_2 \; , \tag{3.63}$$

$$\rho_0 \frac{\partial^2 \phi_3}{\partial t^2} = - \frac{\partial \psi_2}{\partial x_1} + \frac{\partial \psi_1}{\partial x_2} + F_3$$

oder in der Symbolik der Vektoranalysis

$$\rho_0 \frac{\partial^2}{\partial t^2} \phi = - \operatorname{rot}_x \psi + F \tag{3.64}$$

die Form der Maxwellschen Gleichungen annimmt. Man bilde den Rotor auf beiden Seiten von (3.64) und mache Gebrauch von der Identität

$$\operatorname{rot}_x \operatorname{rot}_x \psi = \operatorname{grad}_x \psi - \Delta \psi \; .$$

Dann nehmen die Bewegungsgleichungen (3.63) bzw. (3.64) die Gestalt

$$\rho_0 \frac{\partial^2}{\partial t^2} \operatorname{rot}_x \phi = \Delta_x \psi - \operatorname{grad}_x \psi + \operatorname{rot}_x F$$

an. Es ist aber

$$2\omega = \operatorname{rot}_x \phi \; ,$$

d.h.

$$\psi = \underline{A} \operatorname{rot}_x \phi \; ,$$

wobei $\underline{A}$ eine Diagonalmatrix mit A_1 , A_2 , A_3 auf der Diagonalen ist. Danach erhält man die Bewegungsgleichungen in der Form

$$\rho_0 \underline{A}^{-1} \frac{\partial^2 \psi}{\partial t^2} = \Delta_x \psi - \operatorname{grad}_x \psi + \operatorname{rot}_x F \; . \tag{3.65}$$

Dieses Gleichungssystem wird in der Optik für das Studium der Lichtfortpflanzung in Kristallen zugrunde gelegt.

4. Wellenbewegungen im Kontinuum

Die folgenden Betrachtungen sollen uns zu den Gesetzen der theoretischen Optik führen. Diese werden in der Physik meistens aus dem Studium ebener Wellen erhalten, womit man sich jedoch eine wesentliche Beschränkung auferlegt, was die mathematische Behandlung angeht. Die Lichtfortpflanzung im Medium wird dann beschrieben durch lineare Differentialgleichungen mit konstanten Koeffizienten, was z.B. den Fall eines Mediums mit nichtkonstantem Brechungsexponenten ausschließt.

Im Verlauf der hier gewählten Methode wird man rasch auf analytische Bildungen geführt, die auch in der Theorie gewisser nichtlinearer Differentialgleichungen von Bedeutung sind. Eine andere Methode, die von dem Studium des Anfangswertproblems ausgeht, würde sich nur schwer in den vorliegenden Zusammenhang einordnen lassen.

4.1. Relationen zwischen den Unstetigkeiten der Ableitung differenzierbarer Funktionen

Zunächst betrachten wir eine Funktion $f = f(x_1,x_2,t)$ der drei Variablen x_1 , x_2 , t , die wir als rechtwinklige Koordinaten im dreidimensionalen Raum deuten. Die Funktion sei stetig im Raum außer in den Punkten einer bestimmten Fläche F , die durch die Gleichung $t = \phi(x_1,x_2)$ gegeben sei. Ihr Grenzwert bei der Annäherung an einen Punkt (x_1,x_2,t) von F von der einen Seite her sei f' , von der andern Seite her f'' . Mit

$$[f] = f' - f''$$

bezeichnen wir den Sprung der Funktion f beim Durchgang durch die Fläche F . Wir nehmen an, daß die Grenzwerte f' und f'' als Funktionen der Flächenpunkte, also auf F , stetig und differenzierbar sind.

Eine andere, für späteres wichtige Beschreibung der Situation ergibt sich, wenn man die Gleichung $\phi(x_1,x_2) = t$ als die einer Schar von Kurven $\{C_t\}$ in der x_1x_2-Ebene mit dem Parameter t , für festes t also als die Gleichung der Kurve C_t deutet; diese ergibt sich als die Projektion der Schnittkurve der Fläche F mit der horizontalen Ebene $t = $ const in die x_1x_2-Ebene. Zu verschiedenen konstanten Werten von t gehören im allgemeinen verschiedene Kurven C_t . Das Symbol $[f]$ bedeutet nunmehr die Größe des Sprungs der Funktion $f(x_1,x_2,\phi(x_1,x_2))$ beim Durchgang durch die Kurve C_t .

Zweitens werde angenommen, daß die Funktion f auch noch auf der Fläche $F : t = \phi(x_1,x_2)$ stetig ist, so daß $[f] = 0$ oder

$$f'(x_1,x_2,\phi) = f''(x_1,x_2,\phi)$$

identisch in x_1 , x_2 gilt. Durch Differentiation nach x_j , $j = 1,2$, folgt hieraus, wenn $f_j = \partial f/\partial x_j$, $\dot{f} = \partial f/\partial t$, $\phi_j = \partial\phi/\partial x_j$ gesetzt wird,

$$f'_j + \dot{f}'\phi_j = f''_j + \dot{f}''\phi_j \ , \quad j = 1,2 \ ,$$

woraus $f'_j - f''_j + (\dot{f}' - \dot{f}'')\phi_j = 0$, also unter Verwendung des Klammersymbols für den Sprung an der Fläche

$$[f_j] + [\dot{f}]\phi_j = 0 \tag{4.1}$$

folgt.

Drittens gehen wir über zu dem Fall, daß die Funktion f zusammen mit ihren ersten partiellen Ableitungen f_1 , f_2 , $\dot{f}$ durchweg stetig ist, während ihre zweiten Ableitungen bei Annäherung an die Fläche F gleichmäßig gegen auf der Fläche stetige Grenzwerte konvergieren, die bei Annäherung von verschiedenen Seiten an die Fläche verschieden ausfallen können. Im übrigen seien auch die zweiten Ableitungen stetig. Man kann dann ohne weiteres die Relation (4.1) auf die Ableitungen f_1 , f_2 , $\dot{f}$ an Stelle von f anwenden; so erhält man

$$[f_{jk}] + [f_k]\phi_j = 0 \ , \quad j, k = 1,2 \ ,$$

$$[\dot{f}_k] + [\ddot{f}]\phi_k = 0 \ , \quad k = 1,2 \ .$$

Wird die zweite Gleichung mit ϕ_j multipliziert und dann von der ersten subtrahiert, so erhält man die wichtige Relation

$$[f_{jk}] = [\ddot{f}]\phi_j\phi_k \ , \quad j, k = 1,2 \ . \tag{4.2}$$

Diese Gleichungen lassen sich nun ohne Mühe ausdehnen auf den vierdimensionalen Fall. Hier beziehen wir uns gleich auf die zweite Art der Beschreibung des Sachverhaltes: An Stelle der Kurvenschar $\{C_t\}$ haben wir nun eine Flächenschar mit dem Parameter t , gegeben durch die Gleichung $\phi(x_1,x_2,x_3) = t$, im $x_1 x_2 x_3$-Raum. Es handelt sich dann um die Sprünge der zweiten partiellen Ableitungen einer Funktion $f(x_1,x_2,x_3,\phi(x_1,x_2,x_3)) = f(x,\phi(x))$ auf der Fläche $\phi(x) = t$. Für die Sprungsymbole $[f_{jk}]$, $[\ddot{f}]$ ergeben sich wieder die Gleichungen (4.2), nun für $j, k = 1,2,3$.

4.2.   Wellenfläche und ihre Fortpflanzung

Eine Wellenfläche für eine Bewegung der Teilchen in einem kontinuierlichen Medium ist definiert als eine Fläche $\underline{W}$, an der die Komponen-

ten der zweiten Ableitung der die Bewegung beschreibenden Vektor-
funktion $\underline{x} = \underline{x}(x,t)$, d.i. die entsprechende Lösung der Lagrangeschen Bewegungsgleichungen, Sprungunstetigkeiten aufweisen. Es wird
sich herausstellen, daß keineswegs jede beliebige Fläche als Wellenfläche in einem Medium auftreten kann: vielmehr erscheinen alle Wellenflächen als Integralflächen einer gewissen partiellen Differentialgleichung erster Ordnung, welche wir explizit aufstellen werden.

4.2.1. Wellenfläche und Normalenvektor

Von der Wellenfläche wird angenommen, daß sie mit veränderlicher
Zeit t durch das Medium wandert. So erscheint es angebracht, sie
durch eine Gleichung der Gestalt

$$\underline{W}_t \; : \; \phi(x) = t$$

analytisch darzustellen. Je nach den Umständen werden wir diese
Gleichung als die einer dreidimensionalen Mannigfaltigkeit im vierdimensionalen x,t-Raum oder aber als die einer Schar von zweidimensionalen Flächen im dreidimensionalen x-Raum mit dem Parameter t
deuten. Im letzteren Falle verfolgen wir also, wie die Wellenfläche
über die Teilchen im Bezugszustande hinstreicht.

Wenn die Bewegung der Wellenfläche im Bezugszustand bekannt ist, kann
man leicht angeben, wie die Wellenfläche bei Betrachtung des Zustandes bei veränderlicher Zeit t wandert. Man hat dazu aus dem Glei-
chungssystem $\underline{x} = \underline{x}(x,t)$ den Punkt x durch $\underline{x}$ und t auszudrücken, das so erhaltene x in die Gleichung $\phi(x) = t$ einzusetzen
und diese Relation zwischen $\underline{x}$ und t nach t aufzulösen. So bekommt man für die Wellenfläche zur Zeit t eine Gleichung der Form

$$\psi(\underline{x}) = t \; .$$

Im folgenden werden die Ableitungen der Funktion $\phi(x)$ eine wichtige Rolle spielen. Wir setzen

$$\frac{\partial \phi}{\partial x_j} = \xi_j \; , \quad j = 1,2,3 \; ;$$

der Vektor $\xi = (\xi_1, \xi_2, \xi_3)$ ist der Normalenvektor der Wellenfläche
$\phi(x) = t$ im Punkte x . Seiner Länge kommt eine anschauliche Bedeutung zu. Um diese zu finden, betrachten wir die Wellenfläche zur
Zeit $t + \Delta t$, die in laufenden Koordinaten y_i durch die Gleichung
$\phi(y) = t + \Delta t$ gegeben ist. Es sei $y = x + \Delta x$ der Punkt, in dem
der Normalenvektor ξ die zweite Fläche trifft, so daß der Vektor
Δx auf der Normale ξ liegt; daher $\xi' \Delta x = |\xi| \; |\Delta x|$. Nach dem Mit-
telwertsatz ist dann

$$\Delta t \stackrel{\sim}{} \frac{\partial \phi}{\partial x_j} \Delta x_j = |\xi| \; |\Delta x| \; .$$

So erhalten wir den Normalabstand der beiden Wellenflächen

$$\delta_n = |\Delta x| = \frac{\Delta t}{|\xi|} \; ,$$

und die Größe $v_n = 1/|\xi|$ erscheint als die Normalgeschwindigkeit der Wellenfläche, d.h. die Geschwindigkeit, mit der sich ein Punkt x der Fläche $\phi(x) = t$ in der Richtung der Normalen in diesem Punkte fortpflanzt.

4.2.2. Wellenvektor und Normalenvektor

Wir wollen nun annehmen, daß die Funktionen $\underline{x}_j$ sowie ihre ersten Ableitungen auf der Fläche $\phi(x) = t$ stetig sind, während ihre zweiten Ableitungen dort Sprungunstetigkeiten haben. Auf Grund der oben gemachten Feststellungen werden sich alle diese Sprünge durch den Sprung der Ableitung nach t ausdrücken lassen. Wir führen daher gleich die Größen

$$\eta_j = \left[\frac{\partial^2 \underline{x}_j}{\partial t^2} \right] \; , \quad j = 1,2,3 \; ,$$

ein, d.h. die Komponenten des Sprungvektors η des Beschleunigungsvektors $\underline{\ddot{x}}$ eines Teilchens des Kontinuums beim Durchgang durch die fest gedachte Wellenfläche, und nennen η den Wellenvektor.

Es erhebt sich an dieser Stelle die Frage, wie die Sprünge der zweiten Differentialquotienten der Funktionen $\underline{x}_j$ durch den Wellenvektor gegeben sind. Wir erhalten aus (4.2), indem wir für f ein $\underline{x}_j$ setzen,

$$\left[\frac{\partial^2 \underline{x}_j}{\partial x_k \partial x_\ell} \right] = - \, \eta_j \xi_k \xi_\ell \qquad (4.3)$$

und aus (4.1)

$$\left[\frac{\partial^2 \underline{x}_j}{\partial x_k \partial t} \right] = - \, \eta_j \xi_k \; . \qquad (4.4)$$

Anstelle der Gleichungen (4.3) und (4.4) kann man auch schreiben

$$[\partial a_{jk}/\partial x_\ell] = \eta_j \xi_k \xi_\ell \; , \qquad (4.5)$$

$$\left[\frac{\partial}{\partial t} \, a_{jk} \right] = - \, \eta_j \xi_k \; . \qquad (4.6)$$

Die ersten Differentialquotienten der a_{jk} sind also an der Wellenfläche mit diesen Sprüngen behaftet.

Weiterhin handelt es sich darum, die Beziehungen aufzudecken, welche zwischen dem Normalenvektor ξ und dem Wellenvektor η bestehen. Dazu greifen wir auf die Bewegungsgleichungen

$$\rho_0 \, \frac{\partial^2 \underline{x}}{\partial t^2} = \text{div}_x \, W + F$$

zurück, wobei

$$w = w(A,x)$$

und

$$W = (w_{ij}) \quad \text{mit} \quad w_{ij} = \partial w/\partial a_{ij}$$

ist. Wir können diesem Gleichungssystem auch die Form

$$\rho_0 \, \frac{\partial^2 \underline{x}_i}{\partial t^2} = F_i + \frac{\partial w_{ij}}{\partial x_j} + \frac{\partial w_{ij}}{\partial a_{k\ell}} \frac{\partial a_{k\ell}}{\partial x_j} \quad , \quad i = 1,2,3 \; ,$$

geben; dabei ist der zweite Term rechts jetzt so zu verstehen, daß w_{ij} partiell nach x_j differenziert ist, soweit dies explizit [1] in ihm auftritt. Wenn man nun $\partial w/\partial a_{ij}$ an Stelle von w_{ij} schreibt, erhält man

$$\rho_0 \, \frac{\partial^2}{\partial t^2} \underline{x}_i = F_i + \frac{\partial^2 w}{\partial x_j \partial a_{ij}} + \frac{\partial^2 w}{\partial a_{ij} \partial a_{k\ell}} \frac{\partial a_{k\ell}}{\partial x_j} \; ; \; i = 1,2,3 \; . \quad (4.7)$$

Im Falle der infinitesimalen Bewegung hatten wir w als quadratische Form in den b_{ij} vorausgesetzt, die x nicht mehr explizit enthält; infolgedessen verschwindet in diesem Falle der zweite Term rechts in (4.7), und der Koeffizient $\dfrac{\partial^2 w}{\partial a_{ij} \partial a_{k\ell}} = 2c_{ijk\ell}$ des dritten wird konstant. Das System hat also die Gestalt (3.48) [2].

Im Raume der (x,t)-Variablen denken wir uns die Fläche $\phi(x) = t$, auf deren beiden Seiten die Bewegungsgleichungen bestehen sollen. Es soll von beiden Seiten her ein Punkt (x',t') gegen einen Flächenpunkt (x,t) konvergieren. Unter der Annahme, daß die Kraftkomponenten F_j durchweg stetig sind, erhält man im Hinblick auf (4.5) aus den Bewegungsgleichungen für die Differenz der Limite

$$\rho_0 n_i = \frac{\partial^2 w}{\partial a_{ij} \partial a_{k\ell}} \, \xi_j \xi_\ell n_k \; . \quad\quad\quad (4.8)$$

Dabei wurde Gebrauch gemacht von dem Umstand, daß die Ausdrücke

$$\frac{\partial^2 w}{\partial a_{ij} \partial a_{k\ell}}$$

auch auf der Fläche stetig sind, weil die a_{ij} stetig sind, so daß

---

[1] Das heißt nicht auf Grund der Abhängigkeit der a_{ij} von x .

[2] Dabei ist zu beachten, daß $\dfrac{\partial a_{k\ell}}{\partial x_j} = \dfrac{\partial^2 x_k}{\partial x_\ell \partial x_j}$ ist.

diese Ausdrücke bei der Bildung der Differenzen der Limiten als Faktoren erscheinen.

Der Sprungvektor η und der Normalenvektor ξ sind durch das Gleichungssystem (4.8) verknüpft, in dem als Koeffizienten die $\partial^2 w/\partial a_{ij}\partial a_{k\ell}$ auftreten, also gewisse Funktionen der a_{ij} und der x_j. Besonders einfach gestalten sich die Verhältnisse, wenn wir w als quadratische Form in den a_{ij}, mit nicht notwendig konstanten Koeffizienten, annehmen; dann werden die Koeffizienten $\partial^2 w/\partial a_{ij}\partial a_{k\ell}$ in (4.8) von den a_{ij} unabhängig, hängen höchstens noch von der Variablen x ab. In diesem Falle besteht also eine eventuell von Ort zu Ort veränderliche Gesetzmäßigkeit zwischen den Sprüngen, die aber für alle Lösungen der Bewegungsgleichungen genau dieselbe ist. Dieser Sachverhalt liegt etwa vor bei der Lichtfortpflanzung in einem Medium mit veränderlichem Brechungsexponenten. Zusammenfassend sind die Koeffizienten bekannte Funktionen von x im Falle eines inhomogenen Mediums und reine Zahlwerte im Falle eines homogenen Mediums.

Wir erhalten eine einfachere Schreibweise für die Beziehungen (4.8), wenn wir eine gewisse in den ξ_j und in den η_i quadratische Form einführen:

$$\Omega(\xi,\eta) : = \frac{1}{\rho_0} \frac{\partial^2 w}{\partial a_{ij}\partial a_{k\ell}} \eta_i \eta_k \xi_j \xi_\ell \cdot \qquad\qquad (4.9)$$

Wir können ohne Beschränkung der Allgemeinheit annehmen, daß Ω symmetrisch in den η_i ist. Dann nehmen die Gleichungen (4.8) die einfache Form

$$\eta_i = \frac{1}{2} \frac{\partial}{\partial \eta_i} \Omega \qquad\qquad (4.10)$$

an. Wir wollen angeben, wie Ω bei gegebenem w praktisch zu bilden ist, und ersetzen a_{ij} durch $a_{ij} + \eta_i \xi_j$. Dadurch möge w in w^* übergehen. Wenn wir w^* nach Potenzen von $\eta_i \xi_j$ entwickeln,

$$w^* = w + \delta w + \frac{1}{2} \delta^2 w$$

mit

$$\delta^2 w : = \frac{\partial^2 w}{\partial a_{ij}\partial a_{k\ell}} \eta_i \eta_k \xi_j \xi_\ell \, ,$$

so wird

$$\rho_0 \Omega(\xi,\eta) = \delta^2 w$$

die zweite Variation der Funktion w, wenn wir

$$\delta a_{ij} = \eta_i \xi_j$$

setzen.

Schreiben wir Ω als quadratische Form in η , so sind die Koeffizienten quadratische Formen X_{ij} in ξ :

$$\Omega = X_{ij}\eta_i\eta_j \tag{4.11}$$

mit

$$X_{ij} : = \frac{1}{\rho_0} \frac{\partial^2 w}{\partial a_{ij}\partial a_{k\ell}} \xi_j\xi_\ell \ .$$

Aus der Symmetrie von W folgt die von X , also ist $X_{ij} = X_{ji}$, und die Beziehungen (4.8) lauten

$$\eta_i = X_{ij}\eta_j \ , \quad i = 1,2,3 \ . \tag{4.12}$$

Die Beziehung zwischen Normalenvektor und Wellenvektor hat die Gestalt von drei linearen homogenen Gleichungen in η_1 , η_2 , η_3 . Dabei ist auszuschließen, daß die η_i verschwinden, da sonst auch die zweiten Ableitungen an der Wellenfläche stetig wären. Aus (4.8) und (4.9) schließen wir, daß

$$\Omega(\xi,\eta) = \eta_i\eta_i = |\eta|^2 \tag{4.13}$$

ist. Daraus folgt, daß Ω stets von Null verschieden ist, wenn ξ ein möglicher Normalenvektor und η ein nichtverschwindender Wellenvektor ist.

4.2.3. Normalenfläche und Differentialgleichung der Wellenfläche

Da die drei η_i nicht alle verschwinden sollen, muß die Determinante der drei linearen homogenen Gleichungen (4.12) verschwinden, d.h.

$$\mathcal{H}(\xi) = \mathcal{H}(\xi_1,\xi_2,\xi_3) : = \det \begin{bmatrix} X_{11}-1 & X_{12} & X_{13} \\ X_{21} & X_{22}-1 & X_{23} \\ X_{31} & X_{32} & X_{33}-1 \end{bmatrix} = 0 \ .$$

Somit ist $\mathcal{H}$ ein Polynom sechsten Grades in ξ_1 , ξ_2 , ξ_3 ; Glieder ungerader Ordnung können nicht darin auftreten, weil in den X_{ij} nur Produkte zweier ξ_j vorkommen. Daher hat $\mathcal{H}$ die Form

$$\mathcal{H}: = \mathcal{H}_6 + \mathcal{H}_4 + \mathcal{H}_2 - 1 \ ,$$

wobei $\mathcal{H}_6$ eine Form sechster Ordnung, $\mathcal{H}_4$ eine vierter Ordnung und $\mathcal{H}_2$ eine zweiter Ordnung in den ξ_i ist. Wir haben so das Ergebnis gewonnen, daß die Komponenten des Normalenvektors der Gleichung

$$\mathcal{H}(\xi) = 0$$

genügen müssen.

Wir deuten die ξ_1 , ξ_2 , ξ_3 als rechtwinklige Koordinaten und sprechen von der Normalenfläche $\mathcal{H}(\xi) = 0$ im ξ-Raum, welche im allgemeinen eine Fläche sechster Ordnung sein wird. Weil in $\mathcal{H}$ nur Glieder gerader Ordnung in den ξ_j auftreten, liegt die Normalenfläche symmetrisch zum Ursprung. Der Normalenvektor ist dadurch eingeschränkt, daß sein Endpunkt auf dieser Fläche liegen muß.

Wir setzen die Wellenfläche zu einer Zeit t als bekannt voraus. Dann ist in jedem ihrer Punkte die Richtung des Normalenvektors bekannt. Die Länge des Normalenvektors gibt uns die reziproke Normalgeschwindigkeit (vgl. Abb. 9)

$$|\xi| = 1/v_n \, .$$

Also können wir sagen: bei gegebener Richtung der Wellennormalen ist die Normalgeschwindigkeit bestimmt durch die Normalenfläche.

Abb. 9

Wir haben vom Nullpunkt des ξ-Raumes einen Radiusvektor parallel zur Wellennormalen ausgehen zu lassen, bis zum Schnitt mit der Normalenfläche; dann gibt

$$\overline{O\xi} = |\xi| = 1/v_n$$

den reziproken Wert der Normalgeschwindigkeit.

Da $\mathcal{H}$ eine Fläche sechster Ordnung ist, werden wir im allgemeinen drei Werte von $|\xi|^2$ erhalten, also drei Werte v_n^2. Die Gleichung dritten Grades für v_n^2 läßt sich sofort angeben.

Es sei $\xi = |\xi|\,\omega$ mit $|\omega| = \sqrt{\omega_1^2 + \omega_2^2 + \omega_3^2} = 1$ die Darstellung für ξ in Polarkoordinaten. Dann gilt $\xi = \dfrac{1}{v_n}\,\omega$. Die ξ_1, ξ_2, ξ_3 sind in die Gleichung $\mathcal{H}(\xi) = 0$ einzusetzen. Mit

$$\underline{H}_{ij} = \frac{1}{\rho_0}\,\frac{\partial^2 w}{\partial a_{ik}\partial a_{j\ell}}\,\omega_k\omega_\ell$$

läßt sich $\mathcal{H}$ schreiben in der Form

$$\begin{vmatrix} \underline{H}_{11}-v_n^2 & \underline{H}_{12} & \underline{H}_{13} \\ \underline{H}_{21} & \underline{H}_{22}-v_n^2 & \underline{H}_{23} \\ \underline{H}_{31} & \underline{H}_{32} & \underline{H}_{33}-v_n^2 \end{vmatrix} \, ,$$

so daß $\mathcal{H} = 0$ als eine Gleichung dritten Grades in v_n^2 erscheint.

Daraus erkennen wir, daß die Normalenfläche, d.h. die Gleichung $\mathcal{H} =$
$= 0$, für jeden Punkt der Wellenfläche drei Werte der Normalgeschwindigkeit festlegt. Nach den Erörterungen in 4.2.1. können wir also
die Wellenfläche zur Zeit $t + \Delta t$ gewinnen, indem wir jeden Punkt
normal um das Stück $\delta_n = v_n \Delta t$ in der Normalenrichtung verschieben.

Der Normalenvektor der Wellenfläche $\phi(x) = t$ ist durch $\xi =$
$= \mathrm{grad}_x \, \phi(x)$ gegeben. Setzt man nun seine Komponenten $\xi_j = \partial\phi/\partial x_j$
in die Gleichung $\mathcal{H}\,(\xi_1,\xi_2,\xi_3) = 0$ der Normalenfläche ein, so ergibt
sich die Bedingung

$$\mathcal{H}\left(\frac{\partial\phi}{\partial x_1}, \; \frac{\partial\phi}{\partial x_2}, \; \frac{\partial\phi}{\partial x_3}\right) = 0 \; , \tag{4.14}$$

d.i. eine partielle Differentialgleichung erster Ordnung und sechsten
Grades für die Funktion ϕ . So sehen wir, daß diese Funktion, und
damit die Wellenfläche, keineswegs willkürlich wählbar ist.

Es sei wieder ξ ein Punkt der Normalenfläche; mit ξ ist das Verhältnis $\eta_1 : \eta_2 : \eta_3$ der Komponenten des zugehörigen Wellenvektors
eindeutig durch das homogene lineare Gleichungssystem (4.12) festge-
legt, falls nicht alle zweireihigen Minoren $\mathcal{H}^{ij}$ der Determinante $\mathcal{H}$
dieses Systems verschwinden;   das Verschwinden aller $\mathcal{H}^{ij}$ würde
nämlich wegen

$$\frac{\partial}{\partial\xi_i} \; \mathcal{H}(\xi) = \frac{\partial\mathcal{H}}{\partial X_{jk}} \frac{\partial X_{jk}}{\partial\xi_i} = \mathcal{H}^{jk} \frac{\partial X_{jk}}{\partial\xi_i}$$

das Verschwinden dieser drei Ableitungen zur Folge haben, könnte
also nur in einem singulären Punkt ξ der Normalenfläche eintreten,
den wir jedoch von der Betrachtung ausschließen wollen.

Liegt kein derartiger singulärer Punkt vor, so daß also nicht alle
$\mathcal{H}^{ij}$ verschwinden, dann muß

$$\mathcal{H}^{ij} = \lambda\eta_i\eta_j \tag{4.15}$$

sein, unter λ einen Proportionalitätsfaktor verstanden. Denn da die
Minoren $\mathcal{H}^{11}$, $\mathcal{H}^{12}$, $\mathcal{H}^{13}$ eine Lösung des Gleichungssystems (4.12)
darstellen, müssen sie proportional sein zur Lösung η_1 , η_2 , η_3 ,
d.h.

$$\mathcal{H}^{ij} = \lambda_i\eta_j \tag{4.16}$$

mit dem möglicherweise von Zeile zu Zeile verschiedenen Proportionalitätsfaktor λ_i . Weil die Koeffizienten des Systems (4.12) symmetrisch sind, gilt das gleiche für die Minoren, d.h. $\mathcal{H}^{ji} = \mathcal{H}^{ij}$;
folglich ist nach (4.16) $\lambda_i\eta_j = \lambda_j\eta_i$. Die λ_i sind also proportional zu den η_i , d.h. $\lambda_j = \lambda\eta_3$, woraus (4.15) folgt.

4.3.   Strahlenvektor und Strahlenfläche. Fortpflanzung der Wellenfläche in Strahlenrichtung

4.3.1. Strahlenfläche und Normalenfläche

Wir führen jetzt einen dritten fundamentalen Vektor ein, den sogenannten Strahlenvektor. Der Name wird späterhin durch eine eingehende Betrachtung gerechtfertigt werden.

Die Komponenten u_1 , u_2 , u_3 des Strahlenvektors u seien definiert durch

$$u_j : = \frac{1}{2\Omega} \frac{\partial \Omega}{\partial \xi_j} \ , \quad j = 1,2,3 \ . \tag{4.17}$$

Hieraus geht hervor, daß der Strahlenvektor immer existiert, außer wenn $\Omega = 0$ ist, d.h. wenn in dem entsprechenden Punkt der Wellenfläche keine Unstetigkeit des Beschleunigungsvektors vorliegt.

Zur Bestimmung von Ω sei bemerkt, daß man zu gegebenem ξ die Koeffizienten X_{ij} und damit die drei linearen homogenen Gleichungen (4.12) hat, welche für den Wellenvektor η die Verhältnisse η_1 : $\eta_2 : \eta_3$ festlegen, also die η_j bis auf einen gemeinsamen Faktor, auf den es aber in (4.17) nicht ankommt (alles dies jedoch unter der Voraussetzung, daß der Rang des Gleichungssystems (4.12) zwei ist, d.h. daß in der Koeffizientenmatrix, deren Determinante $\mathcal{H}(\xi)$ ist, nicht noch alle zweireihigen Minoren $\mathcal{H}^{ij}$ verschwinden). Dies würde das Verschwinden der partiellen Ableitungen $\frac{\partial \mathcal{H}}{\partial \xi_j}$ zur Folge haben, was bedeuten würde, daß der Punkt ξ auf der Normalenfläche ein konischer Punkt ist, d.h. ein Punkt mit unbestimmter Tangentialebene.

Wenn der Punkt P mit den Koordinaten ξ_j die durch die Gleichung $\mathcal{H}(\xi) = 0$ definierte Normalenfläche N durchläuft, so wird der gemäß (4.17) entsprechende Punkt Q mit den Koordinaten u_i (d.i. der Endpunkt des vom Ursprung des ξ-Raumes ausgehenden Vektors u) eine gewisse Fläche S durchlaufen, die wir die Strahlenfläche nennen wollen. Im folgenden soll die geometrische Beziehung zwischen diesen beiden Flächen untersucht werden.

Weil Ω eine quadratische Form in den ξ_j ist, gilt $\xi_j \frac{\partial \Omega}{\partial \xi_j} = 2\Omega$ und daher nach (4.17)

$$u_j \xi_j = u'\xi = 1 \ . \tag{4.18}$$

Ist θ der Winkel zwischen den beiden Vektoren ξ und u , so können wir diese Gleichung auch in der Form

$$|\xi| \ |u| \ \cos \theta = 1 \tag{4.19}$$

schreiben.

Wir wollen nun zeigen, daß die analytische Beziehung zwischen den
beiden Flächen $\underline{N}$ und $\underline{S}$ in der Form

$$u_j = \frac{\partial \mathcal{H}}{\partial \xi_j} \Big/ \xi_k \frac{\partial \mathcal{H}}{\partial \xi_k} \tag{4.20}$$

geschrieben werden kann. In der Tat ist

$$\frac{\partial \mathcal{H}}{\partial \xi_k} = \frac{\partial \mathcal{H}}{\partial X_{ij}} \frac{\partial X_{ij}}{\partial \xi_k} = \mathcal{H}^{ij} \frac{\partial X_{ij}}{\partial \xi_k} \; ,$$

woraus nach (4.15), (4.11) und (4.17) folgt, daß

$$\frac{\partial \mathcal{H}}{\partial \xi_k} = \lambda n_i n_j \frac{\partial X_{ij}}{\partial \xi_k} = \lambda \frac{\partial \Omega}{\partial \xi_k} = 2\lambda \Omega u_k$$

mit dem noch unbestimmten Faktor $2\lambda\Omega$ ist; dieser ergibt sich aus
der vorangehenden Gleichung unter Benutzung von (4.18):

$$\xi_k \frac{\partial \mathcal{H}}{\partial \xi_k} = 2\lambda \Omega u_k \xi_k = 2\lambda\Omega \; ,$$

womit (4.20) bewiesen ist.

Hieraus ist ersichtlich, daß $u_1 : u_2 : u_3 = \dfrac{\partial \mathcal{H}}{\partial \xi_1} : \dfrac{\partial \mathcal{H}}{\partial \xi_2} : \dfrac{\partial \mathcal{H}}{\partial \xi_3}$ gilt,

was bedeutet, daß der Punkt Q (mit den Koordinaten u_j im ξ-Raum)
auf einer Geraden durch den Ursprung liegt, welche parallel ist zur
Normalen der Fläche $\underline{N}$ im Punkte P , also senkrecht zur Tangentialebene π von $\underline{N}$ in P (vgl. Abb. 10). Es genügt nun die Länge
$|u| = OQ$ zu finden. Die Ebene π hat in laufenden Koordinaten ζ_j
die Gleichung

$$u'\zeta = u'\xi = 1 \; ,$$

und wenn diese Ebene die Gerade OQ im Punkte P_1 trifft, so ist
nach (4.19)

$$OP_1 = OP \cos \theta = |\xi| \cos \theta = 1/|u| = 1/OQ$$

und daher $OP_1 \cdot OQ = 1$. Somit ist Q für vorgegebenes P eindeutig
bestimmt.

In gleicher Weise ergibt sich der Punkt P auf $\underline{N}$ für einen vorgegebenen Punkt Q auf der Fläche $\underline{S}$. Es sei τ die Tangentialebene
von $\underline{S}$ im Punkte Q . Dann steht der Vektor ξ senkrecht zu τ .
In der Tat folgt aus $u'\xi = 1$ durch totale Differentiation

$$\xi'du + u'\, d\xi = 0 \; .$$

Weil nun die $\dfrac{\partial \mathcal{H}}{\partial \xi_k}$ die Komponenten des Normalenvektors von $\underline{N}$ in P
sind, ist im Hinblick auf (4.20) $u'\, d\xi = 0$; es bleibt also $\xi'du =$
$= 0$, was besagt, daß OP zur Tangentialebene τ senkrecht steht.
Q_1 sei der Punkt, in dem OP die Ebene τ trifft, dann ist

$$OQ_1 = OQ \cos \theta = |u| \cos \theta = 1/|\xi| = 1/OP$$

und $OQ_1 \cdot OP = 1$.

Die beiden Flächen stehen also
zueinander in einer "reziproken"
Beziehung. Die geometrische Relation, die dieser Reziprozi-
tät zugrunde liegt, ist die Po-
larverwandtschaft an der Einheitskugel $\xi'\xi = 1$; diese
ordnet jedem Punkt ξ im Raum
die Ebene $u'\zeta = 1$ zu, die
durch die Gleichung $u = \xi$
bestimmt ist; gleichzeitig jeder Ebene $u'\zeta = 1$ den Punkt,
der durch die Gleichung $\xi = u$
bestimmt ist, vgl. Abb. 10.
(Näheres über diese Verwandt-
schaft findet man in Lehrbüchern der analytischen Geometrie.)

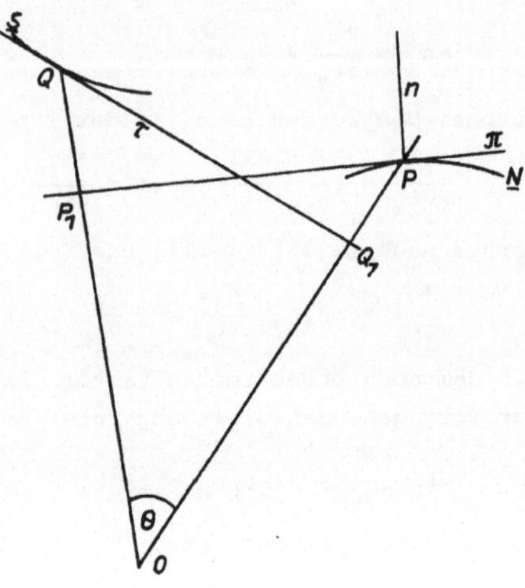

Abb. 10

Schließlich wird noch eine kinematische Bemerkung gemacht. In 4.2.1.
hatten wir für den Normalabstand der Wellenflächen zur Zeit t und
zur Zeit $t + \Delta t$ den Wert $\Delta t/|\xi|$ gefunden. Schneidet die Fläche
$\phi(x) = t + \Delta t$ den vom Punkt x (d.h. $\xi = 0$) ausgehenden Strahlenvektor u im Punkte $x + \Delta x$ und ist Δs die längs des Vektors u
gemessene Entfernung der beiden Flächen, so gilt

$$\Delta x = \Delta s \cdot u/|u|$$

(so daß $\Delta s^2 = |\Delta x|^2$), und nach (4.18) ist $\xi'\Delta x = \Delta s/|u|$, was
nach der Schlußbetrachtung von 4.2.1. mit Δt übereinstimmt, abgesehen von Größen höherer Ordnung. Es ist daher

$$|u| = \frac{\Delta s}{\Delta t} = v_s ,$$

d.i. die Geschwindigkeit, mit der sich die Wellenfläche im Punkte x
in der Richtung des Strahlenvektors fortpflanzt. Nach (4.18) hat man
so

$$v_n = v_s \cos \theta ,$$

d.h., die Normalgeschwindigkeit der Wellenfläche ist gleich der Projektion der Strahlgeschwindigkeit auf die Normale der Wellenfläche.

Schließlich soll noch die geometrische Beziehung zwischen der Normalenfläche $\mathcal{H}(\xi) = 0$ und der Strahlenfläche festgestellt werden. Es
stellt sich heraus, daß sie reziprok zueinander sind; dies bedeutet:
man erhält die Tangentenebenen der Strahlenfläche als die Polarebenen

der Punkte der Normalenfläche in Bezug auf die Einheitskugel $\xi'\xi = 1$
und umgekehrt.

4.3.2. Fortpflanzung der Wellenfläche

Bisher haben wir die Fortpflanzung der Wellenfläche im x-Raum betrachtet. Die x-Koordinaten der materiellen Teilchen, die zur Zeit t
von der Wellenfläche ergriffen waren, erfüllten die Gleichung $\phi(x) =$
$= t$. In gewissem Sinne wichtiger erscheint nun die Frage, wie sich
die Wellenfläche im $\underline{x}$-Raum fortpflanzt. Die Raumkoordinaten $\underline{x}_1$, $\underline{x}_2$,
$\underline{x}_3$ der von der Wellenfläche zur Zeit t ergriffenen Teilchen er-
füllen dann die Gleichung $\psi(\underline{x}) = t$. Die beiden Funktionen ϕ und
ψ sind durch die Transformation $\underline{x} = \underline{x}(x,t)$ miteinander verbunden,
d.h., die Gleichung

$$\phi(x) = \psi\big(\underline{x}(x,t)\big) = \psi\big(\underline{x}(x,\phi(x))\big) \tag{4.21}$$

muß eine Identität in der x_j sein.

Der Normalenvektor ξ wurde durch $\text{grad}_x\phi$ definiert. Entsprechend
führen wir nun den Normalenvektor ζ im tatsächlichen Zustand zur
Zeit t ein:

$$\zeta = \text{grad}_{\underline{x}}\,\psi \ .$$

Ebenso wie in 4.2.3. wird hier

$$|\zeta| = \frac{1}{|\underline{v}_n|}$$

die reziproke Normalgeschwindigkeit der Wellenfläche im $\underline{x}$-Raum.

Die Beziehung zwischen den Vektoren ξ und ζ ergibt sich aus der
Identität (4.21). Durch Differentiation derselben nach x_j erhalten
wir

$$\frac{\partial\phi}{\partial x_j} = \frac{\partial\psi}{\partial\underline{x}_i}\left\{\frac{\partial\underline{x}_i}{\partial x_j} + \frac{\partial\underline{x}_i}{\partial t}\,\frac{\partial\phi}{\partial x_j}\right\} ,$$

d.h. $\quad \xi_j = a_{ij}\zeta_i + \dot{\underline{x}}_i\zeta_i\xi_j$

oder $\quad \xi = A'\zeta + (\dot{\underline{x}}'\zeta)\xi$.

Lösen wir diese Gleichung nach ξ auf, so ergibt sich

$$\sigma\xi = A'\zeta , \tag{4.22}$$

wo

$$\sigma = 1 - \dot{\underline{x}}'\zeta \tag{4.23}$$

gesetzt ist. Danach drückt sich ξ gebrochen linear durch ζ aus.
Andererseits folgt sofort aus (4.22)

$$\zeta = \sigma A'^{-1}\xi \ . \tag{4.24}$$

Damit ist aber ζ in (4.24) nicht allein durch ξ ausgedrückt, denn nach (4.23) enthält σ den Vektor ζ . Man multipliziere (4.24) skalar mit $\dot{\underline{x}}$; so erhält man angesichts (4.23)

$$\dot{\underline{x}}'\zeta = (1 - \dot{\underline{x}}'\zeta)\dot{\underline{x}}' \ A'^{-1} \ \xi \ .$$

Es ist also

$$(1 + \dot{\underline{x}}'A'^{-1}\xi)\dot{\underline{x}}'\zeta = \dot{\underline{x}}' \ A'^{-1} \ \xi \ ,$$

und daher läßt sich σ durch ξ und $\dot{\underline{x}}$ ausdrücken:

$$\sigma = \frac{1}{1 + \dot{\underline{x}}A'^{-1}\xi} \ . \tag{4.25}$$

Wir wollen uns noch einen dem Strahlenvektor u analogen Vektor $\underline{u}$ im tatsächlichen Raum herstellen. Die Haupteigenschaft des Strahlenvektors, die wir soeben abgeleitet haben, war, daß die Strahlenfläche $\underline{S}$ Reziprokalfläche zur Normalenfläche $\underline{N}$ bezüglich der Einheitskugel ist. Der Vektor $\underline{u}$ soll durch die analoge Eigenschaft definiert werden. Die Normalenfläche $\underline{N}$: $\mathcal{H}(\xi) = 0$ geht durch die Transformation (4.22) in eine Fläche $\widetilde{\mathcal{H}}(\zeta) = 0$ im Raum zur Zeit t über. Dazu ist es nach (4.20) nötig, daß es eine Größe μ gibt, so daß

$$\mu\underline{u}_j = \frac{\partial\widetilde{\mathcal{H}}}{\partial\zeta_j} \ , \quad j = 1,2,3 \ , \tag{4.26}$$

und außerdem

$$\underline{u}'\zeta = 1 \tag{4.27}$$

gilt. Aus diesen beiden Eigenschaften haben wir $\underline{u}$ zu bestimmen. Aus (4.20) folgt, wenn $\kappa = \xi_j \dfrac{\partial\mathcal{H}}{\partial\xi_j}$ gesetzt wird,

$$\kappa u' \ d\xi = d\widetilde{\mathcal{H}}$$

und ebenso aus (4.26)

$$\mu\underline{u}' \ d\zeta = d\widetilde{\mathcal{H}} \ ;$$

man hat also, wenn man $\lambda = \mu/\kappa$ setzt,

$$\lambda\underline{u}' \ d\zeta = u' \ d\xi \ . \tag{4.28}$$

Durch totales Differenzieren der Relation (4.22) erhält man

$$\sigma \ d\xi_j + \xi_j \ d\sigma = a_{ij} \ d\zeta_i \ .$$

Multiplizieren wir diese Gleichung mit u_j und summieren über j , so folgt

$$\sigma u' \ d\xi + u'\xi \ d\sigma = u' \ A' \ d\zeta \ .$$

Daraus wird nach (4.28) und wegen $u'\xi = 1$

$$\lambda\sigma\underline{u}' \ d\zeta + d\sigma = d\zeta' \ Au \ .$$

Diese Gleichung muß eine Identität in den $d\zeta_j$ sein. Aus der Definition von σ folgt

$$d\sigma = -\,\underline{\dot{x}}{}'\,d\zeta \; ;$$

also ist

$$\lambda\sigma\underline{u} - \underline{\dot{x}} = Au \; .$$

Damit wäre $\underline{u}$ durch u ausgedrückt. Es fehlt nur noch die Bestimmung des Proportionalitätsfaktors λ . Dieser wird durch die Bedingungen $\underline{u}'\zeta = 1$ und $u'\xi = 1$ geliefert. Multipliziert man nämlich
die zuletzt erhaltene Relation skalar mit ζ , so folgt nach (4.22)
und (4.23)

$$\lambda\sigma\underline{u}'\zeta - \underline{\dot{x}}'\zeta = u'\,A'\,\zeta$$

und weiter

$$\lambda\sigma = \underline{\dot{x}}'\zeta + u'(\sigma\xi) = 1 - \sigma + \sigma = 1 \; .$$

Damit werden die Formeln der Umrechnung von u 'auf den $\underline{x}$-Raum gegeben durch

$$\underline{u} = Au + \underline{\dot{x}} \; . \tag{4.29}$$

Der Vektor $\underline{u}$ drückt sich also linear durch u aus. Nach u aufgelöst ergeben diese Gleichungen unmittelbar

$$u = A^{-1}(\underline{u} - \underline{\dot{x}})\cdot . \tag{4.30}$$

Die Fläche der so bestimmten $\underline{u}$ wird Reziprokalfläche zu $\widetilde{\mathcal{H}}(\zeta) = 0$
sein.

4.4.   Anwendung auf die Gasdynamik. Schallbewegung

Wir wollen nun die in den letzten Paragraphen gewonnenen allgemeinen
Resultate auf spezielle Fälle anwenden. Zunächst nehmen wir wieder
an, daß das betrachtete kontinuierliche Medium ein Gas ist (vgl. Abschnitt 3.2.). So kommen wir zum Studium der Wellenbewegungen in einem Gas, z.B. in der Luft, und damit zu den Grundgesetzen der Akustik. Dabei wird angenommen,daß einer Schallwelle eine Unstetigkeit
in den zweiten Ableitungen der Lösung der Bewegungsgleichungen entspricht. Zulässig ist auch eine gleichzeitige andersartige Bewegung
des Mediums, wie z.B. die durch Wind veranlaßte Bewegung der Luft.

4.4.1. Fortpflanzung der Unstetigkeiten in idealen Gasen

Um das Fortpflanzungsgesetz (4.10) aussprechen zu können, hat man
sich die Funktion $\Omega(\xi,\eta)$ zu bilden. Die Energiedichte $\underline{w} = w/\underline{D}$ im
Zustand zur Zeit t war eine Funktion der Dichte $\rho = \rho_0/\underline{D}$ im Zustand zur Zeit t und eventuell auch des Punktes x . Für das Folgende ist diese Abhängigkeit aber belanglos und wird nicht berücksichtigt. Für w haben wir also den Ansatz

$$w = \underline{D}\,\underline{w}(\rho) = \underline{D}\,\underline{w}(\rho_0/\underline{D}) \; . \tag{4.31}$$

Der Druck p war

$$p = - \partial w/\partial \underline{D} = \rho \underline{w}'(\rho) - \underline{w}(\rho) \; ; \tag{4.32}$$

p ist also eine Funktion, die allein von der Dichte ρ an der betrachteten Stelle abhängt.

Zur Berechnung von Ω betrachten wir die Determinante $D* =$
$= \det(A + \eta\xi')$. Bezeichnet man durch $a^{(1)}$, $a^{(2)}$, $a^{(3)}$ die Spalten der Matrix A , so ergibt sich

$$\underline{D}^* = \det(A) + \det(\xi_1\eta, a^{(2)}, a^{(3)}) + \det(a^{(1)}, \xi_2\eta, a^{(3)}) +$$
$$+ \det(a^{(1)}, a^{(2)}, \xi_3\eta) =$$
$$= \underline{D} + \xi_1\eta_j a^{j1} + \xi_2\eta_j a^{j2} + \xi_3\eta_j a^{j3} =$$
$$= \underline{D} + \chi(\xi, \eta) \, ,$$

wenn man mit $\chi(\xi,\eta)$ die Bilinearform

$$\chi = \chi(\xi,\eta) = a^{ji}\xi_i\eta_j = \underline{D}\xi'A^{-1}\eta$$

bezeichnet. Entwickelt man nun die Funktion $w(\underline{D}*)$ nach Potenzen von χ :

$$w(\underline{D}*) = w(\underline{D}) + w'(\underline{D})\chi + \frac{1}{2} w''(\underline{D})\chi^2 + \dots \, ,$$

wobei $w'(\underline{D})$, $w''(\underline{D})$, $\dots$ die Ableitungen von $w(\underline{D})$ nach $\underline{D}$ bedeuten, so sind die Terme zweiter Ordnung in χ die einzigen, die die Produkte $\xi_i\eta_j\xi_k\eta_\ell$ enthalten. Da andererseits

$$\frac{\partial^2 w}{\partial a_{ij} \partial a_{k\ell}} = w''(\underline{D}) a^{ij} a^{k\ell}$$

ist, wird nach (4.9)

$$\Omega(\xi,\eta) = \frac{1}{\rho_0} w''(\underline{D})\chi(\xi,\eta)^2 = \frac{1}{\rho_0} w''(\underline{D})(\underline{D}\xi'A^{-1}\eta)^2 \, .$$

Setzt man nun

$$\frac{1}{\rho_0} \underline{D}^2 w''(\underline{D}) = \frac{1}{\rho} \underline{D} \, w''(\underline{D}) = c^2$$

- es wird sich zeigen, daß c^2 in der Tat positiv ist - und

$$cA'^{-1}\xi = \xi* \, ,$$

so wird

$$\Omega(\xi,\eta) = c^2(\xi'A^{-1}\eta)^2 = (\xi*'\eta)^2 = \xi_i^*\xi_j^*\eta_i\eta_j \, .$$

Betrachten wir nun Ω als quadratische Form in den η_j , dann ist die Koeffizientenmatrix $X = (X_{ij}) = \xi*\xi*'$, und daher ist

$$\mathcal{H}(\xi) = \det(X - E) = \xi_1^{*2} + \xi_2^{*2} + \xi_3^{*3} - 1 = 0$$

bzw. nach (4.22)

$$\mathcal{H}(\zeta) = \frac{c^2}{\sigma^2} \{\zeta_1^2 + \zeta_2^2 + \xi_3^2\} - 1 = 0 \tag{4.33}$$

die Gleichung der Normalenfläche. Die Determinante $\det(X - E)$ nennt man auch die Diskriminante der Form $\Omega(\xi, \eta) - \eta'\eta$ in Bezug auf die η_j .

In den ζ-Variablen ist dies die Gleichung einer Kugel, in den ξ-Variablen also die eines Ellipsoids. Wie auf Seite 95/96 angegeben wurde, erhält man durch Übergang zum Einheitsvektor ω von ξ aus der Gleichung der Normalenfläche eine Gleichung dritten Grades für v_n^2 .

4.4.2. Fortschreiten der Wellenfläche

Ferner untersuchen wir das Fortschreiten der Wellenfläche im $(\underline{x}, t)$-
-Raum. Hier werden die Gesetze der Fortpflanzung außerordentlich durchsichtig. Wir denken uns die Wellenfläche durch die Gleichung

$$\psi(\underline{x}) = t \tag{4.34}$$

und ihren Normalenvektor durch $\zeta = \mathrm{grad}_{\underline{x}} \psi$ gegeben. Nach (4.24) ist

$$\zeta = (1 - \underline{\dot{x}}'\zeta)A'^{-1}\xi \;,$$

woraus, da $\xi = c^{-1}A'\xi*$ ist, folgt

$$\xi* = \frac{c}{1 - \underline{\dot{x}}'\zeta} \, \zeta \;.$$

Die Gleichung der Normalenfläche $|\xi*|^2 = 1$ nimmt somit in den ζ-Variablen die Gestalt

$$c^2|\zeta|^2 - (1 - \underline{\dot{x}}'\zeta)^2 = 0$$

an, oder auch

$$c^2 - \left(\frac{1}{|\zeta|} - \frac{\underline{\dot{x}}'\zeta}{|\zeta|}\right)^2 = 0 \;. \tag{4.35}$$

Führen wir nun die Größen

$$\underline{v}_n = \frac{1}{|\zeta|} \;, \quad \tilde{\omega} = \frac{\zeta}{|\zeta|} \tag{4.36}$$

ein, so ergibt sich aus (4.35)

$$\underline{v}_n = c + \underline{\dot{x}}'\tilde{\omega} \;. \tag{4.37}$$

Diese Normalgeschwindigkeit der Wellenfläche, gemessen beim Durchgang durch das sich bewegende Gas, setzt sich also zusammen aus der Größe c und dem Vektor $\underline{\dot{x}}$ in Richtung der Wellennormalen, d.h., c gibt die Normalgeschwindigkeit der Welle relativ zur Lage des Gases zur Zeit t . Im Falle völliger Ruhe im Gase ist demnach $\underline{\dot{x}} = 0$, und die Schallgeschwindigkeit ist

$$\underline{v}_n = c = \sqrt{\frac{\partial p}{\partial \rho}} \; ; \tag{4.38}$$

herrscht dagegen Wind, so kommt zu c noch die Komponente der Geschwindigkeit des Teilchens in der Normalenrichtung der Wellenfläche hinzu. Der Schall wird also vom Wind weitergetragen. Für adiabatische Vorgänge ist

$$c^2 = \kappa \theta R$$

und für isotherme Vorgänge

$$c^2 = \theta R \; .$$

Fassen wir die Welle im tatsächlichen Raum der $(\underline{x},t)$-Variablen ins Auge, so ist nach (4.18)

$$n_i = \frac{1}{2} \frac{\partial \Omega}{\partial n_1}$$

und weiter

$$n_1 : n_2 : n_3 = \xi_1^* : \xi_2^* : \xi_3^* = \zeta_1 : \zeta_2 : \zeta_3 \; ,$$

d.h., der Wellenvektor η fällt in die Richtung der Normalen der Wellenfläche im $\underline{x}$-Raum: er steht normal zur Wellenfläche.

Dies drückt man dadurch aus, daß man sagt, die Wellen sind longitudinal.

Wir haben also das Resultat: In einem idealen Gas gibt es nur longitudinale Wellen; der Sprung des Beschleunigungsvektors ist normal zur Wellenfläche.

Diese oben betrachteten Wellen werden auch Beschleunigungswellen genannt.

Der Strahlenvektor $\underline{u}$ hat nach seiner Definition die Richtung der Normalen der Normalenfläche $\mathcal{K}(\zeta) = 0$. Denn die Komponenten $\underline{u}_j$ sind proportional zu den $\partial \mathcal{K}/\partial \zeta_j$, $j = 1,2,3$ (vgl. (4.20)).

Nach (4.33) und (4.23) gilt

$$\frac{\partial \mathcal{K}}{\partial \zeta_j} = \frac{2c^2}{\sigma^2} \zeta_j + \frac{2c^2 |\zeta|^2}{\sigma^3} \dot{\underline{x}}_j ,$$

also wegen der Proportionalität

$$\lambda \underline{u}_j = \frac{2c^2}{\sigma^2} \{ \zeta_j + \frac{|\zeta|^2}{\sigma} \dot{\underline{x}}_j \} \; ,$$

wobei λ der Proportionalitätsfaktor ist, welcher sich aus der Bedingung $\underline{u}'\zeta = 1$ zu

$$\lambda = \frac{2c^2}{\sigma^2} \{ |\zeta|^2 + \frac{|\zeta|^2}{\sigma} \dot{\underline{x}}'\zeta \} = \frac{2c^2}{\sigma^2} |\zeta|^2 \{ 1 + \frac{1 - \sigma}{\sigma} \} = \frac{2c^2}{\sigma^3} |\zeta|^2$$

berechnen läßt. So ergibt sich für den Strahlenvektor $\underline{u}$, indem man

(4.36) berücksichtigt:

$$\underline{u} = \dot{\underline{x}} + \sigma \underline{v}_n \overset{\backsim}{\omega} \, . \tag{4.39}$$

Geometrisch erhält man also den Strahlenvektor $\underline{u}$ bei ruhender Luft, indem man in der Normalenrichtung den Vektor der Länge c nimmt; bei bewegter Luft hat man noch den Geschwindigkeitsvektor des betreffenden materiellen Teilchens zu addieren sowie c durch $\sigma \underline{v}_n$ zu ersetzen.

Nach (4.39) ist $\left|\underline{u} - \dot{\underline{x}}\right|^2 = \sigma^2 \underline{v}_n^2$; diese Gleichung wird von dem Strahlenvektor $\underline{u}$ erfüllt. Folglich ist

$$\mathcal{K}^*(\underline{u}) : = \left|\underline{u} - \dot{\underline{x}}\right|^2 - \sigma^2 \underline{v}_n^2 = 0 \tag{4.40}$$

die Gleichung der Strahlenfläche im tatsächlichen Raum. Die Strahlenfläche ist also hier einfach eine Kugel vom Radius $\sigma \underline{v}_n$, deren Mittelpunkt der Endpunkt des Geschwindigkeitsvektors des materiellen Teilchens ist. Diese Kugel muß nach den allgemeinen Überlegungen Reziprokalfläche zu der Normalenfläche, dem Rotationsellipsoid, sein.

4.5.   Wellenbewegungen in isotropen elastischen Medien

4.5.1. Bildung der charakteristischen Funktion $\Omega(\xi,\eta)$

Wir wollen den Fall einer infinitesimalen Bewegung betrachten. Dazu machen wir wieder den Ansatz

$$\underline{x} = x + \phi(x,t) \tag{4.41}$$

mit "kleiner Elongation" $\phi(x,t)$, was darauf hinausläuft, daß

$$A = E + B \, , \quad B = (\partial \phi_i / \partial x_j)$$

angenommen wird. Auf Grund von (4.41) können wir vom x-Raum (Bezugsraum, $t = 0$) zum $\underline{x}$-Raum (zur Zeit t) übergehen, in dem die Wellenfläche durch die Gleichung $\psi(\underline{x}) = t$ gegeben ist. Wenn sich jedoch die Punkte $\underline{x}$ von den entsprechenden x um genügend wenig unterscheiden, so fällt der Unterschied zwischen ξ und ζ sowie der zwischen u und $\underline{u}$ in die zu vernachlässigenden Schranken, d.h., Normalenvektor, Strahlenvektor, Wellenfläche, Normalenfläche, Strahlenfläche sind in beiden Zuständen als nicht voneinander verschieden anzusehen.

Zur Aufstellung der Fortpflanzungsgesetze einer Welle müssen wir uns wieder die charakteristische Funktion $\Omega(\xi,\eta)$ besorgen. Unter der Voraussetzung, daß der Bezugszustand $t = 0$ spannungsfrei war, hatten wir für die Energiedichte den Ansatz

$$w = w(B) = c_{ijk\ell} b_{ij} b_{k\ell}$$

zu machen. Dabei waren die Koeffizienten $c_{ijk\ell}$ konstant im Falle eines homogenen Mediums und von x abhängig, wenn von Ort zu Ort veränderliche elastische Verhältnisse vorlagen. Ferner genügen die Koeffizienten dem Symmetriegesetz: $c_{ijk\ell} = c_{k\ell ij}$.

Vermehrt man a_{ij} um $\eta_i \xi_j$, so vermehren sich auch die b_{ij} um $\eta_i \xi_j$. Den so veränderten Ausdruck von w haben wir nach $\eta_i \xi_j$ zu entwickeln und das Doppelte der quadratischen Glieder in $\eta_i \xi_j$ zu nehmen. Man erhält

$$\Omega(\xi,\eta) = \frac{2}{\rho_0}\, c_{ikj\ell}\, \eta_i\, \xi_k\, \eta_j\, \xi_\ell\ . \tag{4.42}$$

Um diese Funktion $\Omega(\xi,\eta)$ zu erhalten, hat man $\eta_i \xi_k$ an Stelle von b_{ik} in w einzusetzen und mit $2/\rho_0$ zu multiplizieren. Die Gesetze der Wellenausbreitung werden durch $\Omega(\xi,\eta)$ festgelegt. Da im Falle eines quadratischen w die Koeffizienten $c_{ikj\ell}$ von den $b_{ij} = \partial\phi_i/\partial x_j$ unabhängig sind und höchstens noch in bekannter Weise von x abhängen, sind die Gesetze der Wellenausbreitung unabhängig von der jeweiligen Bewegung des Kontinuums, die durch ϕ bestimmt wird. Im allgemeinen Falle eines nichtquadratischen w dagegen, wo

$$\Omega(\xi,\eta) = \frac{2}{\rho_0}\, \frac{\partial^2 w}{\partial a_{ik}\partial a_{j\ell}}\, \eta_i\, \eta_j\, \xi_k\, \xi_\ell$$

ist, sind die Koeffizienten noch von den a_{ij} abhängig, und man muß die ganze in Betracht kommende Bewegung kennen, um die Gesetze der Wellenfortpflanzung beschreiben zu können. Im vorliegenden Falle haben wir es somit einfacher.

Bei unserem Studium der infinitesimalen Bewegungen hatten wir die Größen γ_{ij} und ω_i eingeführt

$$\Gamma = (\gamma_{ij}) = \frac{1}{2}\,(B + B') = \frac{1}{2}\,(\eta\xi' + \xi\eta')\ ,$$

$$\Omega = \begin{vmatrix} 0 & -\omega_3 & \omega_2 \\ \omega_3 & 0 & -\omega_1 \\ -\omega_2 & \omega_1 & 0 \end{vmatrix} = \frac{1}{2}\,(B - B') = \frac{1}{2}\,(\eta\xi' - \xi\eta')\ .$$

Wir hatten weiter die Funktion w zweckmäßig als quadratische Funktion in den γ_{ij} und ω_i dargestellt. Setzen wir $b_{ij} = \eta_i \xi_j$, so gehen diese Größen über in

$$\gamma_{ij} = \frac{1}{2}\,(\eta_i \xi_j + \eta_j \xi_i)\ , \quad i = 1,2,3\ ,$$

$$\omega_1 = \frac{1}{2}\,(\eta_3 \xi_2 - \eta_2 \xi_3)\ ,$$

$$\omega_2 = \frac{1}{2}\,(\eta_1 \xi_3 - \eta_3 \xi_1)\ ,$$

$$\omega_3 = \tfrac{1}{2}\,(\eta_2\xi_1 - \eta_1\xi_2)\ .$$

Da hier die b^{ij} als Minoren der Matrix $B = \eta\xi'$ verschwinden, hat man

$$\gamma^{ii} = -\,\omega_i^2\ ,$$

$$\gamma^{23} = \gamma_{12}\gamma_{31} - \gamma_{11}\gamma_{32} =$$

$$= \tfrac{1}{4}\,(\eta_1\xi_2 + \eta_2\xi_1)(\eta_3\xi_1 + \eta_1\xi_3) - \tfrac{1}{2}\,\eta_1\xi_1(\eta_3\xi_2 + \eta_2\xi_3) =$$

$$= -\tfrac{1}{4}\,(\eta_1^2\xi_2\xi_3 + \eta_2\eta_1\xi_1^2 - \eta_1\eta_3\xi_1\xi_2 - \eta_1\eta_2\xi_1\xi_3) = -\,\omega_2\omega_3$$

und so auch

$$\gamma^{ij} = -\,\omega_i\omega_j\ . \tag{4.43}$$

Die maßgebenden Invarianten I_1 und I_2 erhält man aus (3.53):

$$I_1 = \gamma_{11} + \gamma_{22} + \gamma_{33} = \xi_i\eta_i = \xi'\eta\ ,$$

$$I_2 = \gamma^{11} + \gamma^{22} + \gamma^{33} = -\,\omega_1^2 - \omega_2^2 - \omega_3^2 = -\,|\omega|^2\ ,$$

$$I_2 = -\tfrac{1}{4}\,\{|\xi|^2|\eta|^2 - (\xi'\eta)^2\}\ .$$

Es ist w linear in I_1^2 und I_2 ; nach (3.56) haben wir

$$w = \frac{\lambda + 2\mu}{2}\cdot I_1^2 - 2\mu I_2\ .$$

Folglich wird

$$\Omega(\xi,\eta) = \frac{2}{\rho_0}\,\frac{\lambda + 2\mu}{2}\,(\xi'\eta)^2 + \frac{2}{\rho_0}\,\frac{2\mu}{4}\,\{|\xi|^2|\eta|^2 - (\xi'\eta)^2\} =$$
$$\tag{4.44}$$
$$= \frac{2}{\rho_0}\,\frac{\lambda + \mu}{2}\,(\xi'\eta)^2 + \frac{2}{\rho_0}\,\frac{\mu}{2}\,|\xi|^2|\eta|^2\ .$$

Bilden wir jetzt die Größen

$$a^2 = \frac{\mu}{\rho_0} \quad \text{und} \quad b^2 = \frac{\lambda + 2\mu}{\rho_0}\ ,$$

so ist nach (4.44)

$$\Omega(\xi,\eta) = (b^2 - a^2)(\xi'\eta)^2 + a^2|\xi|^2|\eta|^2\ . \tag{4.45}$$

4.5.2. Normalenfläche

Um die Gleichung der Normalenfläche $\mathcal{K}(\xi) = 0$ aufzustellen, berechnen wir deren linke Seite als die Diskriminante, d.i. die Determinante der Koeffizientenmatrix $X - E$ der quadratischen Form
$\Omega(\xi,\eta) - \eta'\eta$ in Bezug auf die Variablen η_1 , η_2 , η_3 . Um ohne lange Rechnung auszukommen, betrachten wir die quadratische Form

$$Q(s,\eta) = \Omega(\xi,\eta) - s(\xi'\xi)(\eta'\eta) = \tag{4.46}$$

$$= (a^2 - s)|\xi|^2|\eta|^2 + (b^2 - a^2)(\xi'\eta)^2 \; ,$$

unter s einen Parameter verstanden. Die Diskriminante dieser Form werde mit $f(s)$ bezeichnet, so daß $\mathcal{H}(\xi) = f(|\xi|^{-2})$ wird.

Die Funktion $f(s)$ erweist sich als ein Polynom dritten Grades in s . Wir können seine drei Wurzeln bestimmen, denn $f(s)$ verschwindet für solche Werte von s , für die die Matrix der quadratischen Form $Q(s,\eta)$ singulär ausfällt, so daß sich diese Form mit Hilfe von weniger als drei Variablen schreiben läßt. Setzt man nämlich $s = a^2$, so erhält man

$$Q(a^2,\eta) = (b^2 - a^2)(\xi'\eta)^2 \; ,$$

also das Quadrat einer Linearform; die Matrix ist daher $(b^2 - a^2)\xi\xi'$, d.h. vom Rang eins, so daß $s = a^2$ als zweifache Wurzel der Gleichung $f(s) = 0$ erscheint.

Auch $s = b^2$ ist eine Wurzel von $f(s)$; denn nach (4.46) ist

$$Q(b^2,\eta) = (a^2 - b^2)|\xi|^2|\eta|^2 + (b^2 - a^2)(\xi'\eta) =$$

$$= (a^2 - b^2)\big(|\xi|^2|\eta|^2 - (\xi'\eta)^2\big) = 4(b^2 - a^2)|\omega|^2 \; .$$

Da die drei Variablen $\omega_k = (\eta_j\xi_i - \eta_i\xi_j)$, $i, j, k \sim 1, 2, 3$ lineare Formen in η_1 , η_2 , η_3 , linear abhängig sind – es ist $\xi'\omega = 0$ – hat die Matrix von $Q(b^2,\eta)$ den Rang zwei, und daher ist $f(b^2) = 0$. Folglich haben wir

$$f(s) = k(s - a^2)^2(s - b^2)$$

mit noch einem unbestimmten Koeffizienten k . Um diesen zu ermitteln, beachten wir, daß in der Determinante der Koeffizientenmatrix von $Q(s,\eta)$ die dritte Potenz von s den Faktor $k = - |\xi|^6$ hat. Es folgt

$$f(s) = |\xi|^6(a^2 - s)(b^2 - s)$$

und daher

$$\mathcal{H}(\xi) = f(|\xi|^{-2}) = (a^2|\xi|^2 - 1)^2(b^2|\xi|^2 - 1) \; .$$

Die Fläche $\mathcal{H}(\xi) = 0$ ist somit eine Fläche sechsten Grades, die in die zwei Kugeln

$$\xi'\xi = a^{-2} \; , \quad \xi'\xi = b^{-2} \tag{4.47}$$

zerfällt, von denen die erste doppelt zu zählen ist.

Bemerken wir noch, daß im Hinblick auf Abschnitt 4.2. unsere Rechnung uns zu zwei Werten für die Normalengeschwindigkeit der Wellenfläche geführt hat:

$$v_n = a \quad \text{und} \quad v_n = b \ . \tag{4.48}$$

4.5.3. Wellenvektor. Transversale und longitudinale Wellen

Für die Komponenten des Wellenvektors η bestehen die Bedingungen
(4.10), die nun im Hinblick auf (4.45) die Form

$$\eta_i = (b^2 - a^2)(\xi'\eta)\xi_i + a^2|\xi|^2\eta_i \ , \quad i = 1,2,3 \ ,$$

annehmen. Wir schreiben sie in der Form

$$(1 - a^2|\xi|^2)\eta_i = (b^2 - a^2)(\xi'\eta)\xi_i \ . \tag{4.49}$$

Da mindestens eines der ξ_i von null verschieden sein muß, reduziert
sich (4.49) im Falle $|\xi|^2 = a^{-2}$ auf die einzige Gleichung $\xi'\eta = 0$.
Wir sind somit in dem Falle, daß der Wellenvektor zum Normalenvektor
senkrecht steht, also tangential zur Wellenfläche $t = \phi(x)$ ist.
Dieser Umstand wird dadurch zum Ausdruck
gebracht, daß man sagt, man habe es mit
Transversalwellen zu tun.

In diesem Falle sind alle zweireihigen
Minoren der Matrix $X - E$ gleich null, nicht weil ein konischer
Punkt vorliegt, sondern weil die Punkte der Kugel doppelt zu zählen
sind.

Im zweiten Fall von (4.48), also wenn $v_n = b$ ist, geht die Gleichung für η_i über in

$$(1 - a^2/b^2)\eta_i = (b^2 - a^2)(\xi'\eta)\xi_i \ , \quad i = 1,2,3 \ ,$$

bzw. $\quad \eta_i = b^2(\xi'\eta)\xi_i \ , \quad i = 1,2,3 \ ;$

mit anderen Worten: die η_i sind proportional zu den ξ_i , d.h., der
Vektor $\eta = \lambda\xi$ ist parallel zum Vektor ξ .

In dem zweiten hier betrachteten Falle sind die Wellen Longitudinal-
wellen. Wir sehen so, daß in isotropen elastischen Medien nur diese
zwei Arten von Wellen möglich sind: Transversalwellen und Longitudi-
nalwellen.

4.5.4. Strahlenvektor

Die Komponenten des Strahlenvektors u waren durch (4.17) definiert
worden. Unter den hier angenommenen Voraussetzungen ist daher

$$\Omega(\xi,\eta)u_i = (b^2 - a^2)(\xi'\eta)\eta_i + a^2(\eta'\eta)\xi_i \ . \tag{4.50}$$

Im ersten Fall von (4.48) $(a^2|\xi|^2 = 1)$ fanden wir, daß $\xi'\eta = 0$
gilt. Nach (4.50) sind also die u_i zu den ξ_i proportional. Da

ferner $u'\xi = 1$ ist, kann man den Proportionalitätsfaktor bestimmen; es ergibt sich

$$u = a^2 \xi \, . \tag{4.51}$$

Während der Punkt ξ die Fläche

$$|\xi|^2 = 1/a^2$$

durchläuft, durchläuft der Punkt u die Fläche

$$|u|^2 = a^2 \, .$$

Die Kugeln mit dem Radius a und die mit dem Radius $1/a$ sind in der Tat in dem oben angegebenen Sinne Reziprokalflächen bezüglich der Einheitskugel.

Im zweiten Falle von (4.48) gilt

$$\eta = \lambda \xi \, ,$$

und aus (4.50) folgt

$$\Omega u_i = (b^2 - a^2)\lambda^2 |\xi|^2 \xi_i + a^2 \lambda^2 |\xi|^2 \xi_i = b^2 \lambda^2 |\xi|^2 \xi_i = \lambda^2 \xi_i \, .$$

Der Faktor λ^2/Ω bestimmt sich wieder aus der Bedingung $u'\xi = 1$, und man erhält

$$u = b^2 \xi \, . \tag{4.52}$$

Strahlenvektor, Wellenvektor und Normalenvektor fallen in die gleiche Richtung. Der diesem Fall entsprechende Teil der Strahlenfläche ist in laufenden Koordinaten u_j

$$|u|^2 = b^2 \, .$$

Die Normalenfläche besteht aus den beiden Kugeln vom Radius $1/a$, $1/b$, die Strahlenfläche aus den beiden Kugeln vom Radius a , b . Zugeordnete Punkte sind solche, welche auf dem gleichen Radius liegen.

Die Strahlengeschwindigkeit muß gleich der Normalgeschwindigkeit sein, denn diese ist die Projektion jener auf den Normalenvektor, der mit dem Strahlenvektor zusammenfällt. In diesem Falle ist $v_s = a$ und $v_s = b$, mithin $v_n = v_s$.

4.6.   Wellenausbreitung in kristallinen Medien

4.6.1. Wellenvektor und Strahlenvektor

Machen wir für w den Ansatz

$$w = 2\rho a_j \omega_j^2 \, ,$$

so erhalten wir nach Abschnitt 3.9. die Differentialgleichungen der Kristalloptik. Für die Bewegungsgleichungen und folglich auch für die Gesetze der Wellenausbreitung war dieser Ansatz gleichwertig mit dem von w in der Form

$$w = -2\rho a_j \gamma^{jj} .$$

Nach (4.42) und den Definitionen von ω_j und γ_{ij} gilt

$$\Omega(\xi,\eta) = a_1(\eta_3\xi_2 - \eta_2\xi_3)^2 + a_2(\eta_1\xi_3 - \eta_3\xi_1)^2 + \tag{4.53}$$

$$+ a_3(\eta_2\xi_1 - \eta_1\xi_2)^2 .$$

Für die Komponenten des Wellenvektors η hatten wir die Gleichungen

$$\eta_j = \frac{1}{2}\frac{\partial\Omega}{\partial\eta_j} \quad (\text{vgl. (4.10)}).$$

Durch Ausführung der partiellen Differentiationen und Bildung des skalaren Produktes von ξ und η erhalten wir

$$\xi'\eta = \xi_j\eta_j = \frac{1}{2}\,\xi_j\,\frac{\partial\Omega}{\partial\eta_j} = a_2\xi_3\xi_1(\xi_3\eta_1 - \xi_1\eta_3) +$$

$$+ a_3\xi_1\xi_2(\xi_2\eta_1 - \xi_1\eta_2) + a_3\xi_1\xi_2(\xi_1\eta_2 - \xi_2\eta_1) +$$

$$+ a_1\xi_2\xi_3(\xi_3\eta_2 - \xi_2\eta_3) + a_1\xi_2\xi_3(\xi_2\eta_3 - \xi_3\eta_2) +$$

$$+ a_2\xi_3\xi_1(\xi_1\eta_3 - \xi_3\eta_1) ,$$

eine Summe von drei Paaren entgegengesetzt gleicher Ausdrücke, d.h.

$$\xi'\eta = 0 . \tag{4.54}$$

Ferner hatten wir die Komponenten des Strahlenvektors definiert durch

$$u_j = \frac{1}{2\Omega}\frac{\partial\Omega}{\partial\xi_j} \quad (\text{vgl. (4.17)}).$$

Weil $\Omega(\xi,\eta)$ in ξ und η symmetrisch ist, bedarf es keiner neuen Rechnung, um zu schließen, daß auch

$$\eta'u = 0 \tag{4.55}$$

ist. Der Wellenvektor steht also senkrecht zum Strahlenvektor, nach (4.54) auch senkrecht zum Normalenvektor der Wellenfläche und liegt demnach in der Tangentialebene der Wellenfläche an dem betrachteten Punkt. Man drückt diesen Umstand dadurch aus, daß man sagt: In kristallinen Medien sind Wellen notwendigerweise transversal.

4.6.2. Fresnelsche Fläche

Zunächst wollen wir Normalenfläche und Strahlenfläche bestimmen. Die Gleichung

$$\mathcal{H}(\xi) = 0 \tag{4.56}$$

der Normalenfläche ergibt sich nach der allgemeinen Vorschrift in 4.5. durch Bildung der Diskriminante $f(s)$ von

8 Herglotz, Mechanik

$$\Omega(\xi,\eta) - s|\xi|^2|\eta|^2 \, , \qquad\qquad (4.57)$$

die ein Polynom dritten Grades in s ist. Hiermit haben wir sofort

$$\mathcal{K}(\xi) = f(1/|\xi|^2) \, . \qquad\qquad (4.58)$$

Vier Werte von $f(s)$ kann man explizit angeben. Zunächst ist $f(0) =$ $= 0$; denn dem Wert $s = 0$ entspricht die Diskriminante der Form $\Omega(\xi,\eta)$ selbst, und da man diese in der Form $4\alpha_i\omega_i^2$ mit den linear abhängigen Variablen ω_i schreiben kann - es ist $\xi_i\omega_i = 0$ - hat $\Omega(\xi,\eta)$ den Rang zwei, so daß in der Tat $f(0) = 0$ folgt. (Dasselbe Argument wurde in 4.5.2. und in 4.6.1. benutzt.)

Ferner kann man die Werte $f(\alpha_i)$ direkt ausrechnen. Im Falle $s = \alpha_1$ hat man zu diesem Zweck die Diskriminante der quadratischen Form

$$\Omega(\xi,\eta) - \alpha_1|\xi|^2|\eta|^2 = \Omega(\xi,\eta) - \alpha_1\{(\xi'\eta)^2 + (\xi_2\eta_3 - \eta_2\xi_3)^2 +$$

$$+ (\eta_1\xi_3 - \eta_3\xi_1)^2 + (\eta_2\xi_1 - \eta_1\xi_2)^2\} =$$

$$= - \alpha_1(\xi'\eta)^2 + (\alpha_2 - \alpha_1)(\eta_1\xi_3 - \eta_3\xi_1)^2 + \qquad (4.59)$$

$$+ (\alpha_3 - \alpha_1)(\eta_2\xi_1 - \eta_1\xi_2)^2$$

zu bilden; man erhält so

$$f(\alpha_1) = - \alpha_1(\alpha_1 - \alpha_2)(\alpha_1 - \alpha_3)|\xi|^4\xi_1^2 \qquad\qquad (4.60)$$

und entsprechend für die anderen Fälle

$$f(\alpha_2) = - \alpha_2(\alpha_2 - \alpha_1)(\alpha_2 - \alpha_3)|\xi|^4\xi_2^2 \qquad\qquad (4.61)$$

sowie

$$f(\alpha_3) = - \alpha_3(\alpha_3 - \alpha_1)(\alpha_3 - \alpha_2)|\xi|^4\xi_3^2 \, . \qquad\qquad (4.62)$$

Nun wenden wir die Lagrangesche Interpolationsformel an. Falls die Werte α_1 , α_2 , α_3 untereinander und von null verschieden sind, ergibt sich:

$$f(s) = s(s - \alpha_1)(s - \alpha_2)(s - \alpha_3)\{\frac{f(\alpha_1)}{\alpha_1(\alpha_1 - \alpha_2)(\alpha_1 - \alpha_3)(s - \alpha_1)}$$

$$+ \frac{f(\alpha_2)}{\alpha_2(\alpha_2 - \alpha_1)(\alpha_2 - \alpha_3)(s - \alpha_2)} +$$

$$+ \frac{f(\alpha_3)}{\alpha_3(\alpha_3 - \alpha_1)(\alpha_3 - \alpha_2)(s - \alpha_3)} \} \, .$$

Aus (4.60), (4.61) und (4.62) folgt

$$f(s) = - |\xi|^4 s(s - \alpha_1)(s - \alpha_2)(s - \alpha_3)\{ \frac{\xi_1^2}{s - \alpha_1} + \frac{\xi_2^2}{s - \alpha_2} +$$

$$+ \frac{\xi_3^2}{s - \alpha_3} \Big\} \ .$$

Setzt man schließlich $s = 1/|\xi|^2$, so erhält man

$$\mathcal{H}(\xi) = f(1/|\xi|^2) = \qquad\qquad\qquad\qquad (4.63)$$

$$= \frac{1}{|\xi|^2}(1 - \alpha_1|\xi|^2)(1 - \alpha_2|\xi|^2)(1 - \alpha_3|\xi|^2) \sum_{j=1}^{3} \frac{\xi_j^2}{1 - \alpha_j|\xi|^2} =$$

$$= - 1 + \{(\alpha_2 + \alpha_3)\xi_1^2 + (\alpha_1 + \alpha_3)\xi_2^2 + (\alpha_1 + \alpha_2)\xi_3^2\} -$$

$$- \{\alpha_2\alpha_3\xi_1^2 + \alpha_1\alpha_3\xi_2^2 + \alpha_1\alpha_2\xi_3^2\}|\xi|^2 \ .$$

Führt man die Funktionen

$$\mu(\xi) := \alpha_2\alpha_3\xi_1^2 + \alpha_1\alpha_3\xi_2^2 + \alpha_1\alpha_2\xi_3^2 \ ,$$

$$\nu(\xi) := (\alpha_2 + \alpha_3)\xi_1^2 + (\alpha_1 + \alpha_3)\xi_2^2 + (\alpha_1 + \alpha_2)\xi_3^2$$

ein, so erhält man für $\mathcal{H}(\xi)$ den Ausdruck

$$\mathcal{H}(\xi) = - \mu(\xi)|\xi|^2 + \nu(\xi) - 1 \ . \qquad\qquad (4.64)$$

Die Normalenfläche ist dann gegeben durch die Gleichung

$$\mathcal{H}(\xi) = 0 \ . \qquad\qquad\qquad\qquad (4.65)$$

Dies ist die Gleichung einer algebraischen Fläche vierter Ordnung,
die man die Fresnelsche Fläche mit den Parametern α_1 , α_2 , α_3
nennt.

Wir hatten gesehen, daß die Normalenfläche im allgemeinen eine Fläche
sechster Ordnung ist; hier zerfällt diese Fläche in die doppelt zählende unendlich ferne Ebene und die durch (4.65) (mit (4.63)) darge-
stellte Fresnelsche Fläche. Im Hinblick auf (4.63) kann man der Gleichung der Fresnelschen Fläche noch die Gestalt

$$\frac{\xi_1^2}{1 - \alpha_1|\xi|^2} + \frac{\xi_2^2}{1 - \alpha_2|\xi|^2} + \frac{\xi_3^2}{1 - \alpha_3|\xi|^2} = 0 \qquad\qquad (4.66)$$

geben. Durch Multiplikation mit dem Produkt der Nenner folgt hieraus
wieder die Gleichung in der ersten Form.

Um etwas über die geometrischen Eigenschaften der Fresnelschen Fläche
zu lernen, wollen wir in (4.64) räumliche Polarkoordinaten einführen.
Es sei

$$\xi = \rho e \quad \text{mit} \quad \rho = |\xi| \quad \text{und} \quad |e|^2 = e_1^2 + e_2^2 + e_3^2 = 1 \ .$$

Dann nimmt die Gleichung (4.65) die Gestalt

$$\mathcal{H}(\rho e) = - \rho^4 \mu(e) + \rho^2 \nu(e) - 1 = 0 \qquad\qquad (4.67)$$

an, wobei zu berücksichtigen ist, daß $\mu(\xi)$ und $\nu(\xi)$ quadratische Formen in ξ sind. Bezeichnet man die Diskriminante der quadratischen Gleichung (4.67) in ρ^2 mit $\chi(e)$, d.h. $\chi(e) = \nu(e)^2 - 4\mu(e)$, so ist

$$\rho^2 = \frac{\nu(e) \pm \sqrt{\chi(e)}}{2\mu(e)} \tag{4.68}$$

die Gleichung der Fresnelschen Fläche in räumlichen Polarkoordinaten.

Nun wird behauptet, daß ρ reell ist. Um dies zu beweisen, zeigen wir, daß die Diskriminante $\chi(e)$ für alle Einheitsvektoren positiv ausfällt.

Es ist

$$\chi(e) = \{(\alpha_2 + \alpha_3)e_1^2 + (\alpha_1 + \alpha_3)e_2^2 + (\alpha_1 + \alpha_2)e_3^2\}^2 -$$
$$- 4\{\alpha_2\alpha_3 e_1^2 + \alpha_1\alpha_3 e_2^2 + \alpha_1\alpha_2 e_3^2\}\{e_1^2 + e_2^2 + e_3^2\} \; .$$

Nach einer längeren, aber einfachen Rechnung erhält man

$$\chi(e) = e_1^4(\alpha_2 - \alpha_3)^2 + e_2^4(\alpha_1 - \alpha_3)^2 + e_3^4(\alpha_1 - \alpha_2)^2 +$$
$$+ 2e_1^2 e_2^2(\alpha_1 - \alpha_3)(\alpha_2 - \alpha_3) + 2e_2^2 e_3^2(\alpha_1 - \alpha_2)(\alpha_1 - \alpha_3) -$$
$$- 2e_1^2 e_3^2(\alpha_1 - \alpha_2)(\alpha_2 - \alpha_3) \; .$$

Ohne Beschränkung der Allgemeinheit nehmen wir an, daß

$$\alpha_1 < \alpha_2 < \alpha_3$$

gilt. Führen wir die Größen

$$\beta_1 := \alpha_3 - \alpha_2 > 0 \; ,$$
$$\beta_2 := \alpha_1 - \alpha_3 < 0 \; ,$$
$$\beta_3 := \alpha_2 - \alpha_1 > 0$$

ein und verwenden die Identität

$$x^4 + y^4 + z^4 + 2x^2 y^2 + 2y^2 z^2 - 2x^2 z^2 =$$
$$= (x + iy - z)(x - iy - z)(x + iy + z)(x - iy + z) \; ,$$

so ergibt sich

$$\chi(e) = \Pi(e_1\sqrt{\beta_1} \pm e_2\sqrt{\beta_2} \pm e_3\sqrt{\beta_3}) \; .$$

Das Produkt wird über alle vier Vorzeichenkombinationen erstreckt, und man muß beachten, daß $\sqrt{\beta_2} = i\sqrt{|\beta_2|}$ rein imaginär ist. Der erste und der dritte Term in jedem Linearfaktor von $\chi(e)$ sind reell, der zweite Term ist rein imaginär. Die vier Faktoren sind also zu zweien konjugiert komplex, und tatsächlich ist $\chi(e) \geq 0$. Der Fall $\chi(e) = 0$ kann nur eintreten, wenn Real- und Imaginärteil eines Faktors gleichzeitig verschwinden, d.h. nur für

$$e_2 = 0 \quad \text{und} \quad e_1\sqrt{\beta_1} + e_3\sqrt{\beta_3} = 0 \tag{4.69}$$

oder

$$e_2 = 0 \quad \text{und} \quad e_1\sqrt{\beta_1} - e_3\sqrt{\beta_3} = 0 \ . \tag{4.70}$$

Aus der Definition von $\chi(e)$ folgt sofort $v^2(e) \geq \chi(e)$; daher sind nach (4.68) alle vier Wurzeln ρ reell, und unsere Behauptung ist bewiesen.

Man erhält also für alle Werte von e vier Schnittpunkte des Radiusvektors mit der Fläche und sagt, die Fläche besteht aus zwei Mänteln. Diese zwei Mäntel hängen in den Punkten zusammen, wo die beiden Werte von ρ gleich sind, also wenn $\chi(e) = 0$ ist, und dies ist nur möglich, gilt eine der Bedingungen (4.69) oder (4.70). Berechnet man hierzu den Wert ρ , so kann man die ξ aus (4.69) bzw. (4.70) und $e_1^2 + e_3^2 = 1$ herstellen. Es ergibt sich

$$\xi_2 = 0 \ , \quad \xi_1 = \rho\sqrt{\frac{\beta_3}{\beta_1 + \beta_3}} \ , \quad \xi_3 = -\rho\sqrt{\frac{\beta_1}{\beta_1 + \beta_3}} \ ,$$

$$\xi_2 = 0 \ , \quad \xi_1 = -\rho\sqrt{\frac{\beta_3}{\beta_1 + \beta_3}} \ , \quad \xi_3 = \rho\sqrt{\frac{\beta_1}{\beta_1 + \beta_3}} \ ,$$

$$\xi_2 = 0 \ , \quad \xi_1 = \rho\sqrt{\frac{\beta_3}{\beta_1 + \beta_3}} \ , \quad \xi_3 = \rho\sqrt{\frac{\beta_1}{\beta_1 + \beta_3}} \ ,$$

$$\xi_2 = 0 \ , \quad \xi_1 = -\rho\sqrt{\frac{\beta_3}{\beta_1 + \beta_3}} \ , \quad \xi_3 = \rho\sqrt{\frac{\beta_1}{\beta_1 + \beta_3}} \ .$$

Die beiden Mäntel hängen nur in vier Punkten zusammen. Diese vier Punkte liegen in der $\xi_1\xi_3$-Ebene, und zwar symmetrisch. Der Schnitt mit der $\xi_1\xi_3$-Ebene ergibt sich als zerfallend in einen Kreis und eine Ellipse. Es entstehen vier reelle Doppelpunkte, die die beiden Mäntel der Fresnelschen Fläche gemeinsam haben (vgl. Abb. 11).

Aus (4.68) erhält man

$$\frac{1}{\rho^2} = \frac{1}{2}\left(v(e) \pm \sqrt{\lambda(e)}\right) = v_n^2 \ ,$$

d.h., zu gegebener Wellenfläche und gegebener Richtung der Wellennormalen kann man die Normalgeschwindigkeit bestimmen. Entsprechend dem Umstand, daß die Normalenfläche zwei Mäntel besitzt, erhält man also zwei Werte für die Normalgeschwindigkeit.

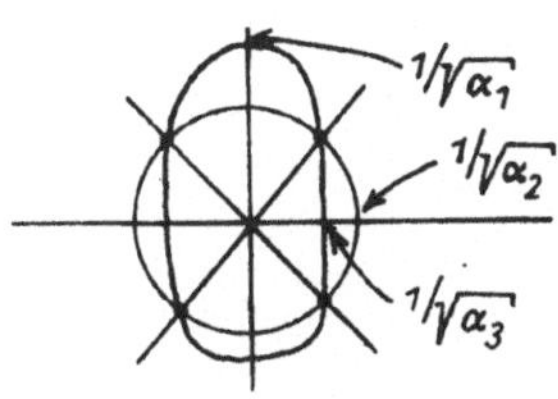

Abb. 11

Schließlich ergibt sich die Strahlenfläche als Reziprokalfläche der Normalenfläche. Nach (4.20) war

$$\kappa u_k = \partial \mathcal{H}/\partial \xi_k$$

mit

$$\kappa = \xi_n \frac{\partial \mathcal{H}}{\partial \xi_n} \, .$$

Differenziert man (4.64) nach ξ_k , erhält man

$$\frac{\partial \mathcal{H}}{\partial \xi_k} = - 2\xi_k \mu(\xi) - |\xi|^2 2\alpha_i \alpha_j \xi_k + 2(\alpha_i + \alpha_j)\xi_k =$$

$$= 2\xi_k \left[- \mu(\xi) - \alpha_i \alpha_j |\xi|^2 + (\alpha_i + \alpha_j) \right] \, , \quad i \neq k, \quad j \neq k \, .$$

Daraus folgt

$$\xi_n \frac{\partial \mathcal{H}}{\partial \xi_n} = 2 \left[\mathcal{H}(\xi) + 1 \right] - 2\mu(\xi)|\xi|^2 \, ,$$

und weil $\mathcal{H}(\xi)$ auf der Normalenfläche verschwindet, ist

$$\kappa = 4 - 2\nu(\xi) \, .$$

Es gilt also

$$u_k = \frac{\left[- \mu(\xi) - \alpha_i \alpha_j |\xi|^2 + (\alpha_i + \alpha_j) \right]}{2 - \nu(\xi)} \xi_k \, , \quad i \neq k, \quad j \neq k \, ,$$

und da die Polarität eine involutorische Transformation ist, folgt daraus

$$\xi_k = \frac{\left[- \mu(u) - \alpha_i \alpha_j |u|^2 + (\alpha_i + \alpha_j) \right]}{2 - \nu(u)} u_k \, , \quad i \neq k, \quad j \neq k \, .$$

Man gelangt somit nach einer etwas mühsamen Rechnung zu der folgenden Darstellung der Strahlenfläche:

$$\frac{\alpha_1 u_1^2}{\alpha_1 - |u|^2} + \frac{\alpha_2 u_2^2}{\alpha_2 - |u|^2} + \frac{\alpha_3 u_3^2}{\alpha_3 - |u|^2} = 0 \, .$$

Man erkennt, daß auch die Strahlenfläche wieder eine Fresnelsche Fläche ist. Zwischen beiden Fresnelschen Flächen gilt folgende Beziehung: Während die Normalenfläche die Fresnelsche Fläche mit den Parametern α_1 , α_2 , α_3 ist, ist die Strahlenfläche diejenige mit den Parametern $1/\alpha_1$, $1/\alpha_2$, $1/\alpha_3$.

5. Theorie der Strahlen

Da die folgenden Ausführungen durch komplizierte Rechnungen etwas un-
übersichtlich werden, wollen wir zunächst die ihnen zugrunde liegenden Gedankengänge ungefähr andeuten. Es handelt sich darum, die bekannten Eigenschaften der aus physikalischen Gründen als Strahlen bezeichneten Linien aus dem hier bereitgestellten Formelsystem herzuleiten. Auf der Wellenfläche hat der Beschleunigungsvektor einen
Sprung

$$\eta = \left[\ddot{x} \right] \, .$$

Der Zusammenhang zwischen der Wellenfläche

$$t = \phi(x)$$

und dem Wellenvektor η wird dadurch hergestellt, daß die Wellenfläche sofort den Normalenvektor ξ bestimmt

$$\xi = \mathrm{grad}_x \, \phi \, ,$$

durch ξ aber sofort das Verhältnis $\eta_1 : \eta_2 : \eta_3$ aus dem homogenen
Gleichungssystem (vgl. (4.10))

$$\frac{1}{2} \frac{\partial \Omega}{\partial \eta_i} - \eta_i = 0 \, , \quad i = 1,2,3 \, , \tag{5.1}$$

gegeben wird. Die Determinante $\mathcal{K}(\xi)$ dieses Gleichungssystems muß
verschwinden, und das ist wieder eine Bedingung, durch die die Länge
des Normalenvektors ξ aus seiner Richtung bestimmt ist. Der Vektor
η bleibt also hiernach bis auf einen Faktor λ unbestimmt. Bis aufs
Vorzeichen eindeutig bestimmt ist der mit dem Wellenvektor η gleich
gerichtete Einheitsvektor η^0, so daß $\eta = \lambda \eta^0$; der unbestimmt ge-
bliebene Proportionalitätsfaktor λ erscheint als die Länge des Wellenvektors η .

Die (positive) Größe λ ist eine Funktion von x und t . Längs der
von einem Punkt der fortschreitenden Wellenfläche beschriebenen Kurve
wird λ also eine Funktion von t allein. Es stellt sich heraus,
daß diese Funktion - d.h. λ , genommen längs einer gewissen Kurve -
- einer linearen homogenen Differentialgleichung erster Ordnung genügt, so daß, wenn λ für einen Punkt dieser Kurve verschwindet, es
dies für alle Punkte der Kurve tut.

Die Kurven der soeben erwähnten Art erweisen sich als die Strahllinien oder kurz die Strahlen der in Rede stehenden Wellenbewegung des
Kontinuums.

Von jedem Punkt der fortschreitenden Wellenfläche geht ein Strahlen-

vektor u aus. Ein Strahl ist dann definiert als eine Kurve, die in
jedem ihrer Punkte den von diesem ausgehenden Strahlenvektor u als
Tangentialvektor hat. Die Strahlen ergeben sich als die Integralkurven des Richtungsfeldes der Strahlenvektoren u , die von einer Schar
aufeinanderfolgender Wellenflächen ausgehen, d.h. als eine Lösung des
Systems von Differentialgleichungen

$$\frac{dx_1}{u_1} = \frac{dx_2}{u_2} = \frac{dx_3}{u_3} \ .$$

Wenn λ und damit der Sprungvektor $\eta = [\ddot{x}]$ in einem Punkte einer
Strahllinie gleich null ist, so ist, wie soeben angedeutet wurde,
der Beschleunigungsvektor $\ddot{x}$ längs dieser ganzen Linie stetig. Wir
können daraus schließen:

Hat die Wellenfläche einen Rand, auf dem η verschwindet, während
innerhalb desselben $\eta \neq 0$ ist, so setzt sich dieser Rand längs der
Strahllinien fort.

Diese verhalten sich also wie Lichtstrahlen hinter einem Hindernis,
sie geben Schattengrenzen an
(vgl. hierzu Abb. 12).

Auf diese Differentialgleichung für die Länge λ des
Vektors wird man durch einen
eigentümlichen Mechanismus
geführt. Man muß dazu die

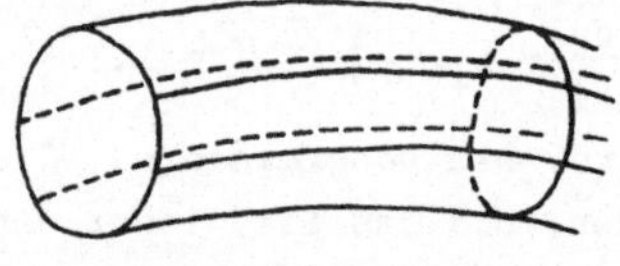

Abb. 12

Unstetigkeiten der dritten Differentialquotienten von $\underline{x}$ betrachten.
Es zeigt sich, daß, ebenso wie die Sprünge aller zweiten Differentialquotienten durch die von $\ddot{x}$ bestimmt waren, auch die aller dritten durch

$$\zeta = [\dddot{x}]$$

bestimmt sind. Aus der ersten Tatsache hatten sich die Gleichungen
(5.1) für η ergeben. Aus der letzteren folgen analoge Gleichungen

$$\frac{1}{2} \frac{\partial \Omega}{\partial \zeta_i} - \zeta_i = \mu_i(\xi,\eta) \ , \quad i = 1,2,3 \ , \tag{5.2}$$

für ζ , die jedoch nicht mehr homogen sind; auf der rechten Seite
stehen jetzt gewisse bekannte Ausdrücke μ_i in ξ und η . Wir haben nun für ζ ein inhomogenes lineares Gleichungssystem, das aber
dieselbe Determinante wie das homogene Gleichungssystem (5.1) für η
hat. Diese Determinante ist $\mathcal{H}(\xi)$ und verschwindet bei einer tatsächlich existierenden Lösung; das inhomogene Gleichungssystem (5.2)
ist jedoch nur dann lösbar, wenn seine rechten Seiten gewisse Bedingungen erfüllen, die sich hier leicht angeben lassen. Das Gleichungs-

system (5.1) kann man mit Hilfe einer symmetrischen 3×3 -Matrix $\underline{A}$ in der Form

$$\underline{A}\eta = 0 \qquad\qquad (5.3)$$

schreiben. Dann werden die Gleichungen (5.2) zu

$$\underline{A}\zeta = \mu \ , \qquad\qquad (5.4)$$

wobei $\mu' = (\mu_1, \mu_2, \mu_3)$ gesetzt wurde. Multipliziert man (5.4) skalar mit einem beliebigen Lösungsvektor η von (5.3) und berücksichtigt dabei (5.3), so erhält man, weil $\underline{A} = \underline{A}'$ ist,

$$\mu'\eta = 0 \ , \qquad\qquad (5.5)$$

und das ist eine ganz neue Aussage über η und ζ . Die Betrachtung der dritten Differentialquotienten führt so zu einem Gesetz über die zweiten, welches aus deren Betrachtung allein noch nicht zu erschließen war. In ähnlicher Weise können wir erwarten, daß man die vierten Differentialquotienten betrachten muß, will man betreffend ζ etwas über die Gleichungen (5.2) Hinausgehendes erfahren, und so fort.

Weitere bekannte Eigenschaften der Strahlen ergeben sich aus dem Umstand, daß sie die Extremalen eines gewissen "geometrischen" Variationsproblems sind.

5.2.   Relationen an den Unstetigkeitsstellen der dritten Ableitungen beliebiger differenzierbarer Funktionen

Wir schreiten also zur Untersuchung der Sprünge der dritten Differentialquotienten. Zunächst wollen wir aber an die Vorstellung von Abschnitt 4.1. anknüpfen und beschränken uns zuerst auf den Fall von zwei Raumvariablen x_1 und x_2 . Es sei

$$t = \phi(x)$$

die Gleichung der Fläche, an der die Funktionen unstetig werden. Wir hatten

$$\xi_j = \frac{\partial\phi}{\partial x_j} \ , \ \text{d.h.} \ \ \xi = \text{grad}_x \ \phi \ , \qquad\qquad (5.6)$$

gesetzt. Jetzt führen wir noch die Größen

$$\xi_{jk} := \frac{\partial^2\phi}{\partial x_j \partial x_k} = \frac{\partial\xi_j}{\partial x_k} \qquad\qquad (5.7)$$

ein und denken uns eine Funktion $f = f(x,t)$, die in den Raumgebieten auf beiden Seiten der Fläche stetig und differenzierbar ist, deren Werte jedoch bei Annäherung an die Fläche gleichmäßig gegen auf der Fläche stetige und differenzierbare, möglicherweise verschiedene Grenzwerte streben, nämlich gegen f^- bei Annäherung von der einen Seite der Fläche, f^+ bei Annäherung von der anderen Seite. Dann ist

$$[f] = f^+ - f^-$$

der Sprung von f an der Fläche. Der Sprung der ersten Differentialquotienten $f_j = \partial f/\partial x_j$ ist

$$[f_j] = f_j^+ - f_j^- \ , \qquad [\dot f] = \dot f^+ - \dot f^- \ .$$

War f noch stetig an der Fläche, so galt

$$[f_j] = - [\dot f]\xi_j \ , \qquad j = 1,2 \ . \tag{5.8}$$

Wir wollen zeigen, daß, wenn f an der Fläche unstetig wird, zu dieser Formel noch ein Zusatzglied hinzuzufügen ist. Es gilt dann

$$[f_j] = - [\dot f]\xi_j + \frac{\partial}{\partial x_j} [f] \ . \tag{5.9}$$

Um das einzusehen, braucht man nur die Identität

$$[f] = f^+(x,\phi(x)) - f^-(x,\phi(x))$$

nach x_j zu differenzieren und erhält

$$\frac{\partial}{\partial x_j} [f] = f_j^+ + \dot f^+ \xi_j - f_j^- - \dot f^- \xi_j \ ,$$

was mit der Behauptung (5.9) gleichbedeutend ist.

Jetzt gehen wir über zu dem Fall, den wir eigentlich im Auge haben. Es sei $f(x,t)$ mit $x = (x_1, x_2, x_3)$ eine Funktion, die noch mit ihren ersten Differentialquotienten stetig ist - wir werden nachher für f die drei Funktionen $\underline{x}_1$, $\underline{x}_2$, $\underline{x}_3$ einzusetzen haben. Es sei der Sprung des zweiten Differentialquotienten nach t

$$\eta(x) = \left[\ddot f\right] \ , \tag{5.10}$$

der des dritten

$$\zeta(x) = \left[\dddot f\right] \ . \tag{5.11}$$

Ersetzen wir in der Hauptgleichung (5.9) oder in (5.8) f durch $\dot f$, so folgt, weil $\dot f$ hier noch stetig vorausgesetzt war und daher $[\dot f] = 0$ ist,

$$[\dot f_j] = - [\ddot f]\xi_j + \frac{\partial}{\partial x_j} [\dot f] = - \xi_j \eta \ . \tag{5.12}$$

Ersetzen wir f durch f_k , so bekommen wir genau so aus der letzten Formel unter der Annahme, daß auch f_k durchwegs stetig, d.h. $[f_k] = 0$ gilt,

$$[f_{jk}] = - [\dot f_k]\xi_j + \frac{\partial}{\partial x_j} [f_k] = \xi_j \xi_k \eta \ . \tag{5.13}$$

Das ist wieder die Gleichung (4.2) in etwas veränderter Bezeichnungsweise.

Nun aber zu den dritten Differentialquotienten. Ersetzen wir zunächst in (5.9) f durch $\ddot f$, so folgt unter Benutzung der in (5.10) und (5.11) eingeführten Bezeichnungen

$$\left[\ddot{f}_j\right] = - \left[\dddot{f}\right]\xi_j + \frac{\partial}{\partial x_j}\left[\ddot{f}\right] = - \xi_j\zeta + \frac{\partial}{\partial x_j}\eta \ . \tag{5.14}$$

Im Gegensatz zur analogen Formel (5.12) gehen also hier noch die Ableitungen der Sprünge η ein. Setzt man dagegen in (5.9) $\dot{f}_k$ für f , so bekommt man nach (5.12) und (5.14):

$$[\dot{f}_{jk}] = - [\ddot{f}_k]\xi_j + \frac{\partial}{\partial x_j}[\dot{f}_k] =$$

$$= - \{ - \xi_k\zeta + \frac{\partial}{\partial x_k}\eta\}\xi_j + \frac{\partial}{\partial x_j}(- \xi_k\eta) \ .$$

Unter Benutzung der Abkürzung $\xi_{jk} = \partial\xi_j/\partial x_k$ folgt

$$[\dot{f}_{jk}] = \xi_j\xi_k\zeta - \xi_{jk}\eta - \xi_j\frac{\partial\eta}{\partial x_k} - \xi_k\frac{\partial\eta}{\partial x_j} \ . \tag{5.15}$$

Ersetzt man endlich in der Hauptgleichung (5.9) f durch $f_{k\ell}$, so findet man in derselben Weise unter Benutzung von (5.13) und (5.15):

$$[f_{jk\ell}] = - \xi_j\xi_k\xi_\ell\zeta + \{\xi_j\xi_{k\ell} + \xi_k\xi_{j\ell} + \xi_\ell\xi_{jk}\}\eta + \tag{5.16}$$

$$+ \{\xi_j\xi_k\frac{\partial\eta}{\partial x_\ell} + \xi_j\xi_\ell\frac{\partial\eta}{\partial x_k} + \xi_k\xi_\ell\frac{\partial\eta}{\partial x_j}\} \ .$$

Dies ist die Grundformel, in der wir des weiteren f durch die drei Funktionen $\underline{x}_i = \underline{x}_i(x,t)$ zu ersetzen haben; dementsprechend stehen an Stelle von η und ζ die je drei Komponenten der Sprungvektoren

$$\eta_i(x) = \left[\ddot{\underline{x}}_i\right] \quad \text{bzw.} \quad \zeta_i(x) = \left[\dddot{\underline{x}}_i\right] \ , \quad i = 1,2,3 \ . \tag{5.17}$$

5.3. Unstetigkeiten der dritten Ableitungen der Lösungen der allgemeinen Bewegungsgleichungen

5.3.1. Aufstellung der Sprungrelationen nach 5.2.

Wir hatten die drei partiellen Differentialgleichungen zweiter Ordnung für die $\underline{x}_j$ aufgestellt; mit $w_{jm} = \partial w/\partial a_{jm}$ waren diese (vgl. (1.47)):

$$\rho_0 \frac{\partial^2 \underline{x}_j}{\partial t^2} = \frac{\partial}{\partial x_m} w_{jm} + F_j \ , \quad j = 1,2,3 \ . \tag{5.18}$$

Dabei war w im allgemeinen eine Funktion der Matrix $A = (a_{ij}) = = (\partial\underline{x}_i/\partial x_j)$ und der Variablen $x = (x_1, x_2, x_3)$; es gilt

$$\frac{\partial}{\partial x_m} w_{im} = \frac{\partial^2 w}{\partial a_{im}\partial a_{jn}} a_{jnm} + \frac{\partial^2 w}{\partial a_{im}\partial x_m} \ .$$

Außerdem ist

$$a_{jnm} := \frac{\partial a_{jn}}{\partial x_m} = \frac{\partial^2 \underline{x}_j}{\partial x_n\partial x_m} \tag{5.19}$$

gesetzt, und $\partial^2 w/\partial a_{im}\partial x_m$ ist so zu verstehen, daß nach x_m differenziert wird, soweit es in w_{im} explizit auftritt, d.h. außerhalb der a_{ij} .

Um nun die dritten Ableitungen ins Spiel zu bringen, wird die Gleichung (5.18) nach t differenziert:

$$\rho_0 \dddot{\underline{x}}_i = \frac{\partial^2 w}{\partial a_{im} \partial a_{jn}} \dot{a}_{jnm} + \frac{\partial^3 w}{\partial a_{im} \partial a_{jn} \partial a_{kp}} \dot{a}_{kp} a_{jnm} + \tag{5.20}$$

$$+ \frac{\partial^3 w}{\partial a_{im} \partial a_{jn} \partial x_m} \dot{a}_{jn} + \dot{F}_i \quad \text{für} \quad i = 1,2,3 \ .$$

Sodann denken wir uns die $\dddot{\underline{x}}_i$ in (5.20) einmal für die eine Seite und einmal für die andere Seite der Wellenfläche geschrieben und subtrahieren die entsprechenden Glieder. Dabei sind nur jene Terme unstetig, die Ableitungen höherer als erster Ordnung in den $\underline{x}_i$ enthalten; von den äußeren Kräften F_i nahmen wir an, daß sie überall stetig und glatt sind. Unter Berücksichtigung von (5.17) und (5.20) erhalten wir

$$\rho_0 \zeta_i = \frac{\partial^2 w}{\partial a_{im} \partial a_{jn}} [\dot{a}_{jnm}] + \frac{\partial^3 w}{\partial a_{im} \partial a_{jn} \partial a_{kp}} [\dot{a}_{kp} a_{jnm}] + \tag{5.21}$$

$$+ \frac{\partial^3 w}{\partial a_{im} \partial a_{jn} \partial a_{kp}} [\dot{a}_{jn}] \ .$$

Um diese Gleichungen weiter zu vereinfachen, werden wir die Sprungterme mit Hilfe der Gleichungen (5.8), (5.9) etwas anders schreiben. Weil die $\dot{\underline{x}}_i$ auf der Fläche stetig sind, kann man $\dot{\underline{x}}_i$ an Stelle von f in (5.8) einsetzen und erhält

$$[\dot{a}_{ij}] = -\, \eta_i \xi_j \quad (\eta_i = [\ddot{\underline{x}}_i]) \ . \tag{5.22}$$

Wendet man ebenso (5.9) mit $f = \dot{a}_{jn}$ an, so folgt

$$[\dot{a}_{jnm}] = -\, [\ddot{a}_{jn}] \xi_m + \frac{\partial}{\partial x_m} [\dot{a}_{jn}] \ . \tag{5.23}$$

Die Formel (5.21) erscheint danach in der Gestalt

$$\rho_0 \zeta_i = -\, \frac{\partial^2 w}{\partial a_{im} \partial a_{jn}} [\ddot{a}_{jn}] \xi_m + \frac{\partial^2 w}{\partial a_{im} \partial a_{jn}} \frac{\partial}{\partial x_m} [\dot{a}_{jn}] + \tag{5.24}$$

$$+ \frac{\partial^3 w}{\partial a_{im} \partial a_{jn} \, a_{kp}} [\dot{a}_{kp} a_{jnm}] + \frac{\partial^3 w}{\partial a_{im} \partial a_{jn} \partial x_m} [\dot{a}_{jn}] \ .$$

Wir suchen jetzt einen andern Ausdruck für

$$\frac{\partial}{\partial x_m} \left(\frac{\partial^2 w}{\partial a_{im} \partial a_{jn}} [\dot{a}_{jn}] \right) \ .$$

Dazu denkt man sich die Zeitkoordinate t in den $\underline{x}_i(x,t)$ und ihren Ableitungen einmal durch $\phi(x) + \varepsilon$ und einmal durch $\phi(x) - \varepsilon$ ersetzt. Beachtet man ferner, daß a_{kp} von x explizit und von $t =$

$= \phi(x) \pm \varepsilon$, also auf zwei Weisen von x abhängt, dann ergibt sich bei vollständiger Differentiation nach x_m

$$\frac{\partial a_{kp}}{\partial x_m} = a_{kpm} + \frac{\partial a_{kp}}{\partial \phi} \frac{\partial \phi}{\partial x_m} = a_{kpm} + \dot{a}_{kp} \xi_m$$

und so im Grenzfalle $\varepsilon \rightarrow 0$ der eine oder der andere der beiden Ausdrücke $a_{kpm}^+ + \dot{a}_{kp}^+ \xi_m$ oder $a_{kpm}^- - \dot{a}_{kp}^- \xi_m$. Daraus folgt

$$\frac{\partial}{\partial x_m} \left(\frac{\partial^2 w}{\partial a_{im} \partial a_{jn}} [\dot{a}_{jn}] \right) = \frac{\partial^2 w}{\partial a_{im} \partial a_{jn}} \frac{\partial}{\partial x_m} [\dot{a}_{jn}] +$$

$$+ \frac{\partial^3 w}{\partial a_{im} \partial a_{jn} \partial x_m} [\dot{a}_{jn}] + \frac{\partial^3 w}{\partial a_{im} \partial a_{jn} \partial a_{kp}} [\dot{a}_{jn}] (a_{kpm}^\pm + \dot{a}_{kp}^\pm \xi_m) .$$

Wählt man das Pluszeichen, so wird (5.24)

$$\rho_0 \zeta_i = - \frac{\partial^2 w}{\partial a_{im} \partial a_{jn}} [\ddot{a}_{jn}] \xi_m + \frac{\partial}{\partial x_m} \left(\frac{\partial^2 w}{\partial a_{im} \partial a_{jn}} [\dot{a}_{jn}] \right) +$$

$$+ \frac{\partial^3 w}{\partial a_{im} \partial a_{jn} \partial a_{kp}} \{ [\dot{a}_{kp} a_{jnm}] - a_{kpm}^+ [\dot{a}_{jn}] - \dot{a}_{kp}^+ [\dot{a}_{jn}] \xi_m \} .$$

Macht man Gebrauch von der Identität

$$[\dot{a}_{kp} a_{jnm}] = \dot{a}_{kp}^+ a_{jnm}^+ - \dot{a}_k^- a_{jnm}^- =$$

$$= \dot{a}_{kp}^+ a_{jnm}^+ - \dot{a}_{kp}^- a_{jnm}^+ + \dot{a}_{kp}^- a_{jnm}^+ - \dot{a}_k^- a_{jnm}^- =$$

$$= [\dot{a}_{kp}] a_{jnm}^+ + \dot{a}_{kp}^- [a_{jnm}] ,$$

so wird schließlich

$$\rho_0 \zeta_i = - \frac{\partial^2 w}{\partial a_{im} \partial a_{jn}} [\ddot{a}_{jn}] \xi_m + \frac{\partial}{\partial x_m} \left(\frac{\partial^2 w}{\partial a_{im} \partial a_{jn}} [\dot{a}_{jn}] \right) + Q_i , \quad (5.25)$$

$$i = 1,2,3 ,$$

mit

$$Q_i = - \frac{\partial^3 w}{\partial a_{im} \partial a_{jn} \partial a_{kp}} (\dot{a}_{kp}^- + \dot{a}_{kp}^+) [\dot{a}_{jn}] \xi_m .$$

Dabei ist zu beachten, daß man die Indizes $(j\,n)$ und $(k\,p)$ vertauschen kann. Beachten wir weiter die Identitäten (5.8) und (5.14), so gilt

$$[\dot{a}_{jn}] = - \xi_n n_j ,$$

$$[\ddot{a}_{jn}] = - \xi_n \zeta_j + \frac{\partial}{\partial x_n} n_j ,$$

und nach der Definition von Ω ist

$$\frac{\partial^2 w}{\partial a_{im} \partial a_{jn}} [\ddot{a}_{jn}] \xi_m = \frac{\partial^2 w}{\partial a_{im} \partial a_{jn}} \{ - \xi_m \xi_n \zeta_j + \xi_m \frac{\partial n_j}{\partial x_n} \} =$$

$$= - \frac{\rho_0}{2} \frac{\partial}{\partial \zeta_i} \Omega(\xi, \zeta) + \frac{\partial^2 w}{\partial a_{im} \partial a_{jn}} \xi_m \frac{\partial n_j}{\partial x_n} .$$

Das Gleichungssystem (5.25) nimmt also die Gestalt

$$\rho_0 \left(\frac{1}{2} \frac{\partial}{\partial \zeta_i} \Omega(\xi,\eta) - \zeta_i \right) = \frac{\partial}{\partial x_m} \left(\frac{\partial^2 w}{\partial a_{im} \partial a_{jn}} \xi_n \eta_j \right) + \tag{5.26}$$

$$+ \frac{\partial^2 w}{\partial a_{im} \partial a_{jn}} \xi_m \frac{\partial \eta_j}{\partial x_n} - Q_i \ , \quad i = 1,2,3 \ ,$$

an, und die Q_i werden gegeben durch

$$Q_i = \frac{\partial^3 w}{\partial a_{im} \partial a_{jn} \partial a_{kp}} (\overset{.}{a}{}^+_{kp} + \overset{.}{a}{}^-_{kp}) \xi_m \xi_n \eta_j \ , \quad i = 1,2,3 \ . \tag{5.27}$$

In dem Falle, daß w eine quadratische Form in den a_{ij} ist, vereinfacht sich das System (5.26) erheblich, denn dann fällt der Term
Q_i weg. Aber im allgemeinen ist Q_i nicht identisch null, und zwar
kommt den Q_i eine wichtige physikalische Bedeutung zu, die wir
weiter unten besprechen werden.

5.3.2. Dissipationsfunktion

Wir sind jetzt in der Lage, die im Abschnitt 5.1. angekündigten Rechnungen durchzuführen. Die Relation (5.26) stellt ein lineares inhomogenes Gleichungssystem für die ζ_i dar, dessen Determinante $\mathcal{H}(\xi)$
bei einer tatsächlich eintretenden Bewegung verschwindet. Multipliziert man die i-te Gleichung mit η_i und summiert über i , so verschwindet die linke Seite, und es folgt

$$\eta_i \frac{\partial}{\partial x_m} \left(\frac{\partial^2 w}{\partial a_{im} \partial a_{jn}} \xi_n \eta_j \right) + \frac{\partial^2 w}{\partial a_{im} \partial a_{jn}} \xi_m \eta_i \frac{\partial \eta_j}{\partial x_m} = Q \ , \tag{5.28}$$

wo

$$Q := Q_i \eta_i \tag{5.29}$$

gesetzt wurde. Weil man in den Summationen die Indexpaare $(i\ m)$ und
$(j\ n)$ vertauschen kann, ist

$$\frac{\partial^2 w}{\partial a_{im} \partial a_{jn}} \eta_i \xi_m \frac{\partial \eta_j}{\partial x_n} = \frac{\partial^2 w}{\partial a_{im} \partial a_{jn}} \eta_j \xi_n \frac{\partial \eta_i}{\partial x_m} \ .$$

Setzen wir nun

$$E = \rho_0 |\eta|^2 \ , \tag{5.30}$$

so wird schließlich

$$Q = \operatorname{div}_x (E \cdot u) \ . \tag{5.31}$$

Die Größe E hat die Dimension einer kinetischen Energie, E ist
nämlich Dichte multipliziert mit der Quadratsumme der Sprünge der Beschleunigungskomponenten und kann als ein Maß für den Energieverlust
an einer Unstetigkeitsfläche angesehen werden; sie heißt daher die
Dissipationsfunktion. Die Gleichung (5.31) ist die oben erwähnte neue
Beziehung zwischen den Vektoren u , ξ , η , die sich ergibt, wenn

man die dritten Ableitungen der Beschleunigungskomponenten in Betracht zieht.

5.3.3. Differentialgleichungen der Strahlen

Wir fahren fort mit der Betrachtung der Bewegung im Kontinuum in der Nähe der Wellenfläche zur Zeit t , wenn das Teilchen x , dessen Beschleunigungsvektor zu diesem Zeitpunkt unstetig ist, im Bezugsraum (Indexraum) die Gleichung $\phi(x) = t$ erfüllt. Der ganze Bezugsraum wird von der durch diese Gleichung (mit dem Parameter t) dargestellten Flächenschar durchsetzt. In jedem Punkte, den diese Wellenfläche erreicht, haben wir dann einen Normalenvektor ξ , einen Strahlenvektor u und einen Wellenvektor η . Denken wir uns insbesondere den Vektor u in jedem Punkte markiert, so ist das hiermit bestimmte Richtungsfeld gleichbedeutend mit dem System von Differentialgleichungen

$$\frac{dx_1}{u_1} = \frac{dx_2}{u_2} = \frac{dx_3}{u_3} \; .$$

(5.32)

Mit Hilfe von (5.31) soll nun festgestellt werden, wie sich E auf einem solchen Strahl ändert. Es sei s die längs eines Strahls gemessene Bogenlänge, so daß $ds^2 = dx_1^2 + dx_2^2 + dx_3^2$; dann ist

$$u_i = \frac{dx_i}{dt} = \frac{dx_i}{ds}\frac{ds}{dt} = \frac{dx_i}{ds} v_s \quad (i = 1,2,3)$$

(5.33)

und daher

$$\frac{dE}{ds} = \frac{\partial E}{\partial x_i}\frac{\partial x_i}{\partial s} = \frac{\partial E}{\partial x_i}\frac{u_i}{v_s} = \frac{1}{v_s}\frac{\partial}{\partial x_i}(Eu_i) - \frac{E}{v_s}\frac{\partial u_i}{\partial x_i} \; .$$

Im Hinblick auf (5.31) ergibt sich

$$v_s \frac{dE}{ds} + \Theta E = Q \; ,$$

(5.34)

wenn

$$\Theta = \mathrm{div}_x u = \frac{\partial u_i}{\partial x_i}$$

gesetzt wird.

Wir wollen nun annehmen, daß längs eines Stückes des betrachteten Strahls die Determinante $\det(X - E) = \mathcal{K}(\xi) = 0$ ist, während die Matrix $X - E$ den Rang zwei hat, so daß nicht alle ihre zweireihigen Minoren verschwinden. Auch v_s sei von null verschieden. Dann läßt sich ein Einheitsvektor η^0 finden, dessen Komponenten η_j^0 dem homogenen Gleichungssystem $\eta_j = \frac{1}{2}\frac{\partial \Omega}{\partial \eta_j}$ genügen; die allgemeine Lösung läßt sich dann in der Form $\eta = \lambda\eta^0$ darstellen, wo λ die Länge des Wellenvektors η bezeichnet.

Die Gleichung (5.33) kann nun im wesentlichen als eine lineare homogene Differentialgleichung für λ geschrieben werden. Weil nämlich E und Q quadratisch in η sind, kann man $E = \lambda^2 E_0$ und $Q = \lambda^2 Q_0$ setzen, wobei E_0 und Q_0 nicht von λ abhängen. Hiermit wird dann (5.34):

$$v_s \lambda^2 \frac{dE_0}{ds} + 2\lambda v_s E_0 \frac{d\lambda}{ds} + \theta \lambda^2 E_0 = \lambda^2 Q_0 \ .$$

Dividieren wir diese Gleichung durch $2\lambda v_s E_0$, so erhalten wir die Differentialgleichung für λ :

$$\frac{d\lambda}{ds} + M\lambda = 0 \quad \text{mit} \quad M = \frac{1}{2E_0 v_s} \left\{ v_s^2 \frac{dE_0}{ds} + \theta \cdot E_0 - Q_0 \right\} \ .$$

Wenn M längs des Strahls endlich und stetig ist, so kann man aus dem Bestehen dieser Gleichung sofort schließen, daß λ für jedes s verschwindet, d.h., $\ddot{\underline{x}}$ ist längs des ganzen Strahls stetig, wenn λ an einer Stelle $s = s_0$ des Strahls verschwindet, wenn also $\ddot{\underline{x}}$ in diesem Punkte stetig ist. Damit ist die in 5.1 erwähnte Eigenschaft der Strahlen, Schattengrenzen zu geben, nachgewiesen. Es sei noch bemerkt, daß eine analoge Eigenschaft auch für die in der geometrischen (beugungsfreien) Optik behandelten Strahlen charakteristisch ist.

Noch ein Wort zur Differentialgleichung für λ : Da sie linear und homogen ist, kann man sie explizit integrieren.

Nimmt man auf dem Strahl zwei Stellen s_1 und s_2 , so ergibt sich

$$\lambda_2 = \lambda_1 \exp \left\{ - \int_{s_1}^{s_2} M \, d\sigma \right\} \ .$$

Ist insbesondere

$$\frac{\partial^3 w}{\partial a_{im} \partial a_{jn} \partial a_{kp}} \equiv 0 \ ,$$

wie es in der Elastizitätstheorie angenommen wurde, so ist, weil hier w eine quadratische Form in den a_{ij} ist, $Q \equiv 0$, d.h. also

$$v_s \frac{dE}{ds} + \theta E = 0 \ ,$$

und es gilt

$$E_2 = E_1 \exp \left\{ - \int_{s_1}^{s_2} \frac{\theta}{v_s} \, d\sigma \right\} \ .$$

Man nehme im Bezugsraum eine geschlossene Fläche F , die das Volumen V umschließt; n sei die äußere Normale der Fläche und do ihr

Oberflächenelement. Aus (5.31) und dem Gaußschen Satz folgt

$$\int_F E \cdot u'n \; do = \int_V Q \; dv \; . \qquad (5.35)$$

Insbesondere nehmen wir nun als geschlossene Fläche eine Strahlenröhre, welche in den Punkten P_1 und P_2 von Normalquerschnitten q_1 und q_2 begrenzt wird. Das Oberflächenintegral $\int_F E \, u'n \, do$ über den Mantel der Röhre verschwindet, da u in jedem Punkte tangential zu einem Strahl ist, so daß $u'n = 0$ gilt. Man braucht also nur die über die Grundflächen q_1 und q_2 erstreckten Teile des Integrals zu berechnen. In dem Querschnitt q_2 ist aber $n = u/|u| = u/v_s$, und im Querschnitt q_1 ist $n = -u/|u| = -u/v_s$. Die Formel (5.35) erscheint somit in der Gestalt

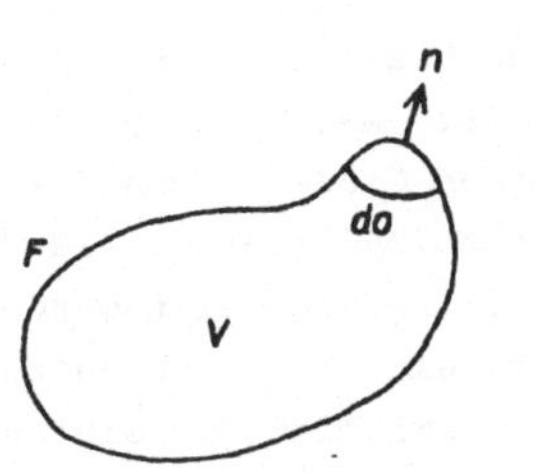

Abb. 13

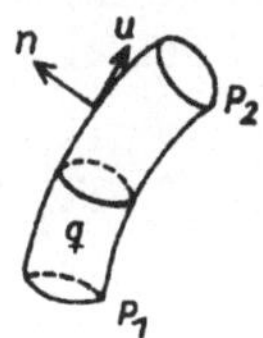

Abb. 14

$$\int_{q_2} E \, v_s \, do - \int_{q_1} E \, v_s \, do = \int_{P_1}^{P_2} \int_{q_s} Q \, do \, ds \; . \qquad (5.36)$$

Stellt man sich vor, daß die Energie E längs der Strahlenröhre mit der Geschwindigkeit v_s entlangströmt, so besagt (5.36), daß am Endquerschnitt q_2 nicht genau so viel herausströmt, wie im Querschnitt q_1 hineingeströmt ist. Die Differenz wird durch die Funktion Q bestimmt, was deren Namen "Dissipationsfunktion" rechtfertigt.

Im Falle infinitesimaler Bewegungen konnten wir w als eine quadratische Form in den a_{ij} ansetzen, so daß Q im Hinblick auf (5.27) verschwindet. Die beiden Querschnittsintegrale sind daher gleich, längs einer Strahlröhre ist

$$\int_{q_s} E \, v_s \, do = const \; ,$$

und die Energie der Welle bleibt erhalten.

5.3.4. Übertragung ins bewegte System

Die bisher in diesem Paragraphen erreichten Ergebnisse sind insofern unbefriedigend, als sie sich durchwegs auf die Situation im Bezugsraum beziehen. Wir wollen jetzt aber zeigen, daß alles bestehen bleibt, wenn man zum $\underline{x}$-Raum übergeht, d.h. wenn man die oben vorkommenden Größen durch die entsprechenden Ausdrücke in den Eulerschen Variablen ersetzt. Die Übergangsformeln waren schon in Abschnitt 4.3.2. aufgestellt worden. Die Koordinaten $\underline{x}_i$ eines Teilchens, die zur Zeit t in ihren zweiten Ableitungen eine Unstetigkeit aufweisen, erfüllen die Gleichung $t = \phi(x)$; für ein solches Teilchen, welches sich auf der Wellenfläche befindet, haben wir die Bedingung

$$\underline{x}_i = \underline{x}_i\big(x, \phi(x)\big) \, ,$$

und dies sind die Transformationsformeln für den Übergang vom Bezugsraum (Indexraum) zum $\underline{x}$-Raum, in denen die Zeitkoordinate nicht mehr vorkommt. Für die Differentiale gilt dann

$$d\underline{x}_i = \Big(\frac{\partial \underline{x}_i}{\partial x_j} + \frac{\partial \underline{x}_i}{\partial \phi} \frac{\partial \phi}{\partial x_j}\Big) dx_j = \bar{a}_{ij} dx_j \, , \tag{5.37}$$

wobei

$$\bar{a}_{ij} = a_{ij} + \dot{\underline{x}}_i \xi_j \tag{5.38}$$

gesetzt ist.

Nach (4.29) ist der Strahlenvektor im $\underline{x}$-Raum definiert als

$$\underline{u} = Au + \dot{\underline{x}} \; ;$$

seine Komponenten sind also

$$\underline{u}_i = a_{ij} u_j + \dot{\underline{x}}_i \, .$$

Weil nun $u'\xi = u_j \xi_j = 1$ ist, folgt

$$\underline{u}_i = a_{ij} u_j + \dot{\underline{x}}_i \xi_j u_j = \bar{a}_{ij} u_j \, , \quad \text{d.i.} \quad \underline{u} = \bar{A}u \, , \tag{5.39}$$

mit $\bar{A} = (\bar{a}_{ij})$. Aus (5.37) und (5.39) ersieht man jetzt; wenn sich die dx_i wie die u_i verhalten, d.h. wenn wir uns längs einer Strahllinie fortbewegen, so verhalten sich die $d\underline{x}_i$ wie die $\underline{u}_i$ Die Strahllinien gehen also im Raum der Eulerschen Variablen in Linien über, die gerade wieder die $\underline{u}$ als Tangenten haben. Dies zeigt, daß wir mit der früheren Definition des Strahlenvektors im tatsächlichen Raum das Richtige getroffen hatten.

Aber auch die Relation (5.31) bleibt erhalten. Es genügt, dies für die äquivalente Relation (5.35) zu zeigen. Wenn die x_i sich wie in

(5.37) transformieren, so transformieren sich die Oberflächenelemente do nach (1.53), d.h.

$$\overline{D}\ n\ do = \overline{A}'\ \underline{n}\ d\underline{o}\ , \tag{5.40}$$

worin $\overline{D} = \det(A)$ zu setzen ist. Mit Rücksicht auf (5.40) und (5.39) hat man

$$\int_F E\ u'n\ do = \int_F \frac{1}{\overline{D}}\ E\ u'\ \overline{D}\ n\ do = \int_F (\frac{1}{\overline{D}}\ E)(\overline{A}^{-1}\underline{u})'\ \overline{D}\ n\ do =$$

$$= \int_{\underline{F}} \underline{E}(\overline{A}^{-1}\underline{u})'\ \overline{A}'\ \underline{n}\ d\underline{o} = \int_{\underline{F}} \underline{E}\ \underline{u}'\ \underline{n}\ d\underline{o}\ ,$$

$$\underline{E} = E/\overline{D}\ .$$

Weiter ist nach (1.27)

$$d\underline{v} = \overline{D}\ dv\ ,$$

woraus mit $\underline{G} = Q/\overline{D}$

$$\int_V Q\ dv = \int_V (1/\overline{D})Q\ \overline{D}\ dv = \int_{\underline{V}} \underline{Q}\ d\underline{v}$$

folgt. Aus (5.35) ergibt sich also

$$\int_{\underline{F}} \underline{E}\ \underline{u}'\ \underline{n}\ d\underline{o} = \int_{\underline{V}} \underline{Q}\ d\underline{v}\ .$$

Wendet man noch den Gaußschen Satz an und läßt das Volumen auf einen Punkt zusammenschrumpfen, so erhält man für (5.31) die Beziehung

$$\mathrm{div}_{\underline{x}}\ (\underline{E}\ \underline{u}) = \underline{Q}\ . \tag{5.41}$$

$\underline{Q}$ ist die Dissipationsfunktion, und $\underline{E}$ ist die Energie der Unstetigkeit im tatsächlichen Raum. Alle geometrischen Folgerungen, die wir aus (5.31) für den Bezugsraum gezogen haben, gelten wegen (5.41) auch für den Raum zur Zeit t .

5.4. Ermittlung der Wellenfläche zu beliebiger Zeit und zu willkürlicher Anfangslage (Existenztheorem)

5.4.1. Formulierung des analytischen Problems

Nehmen wir an, es seien auf der Seite der Wellenfläche, in welche die Welle sich hineinbewegt, die a_{ij} bekannte Funktionen von x und t :

$$a_{ij} = a_{ij}(x,t) = \partial\underline{x}_i/\partial x_j\ .$$

Dann ist auch

$$\mathcal{H} = \mathcal{H}\ (\xi,x,\phi)$$

ein bekannter Ausdruck, denn aus der Kenntnis der Bewegung des Mediums auf der einen Seite der Wellenfläche folgt die Kenntnis des Normalenvektors. Weil die Normalenfläche $\mathcal{K} = 0$ im allgemeinen noch von den a_{ij} abhängt, welche bekannte Funktionen der Variablen x und t sind, folgt daraus, daß $\mathcal{K}(\xi,x,t)$ eine bekannte Funktion der Variablen ξ , x und t ist (hier hat man $t = \phi(x)$ zu setzen).

Damit ist eine partielle Differentialgleichung erster Ordnung für $\phi(x)$ gegeben:

$$\mathcal{K}(\xi,x,\phi) = 0 \; ; \quad \xi = \mathrm{grad}_x \, \phi \, , \quad (\mathrm{vgl.} \ 4.2.3.). \tag{5.42}$$

Auf diese läßt sich die Cauchysche Integrationsmethode anwenden; weil wir hier in sehr natürlicher Weise auf diese Methode geführt werden, wollen wir sie gleich mit entwickeln. Wir werden sehen, daß man aus (5.42) ein System gewöhnlicher Differentialgleichungen gewinnen und dadurch die Wellenfläche zu jeder Zeit t bestimmen kann, falls die Wellenfläche zur Zeit $t = 0$ bekannt ist.

5.4.2. Cauchysche Integrationsmethode

Um zur Lösung des Problems zu gelangen, wollen wir das Fortschreiten der Wellenfläche längs eines Strahls ins Auge fassen. Der betrachtete Strahl möge in den Punkten x und $x + \delta x$ von den Wellenflächen zur Zeit t und $t + \delta t$ geschnitten werden. Die Tangente des Strahls im Punkt x wird mit u bezeichnet; ξ sei der Normalenvektor im Punkte x , $\xi + \delta\xi$ der im variierten Punkte $x + \delta x$, und schließlich sei $\phi + \delta\phi = \phi(x + \delta x)$ (vgl. Abb. 15).
Die Welle schreitet längs des Strahls mit der Strahlgeschwindigkeit

$$v_s = |u|$$

fort. Ferner ist

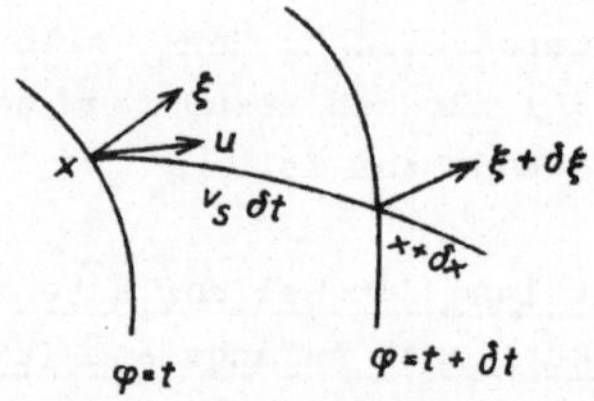

Abb. 15

$$\delta t = \delta\phi \, , \tag{5.43}$$

denn $t + \delta t = \phi(x + \delta x) = \phi + \delta\phi$, und nach (5.33)

$$\delta x = u\delta t \, . \tag{5.44}$$

Für die Variation des Normalenvektors erhalten wir daher

$$\delta\xi_i = \phi_{ij}\delta x_j = \phi_{ij}u_j\delta t \ , \quad i = 1,2,3 \ , \tag{5.45}$$

mit

$$\phi_{ij} = \frac{\partial^2\phi}{\partial x_i \partial x_j} = \phi_{ji} \ .$$

Aus (5.42) gewinnt man durch vollständige Differentiation nach x_i

$$\frac{\partial\mathcal{H}}{\partial\xi_j}\,\phi_{ij} + \frac{\partial\mathcal{H}}{\partial x_i} + \frac{\partial\mathcal{H}}{\partial\phi}\,\xi_i = 0 \ ;$$

oder, falls man die Beziehung

$$\kappa\,u_j = \frac{\partial\mathcal{H}}{\partial\xi_j} \quad \text{mit} \quad \kappa = \xi_i\,\frac{\partial\mathcal{H}}{\partial\xi_i} \tag{5.46}$$

zwischen Strahlen- und Normalenvektor heranzieht (vgl. (4.20)), ergibt sich

$$-\kappa\,\phi_{ij}u_j = \frac{\partial\mathcal{H}}{\partial x_i} + \frac{\partial\mathcal{H}}{\partial\phi}\,\xi_i \ ,$$

so daß im Hinblick auf (5.46)

$$-\kappa\,\delta\xi_i = \left(\frac{\partial\mathcal{H}}{\partial x_i} + \frac{\partial\mathcal{H}}{\partial\phi}\,\xi_i\right)\delta t \tag{5.47}$$

gilt. Danach kann man ein System von gewöhnlichen Differentialgleichungen bilden, durch das man die Koordinaten x_i längs eines Strahls verfolgen kann, d.h. hier den Strahl selbst, den Normalenvektor ξ und die Funktion ϕ, d.i. die Zeit, zu der die Unstetigkeitswelle das Teilchen ergreift. Führen wir nämlich statt t längs des Strahls einen Parameter θ als eine Art von Eigenzeit längs des Strahls ein, und zwar durch die Variationsbeziehung

$$\delta\theta = \delta t/\kappa = \delta s/\kappa v_s = \delta x_i/\kappa u_i \ , \tag{5.48}$$

so ergibt sich aus (5.45)

$$\frac{\delta x_i}{\delta\theta} = \kappa u_i = \frac{\partial\mathcal{H}}{\partial\xi_i} \ , \quad i = 1,2,3 \ , \tag{5.49}$$

und ebenso folgt aus (5.47)

$$-\frac{\delta\xi_i}{\delta\theta} = \frac{\partial\mathcal{H}}{\partial x_i} + \frac{\partial\mathcal{H}}{\partial\phi}\,\xi_i \ , \quad i = 1,2,3 \ . \tag{5.50}$$

Schließlich ist nach (5.43) sowie (5.48)

$$\frac{\delta\phi}{\delta\theta} = \kappa \ ;$$

weil $\mathcal{H}$ bei einer tatsächlichen Bewegung verschwinden muß, ist

$$x = \xi_i\,\frac{\partial\mathcal{H}}{\partial\xi_i} = \xi_i\,\frac{\partial\mathcal{H}}{\partial\xi_i} - \mathcal{H} \ .$$

Faßt man dann die durch δ bezeichnete Variation als Differentiation
längs des Strahls auf, so ergibt sich die folgende Differentialgleichung

$$\frac{d\phi}{d\theta} = \xi_i \frac{\partial \mathcal{H}}{\partial \xi_i} - \mathcal{H} \ . \tag{5.51}$$

Nach Wechsel von δ in d stellen die Gleichungen (5.49), (5.50)
und (5.51) ein System von sieben gewöhnlichen Differentialgleichungen
in den sieben Größen x_i , ξ_i und ϕ dar, und zwar ist dies ein kanonisches Gleichungssystem, das durch die charakteristische Funktion
$\mathcal{H}(\xi,x,\phi)$ vollständig bestimmt wird. Aus diesen sieben Gleichungen
heraus wollen wir die folgende Aufgabe lösen: Wenn die Wellenfläche
zur Zeit $t = 0$ bekannt ist, soll sie für jeden Zeitpunkt t ermittelt werden.

Es sei W_0 die Wellenfläche zur Zeit $t = 0$, W_t die zur Zeit t
Wenn W_0 bekannt ist, kann man die Koordinaten x_i^0 ihrer Punkte
als Funktionen zweier Parameter p und q angeben:

$$x_i^0 = x_i^0(p,q) \ , \quad i = 1,2,3 \ .$$

Auch der Normalenvektor ξ^0 läßt sich als Funktion der Flächenpara-
meter p , q bestimmen; er wird sich im allgemeinen von Stelle zu
Stelle ändern. Durch ξ^0 ist nach (5.45) der Strahlenvektor $u^0(p,q)$
in jedem Punkt von W_0 bestimmt. Das Differentialgleichungssystem
(5.49), (5.50), (5.51) ist also zu integrieren mit den Anfangswerten
für $\theta = 0$. Man erhält die eindeutig bestimmte Lösung

$$\begin{aligned}
x_i &= \tilde{x}_i(\theta; p, q) \ , \quad i = 1,2,3 \ , \\
\xi_i &= \tilde{\xi}_i(\theta; p, q) \ , \quad i = 1,2,3 \ , \\
\phi &= \tilde{\phi}(\theta; p, q) \ .
\end{aligned} \tag{5.52}$$

Halten wir p und q fest und variieren θ , so durchläuft der
Punkt x den von der Stelle $x^0(p,q)$ der gegebenen Fläche ausgehenden
Strahl. Wir erhalten die Wellenfläche zur Zeit t , indem wir auf den
verschiedenen Strahlen diejenigen Punkte aufsuchen, für welche ϕ
den gegebenen Wert t hat.

Wollen wir wie bisher ϕ und die ξ_i als Funktionen der Variablen
x_1 , x_2 , x_3 herstellen, so haben wir aus den ersten drei Gleichungen von (5.52) p , q , θ als Funktionen von x auszudrücken. Durch
Einsetzen in die übrigen vier Gleichungen (5.52) möge sich

$$\begin{aligned}
\phi &= \phi(x) \ , \\
\xi &= \xi(x) = \mathrm{grad}_x \, \phi
\end{aligned}$$

ergeben und endlich auch noch:

$$\kappa u = \mathrm{grad}_\xi \; \mathcal{H} = \frac{\partial x}{\partial \theta} \;.$$

Dabei ist zu berücksichtigen, daß die Wellenfläche für $t = 0$ beliebig vorgebbar ist, daß also bei der angegebenen Rechnung stets $\mathcal{H}(\xi, x, \phi) = 0$ wird.

Damit ist ein allgemeines Rezept gegeben, welches in allgemeinster Weise die Lösung der partiellen Differentialgleichung (5.42) auf die Integration eines Systems gewöhnlicher Differentialgleichungen zurückführt. Der Nachweis, daß die aus einem beliebigen W_0 bestimmten ξ und ϕ die Gleichung (5.42) erfüllen, gelingt mit Hilfe des fundamentalen Satzes über kanonische Systeme von Differentialgleichungen, von dem wir schon bei Aufstellung der Wirbelgleichungen Gebrauch gemacht hatten. Wir haben allerdings in den sieben Gleichungen (5.49), (5.50), (5.51) ein kanonisches System von etwas allgemeinerer Form als das in Abschnitt 3.5. behandelte. Es geht in das frühere über, wenn $\mathcal{H}$ unabhängig von ϕ ist. Wir wollen den sogenannten Unabhängigkeitssatz aber auch für solche allgemeinere Systeme herleiten.

Das durch (5.52) angegebene Lösungssystem des Systems (5.49), (5.50), (5.51) enthielt zwei willkürliche Parameter. Wir wollen einen etwas allgemeineren Standpunkt einnehmen und sogleich eine Lösungsschar

$$
\begin{aligned}
x_i &= x_i(\theta; p_1, \ldots, p_n) \;, &&i = 1,2,3 \;, \\
\xi_i &= \xi_i(\theta; p_1, \ldots, p_n) \;, &&i = 1,2,3 \;, \\
\phi &= \phi\,(\theta; p_1, \ldots, p_n)
\end{aligned}
\tag{5.53}
$$

mit einer beliebigen Anzahl Parameter $p_1, \ldots, p_m$ betrachten. Setzen wir diese Lösungsschar in $\mathcal{H}\,(\xi, x, \phi)$ ein, so erhalten wir $\mathcal{H}$ als Funktion von θ und allen diesen Parametern:

$$\mathcal{H} := \widetilde{\mathcal{H}}\,(\theta, p_1, \ldots, p_n)$$

sowie auch

$$\frac{\partial}{\partial \phi}\,\mathcal{H} = \frac{\partial}{\partial \phi}\,\widetilde{\mathcal{H}}\,(\theta, p_1, \ldots, p_n) \;.$$

Weil die Funktionen aus (5.53) das System (5.49), (5.50), (5.51) erfüllen, gilt

$$\frac{d}{d\theta}\,\mathcal{H} + \frac{\partial \mathcal{H}}{\partial \phi}\,\mathcal{H} = 0 \;,
\tag{5.54}$$

denn es ist

$$\frac{d\widetilde{\mathcal{H}}}{d\theta} = \frac{\partial \mathcal{H}}{\partial \xi_i}\,\frac{d\xi_i}{d\theta} + \frac{\partial \mathcal{H}}{\partial x_i}\,\frac{dx_i}{d\theta} + \frac{\partial \mathcal{H}}{\partial \phi}\,\frac{d\phi}{d\theta}$$

und im Hinblick auf (5.50), (5.49) und (5.51)

$$\frac{d\widetilde{\mathcal{H}}}{d\theta} = - \frac{\partial \mathcal{H}}{\partial \xi_i} \left\{ \frac{\partial \mathcal{H}}{\partial x_i} + \frac{\partial \mathcal{H}}{\partial \phi} \xi_i \right\} + \frac{\partial \mathcal{H}}{\partial x_i} \left\{ \frac{\partial \mathcal{H}}{\partial \xi_i} \right\} + \frac{\partial \mathcal{H}}{\partial \phi} \left\{ \xi_i \frac{\partial \mathcal{H}}{\partial \xi_i} - \mathcal{H} \right\} .$$

Nach Wegheben entgegengesetzt gleicher Terme folgt

$$\frac{d\widetilde{\mathcal{H}}}{d\theta} = - \frac{\partial \mathcal{H}}{\partial \phi} \, \mathcal{H} .$$

Man bilde nun die Differentiale

$$dx_i = \frac{\partial x_i}{\partial \theta} \, d\theta + \frac{\partial x_i}{\partial p_k} \, dp_k \, ,$$

$$d\phi = \frac{\partial \phi}{\partial \theta} \, d\theta + \frac{\partial \phi}{\partial p_k} \cdot dp_k .$$

Mit Rücksicht auf (5.49) und (5.51) erhält man so

$$\xi_i dx_i - d\phi = \left(\xi_i \frac{\partial x_i}{\partial \theta} - \frac{\partial \phi}{\partial \theta} \right) d\theta + \left(\xi_i \frac{\partial x_i}{\partial p_k} - \frac{\partial \phi}{\partial p_k} \right) dp_k =$$

$$= \mathcal{H} \, d\theta + \left(\xi_i \frac{\partial x_i}{\partial p_k} - \frac{\partial \phi}{\partial p_k} \right) dp_k \, ;$$

oder, wenn man

$$P_k = \xi_i \frac{\partial x_i}{\partial p_k} - \frac{\partial \phi}{\partial p_k}$$

setzt,

$$\xi_i dx_i = d\phi + \mathcal{H} \, d\theta + P_k dp_k . \qquad (5.55)$$

Man differenziere den Ausdruck für P_k nach θ und wende (5.49), (5.50), und (5.51) an. In dieser Rechnung möge ausnahmsweise ein übergesetzter Punkt partielle Differentiation nach θ andeuten. Dann wird

$$\dot{P}_k = \dot{\xi}_i \frac{\partial x_i}{\partial p_k} + \xi_i \frac{\partial \dot{x}_i}{\partial p_k} - \frac{\partial \dot{\phi}}{\partial p_k} =$$

$$= - \left\{ \frac{\partial \mathcal{H}}{\partial x_i} + \frac{\partial \mathcal{H}}{\partial \phi} \xi_i \right\} \frac{\partial x_i}{\partial p_k} + \xi_i \frac{\partial}{\partial p_k} \frac{\partial \mathcal{H}}{\partial \xi_k} - \frac{\partial}{\partial p_k} \left\{ \xi_i \frac{\partial \mathcal{H}}{\partial \xi_i} - \mathcal{H} \right\} .$$

Weiter unter Berücksichtigung der Definition von P_k gilt

$$\dot{P}_k = - \frac{\partial \mathcal{H}}{\partial \phi} \left\{ \xi_i \frac{\partial x_i}{\partial p_k} - \frac{\partial \phi}{\partial p_k} \right\} - \frac{\partial \mathcal{H}}{\partial \phi} \frac{\partial \phi}{\partial p_k} - \frac{\partial \mathcal{H}}{\partial x_i} \frac{\partial x_i}{\partial p_k} +$$

$$+ \xi_i \frac{\partial}{\partial p_k} \frac{\partial \mathcal{H}}{\partial \xi_k} - \xi_i \frac{\partial}{\partial p_k} \frac{\partial \mathcal{H}}{\partial \xi_i} - \frac{\partial \mathcal{H}}{\partial \xi_i} \frac{\partial \xi_i}{\partial p_k} + \frac{\partial}{\partial p_k} \mathcal{H} =$$

$$= - \frac{\partial \mathcal{H}}{\partial \phi} \, P_k - \frac{\partial \mathcal{H}}{\partial \phi} \, \frac{\partial \phi}{\partial p_k} - \frac{\partial \mathcal{H}}{\partial x_i} \, \frac{\partial x_i}{\partial p_k} - \frac{\partial \mathcal{H}}{\partial \xi_i} \, \frac{\partial \xi_i}{\partial p_k} +$$

$$+ \frac{\partial \mathcal{H}}{\partial \xi_i} \, \frac{\partial \xi_i}{\partial p_k} + \frac{\partial \mathcal{H}}{\partial x_i} \, \frac{\partial x_i}{\partial p_k} + \frac{\partial \mathcal{H}}{\partial \phi} \, \frac{\partial \phi}{\partial p_k} \; ,$$

und daraus folgt

$$\frac{d}{d\theta} \, P_k + \frac{\partial \mathcal{H}}{\partial \phi} \, P_k = 0 \; . \tag{5.56}$$

Die linearen Differentialgleichungen (5.54) und (5.56) ergeben unmittelbar die folgenden Ausdrücke für $\widetilde{\mathcal{H}}$ und $\overset{\vee}{P}_k$

$$\widetilde{\mathcal{H}} = \mathcal{H}^0 \exp \left\{ - \int_0^\theta \frac{\partial \widetilde{\mathcal{H}}}{\partial \phi} \, d\theta \right\} \tag{5.57}$$

und

$$\overset{\vee}{P}_k = P_k^0 \exp \left\{ - \int_0^\theta \frac{\partial \widetilde{\mathcal{H}}}{\partial \phi} \, d\theta \right\} \; , \tag{5.58}$$

wobei $\mathcal{H}^0$ und P_k^0 die Werte von $\widetilde{\mathcal{H}}$ und $\overset{\vee}{P}_k$ für $\theta = 0$ sind.

Wenn man (5.49) mit ξ_i multipliziert und (5.51) subtrahiert, erhält man die Relation

$$\xi_i \, \frac{\partial \overset{\vee}{x}_i}{\partial \theta} = \frac{\partial \overset{\vee}{\phi}}{\partial \theta} + \mathcal{H} \; . \tag{5.59}$$

Setzen wir voraus, daß längs der Kurven, welche durch diese Lösungsschar gegeben sind, $\frac{\partial \mathcal{H}}{\partial \phi}$ stetig bleibt, so können wir schließen:

Sind die Anfangswerte der Funktionen $\widetilde{\mathcal{H}}$ und $\overset{\vee}{P}_k$ für $\theta = 0$ gegeben durch $\mathcal{H}^0 = 0$, $P_k^0 = 0$, so ist für jedes θ , $\widetilde{\mathcal{H}} = 0$ und $\overset{\vee}{P}_k = 0$, also auch nach (5.59),

$$\xi_i \, dx_i = d\phi \; .$$

Wenden wir das Ergebnis auf die vorige zweiparametrige Lösungsschar an. Wir hatten für $\theta = 0$, $\phi = 0$ gesetzt und die ξ_i^0 so gewählt, daß

$$\mathcal{H}^0 (\xi^0, x^0, \theta) = 0 \tag{5.60}$$

war. Hier treten p und q an die Stelle von p_1 und p_2 , P und Q an die von P_1 und P_2 .

Es ist dann definitionsgemäß

$$p^0 = \xi_i^0 \, \frac{\partial x_i^0}{\partial p} - \frac{\partial \phi}{\partial p} = \xi_i^0 \, \frac{\partial x_i^0}{\partial p} = 0 \; ,$$

$$Q^0 = \xi_i^0 \, \frac{\partial x_i^0}{\partial q} - \frac{\partial \phi}{\partial q} = \xi_i^0 \, \frac{\partial x_i^0}{\partial q} = 0 \; ,$$

also sind stets $\mathcal{K}$, P und Q gleich null und weiter nach (5.59) $\xi_i \, dx_i = d\phi$. Drückt man jetzt p und q durch x aus, d.h. ϕ und ξ durch x , so besagt diese Beziehung $\xi = \mathrm{grad}_x \, \phi$. Damit ist nachgewiesen, daß für die angenommene Fläche stets gilt

$$\mathcal{K}(\xi, x, \phi) = 0 \quad \text{mit} \quad \xi = \mathrm{grad}_x \, \phi \ .$$

5.4.3. Nähere Ausführungen für infinitesimale Bewegungen. Huygenssches Prinzip

Wir wollen diese Cauchysche Integrationsmethode durch ein einfaches Beispiel illustrieren. Es sei

$$\mathcal{K} = \mathcal{K} \, (\xi) \quad \text{mit} \quad \xi = \mathrm{grad}_x \, \phi$$

unabhängig von x und ϕ . Dieser Fall liegt in der Theorie infinitesimaler Bewegungen in einem homogenen Medium vor, wo die Energiedichte quadratisch in den a_{ij} ist. Wenn

$$\frac{\partial \mathcal{K}}{\partial \xi_j} = \mathcal{K}_j$$

gesetzt wird, so hat das Differentialgleichungssystem (5.49), (5.50), (5.51) die Gestalt

$$\frac{dx_j}{d\theta} = \mathcal{K}_j \ , \quad j = 1,2,3 \ , \tag{5.61}$$

$$\frac{d\xi_j}{d\theta} = 0 \quad , \quad j = 1,2,3 \ , \tag{5.62}$$

$$\frac{d\phi}{d\theta} = \xi_j \, \mathcal{K}_j - \mathcal{K} \ . \tag{5.63}$$

Aus (5.62) folgt $\xi = \xi^0$, also auch $\mathcal{K} = \mathcal{K} \, (\xi^0) := \mathcal{K}^0$ und $\mathcal{K}_j = \mathcal{K}_j(\xi^0) := \mathcal{K}_j^0$, $j = 1,2,3$. Daher ändert sich der Normalenvektor ξ längs eines Strahls nicht, und daraus folgt, daß $\mathcal{K}$ längs eines Strahls konstant bleibt.

Weiter ergibt sich aus (5.61) und (5.63)

$$x_j = x_j^0 + \mathcal{K}_j^0 \theta \ , \quad j = 1,2,3 \ ,$$

$$\phi = \phi^0 + (\xi_j^0 \, \mathcal{K}_j^0 - \mathcal{K}^0)\theta \ .$$

Für die Anfangswerte gilt $\phi^0 = 0$ und $\mathcal{K}^0 = 0$, woraus sich

$$x_j = x_j^0 + \mathcal{K}_j^0 \theta \ , \quad j = 1,2,3 \ , \tag{5.64}$$

$$\xi = \xi^0 \ , \tag{5.65}$$

$$\phi = (\xi_j^0 \, \mathcal{K}_j^0)\theta \tag{5.66}$$

ergibt. Aus (5.64) ersieht man, daß der Strahl eine Gerade ist. Für
die Wellenfläche zur Zeit t ist $\phi = t$ zu setzen. Wegen

$$\kappa^0 u^0_j = \mathcal{H}^0_j \quad \text{mit} \quad \kappa^0 = \xi^0_j \mathcal{H}^0_j$$

erhält man (vgl. (5.48)) $t = \kappa^0 \theta$ und nach (5.64) und (5.66)

$$x_j = x^0_j + \left(\mathcal{H}^0_j / (\xi^0_j \mathcal{H}^0_j) \right) t = x^0_j + (\kappa^0 u_j / \kappa^0) t \ ,$$

d.h.

$$x = x^0 + ut \ . \tag{5.67}$$

Danach können wir uns den Mechanismus der Wellenfortpflanzung durch
die folgende einfache Konstruktion veranschaulichen. Die Wellenfläche
W_0 zur Zeit $t = 0$ sei vorgegeben. In jedem ihrer Punkte können
Normalenvektor ξ^0 und Strahlenvektor u^0 konstruiert werden (vgl.
Abb. 16).

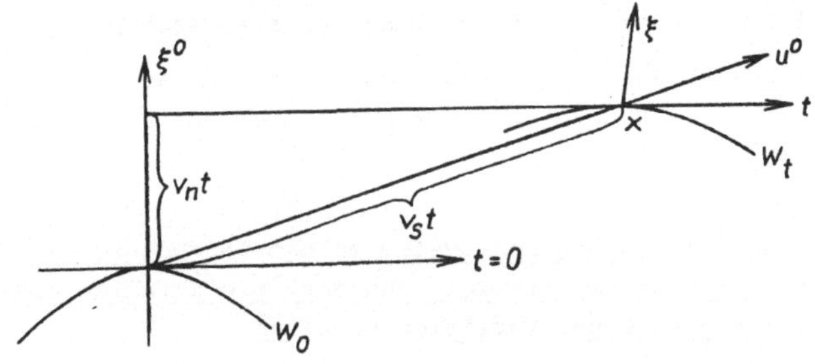

Abb. 16

Der dem Punkt x^0 auf W_0 entsprechende Punkt x auf W_t ergibt
sich durch Translation um die Länge $|u|t$ in Richtung des Strahlen-
vektors u ; Länge und Richtung des Normalenvektors bleiben erhalten.
Daher ist die Tangentialebene in x parallel zu der in x^0 ; der Ab-
stand der beiden Ebenen ist $v_n t$, denn v_n ist die Projektion der
Strahlgeschwindigkeit auf den Normalenvektor. So erhält man die folgenden beiden einander dual entsprechenden Erzeugungsarten der Wellenfläche:

i) Man verschiebe jeden Punkt der Wellenfläche zur Zeit $t = 0$ in
der Strahlrichtung um $v_s t$, $v_s = |u|$. Die erhaltenen Punkte bilden
die Wellenfläche zur Zeit t .

ii) Man verschiebe jede Tangentialebene der Wellenfläche zur Zeit
$t = 0$ in der Normalenrichtung um $v_n t$; die erhaltenen Ebenen um-
hüllen die Wellenfläche zur Zeit t .

Der Verlauf der fortschreitenden Wellenfläche W_t kann schließlich
noch mit Hilfe des Huygensschen Prinzips beschrieben werden, welches
die Bedeutung der Strahlenfläche ins rechte Licht setzt. Es sei wieder $\mathcal{K}^*(u) = 0$ die Gleichung der Strahlenfläche zur Zeit t . Im
Hinblick auf (5.67) kann man diese nun in der Form

$$\mathcal{K}^*\left(\frac{x - x^0}{t}\right) = 0 \tag{5.68}$$

schreiben. In laufenden Koordinaten x_1 , x_2 , x_3 und für festes t
ist dies die Gleichung einer dem Punkte x^0 der Wellenfläche W_0
zugeordneten Fläche. Nach Abschnitt 4.3. ist $\xi'du = 0$, d.h., der
Normalenvektor $\xi = \xi^0$ steht senkrecht zur Strahlenfläche und damit
senkrecht zur Tangentialebene der Fläche (5.68) im Punkte x von
W_t . Da W_t in diesem Punkte dieselbe Tangentialebene hat, ergibt
sich W_t als die Einhüllende der Flächenschar (5.68) für einen festen Wert von t ; die Koordinaten der Punkte x^0 auf W_0 sind die
Scharparameter. Dies ist in der Tat das klassische Huygenssche Prinzip für Wellenbewegungen in einem homogenen elastischen Medium.

Ist z.B. die Wellenfläche W_0 eine Kugel und sind auch die Flächen
(5.68) Kugeln um die Punkte x^0 mit konstantem Radius, so ist auch
W_t eine Kugel.

5.5. Übergang vom kanonischen System zu den Lagrangeschen gewöhnlichen Differentialgleichungen: Die Strahlen als die Extremalen eines Variationsproblems

5.5.1. Lagrangesche Gleichungen

Das kanonische System

$$\frac{dx_i}{d\theta} = \frac{\partial \mathcal{K}}{\partial \xi_i} , \qquad i = 1,2,3 , \tag{5.49}$$

$$\frac{d\xi_i}{d\theta} = \frac{\partial \mathcal{K}}{\partial x_i} + \frac{\partial \mathcal{K}}{\partial \phi} \xi_i , \quad i = 1,2,3 , \tag{5.50}$$

$$\frac{d\phi}{d\theta} = \xi_i \frac{\partial \mathcal{K}}{\partial \xi_i} - \mathcal{K} \tag{5.51}$$

von gewöhnlichen Differentialgleichungen erster Ordnung gestattet es,
die Funktionen x_j , ξ_j und ϕ längs eines Strahls zu verfolgen.
Wir wollen nun ein System von Differentialgleichungen aufstellen,
durch das der Strahl allein bestimmt wird. Dies entspricht der Elimination der ξ_j aus dem kanonischen System, wodurch dann die Ordnung der Differentialgleichungen für die noch übrigen Variablen er-
höht wird. Wir wollen ein System von Differentialgleichungen zweiter

Ordnung aufstellen, das ξ_j nicht mehr enthält. Dazu führen wir anstelle von x_j , ξ_j , ϕ die Größen

$$x_j \; , \quad \frac{dx_j}{d\theta} = \dot{x}_j \; , \quad \phi$$

als neue Unbekannte ein. Sodann bilden wir die Lagrangesche Funktion

$$\mathcal{L} = \xi_j \, \mathcal{H}_j - \mathcal{H} \; , \tag{5.69}$$

wo wieder

$$\mathcal{H}_j = \partial \mathcal{H} / \partial \xi_j \tag{5.70}$$

gesetzt wird. Dies $\mathcal{L}$ ist eine Funktion von ξ_j , x_j und ϕ . Jetzt führen wir die Ableitungen der x_j längs eines Strahls

$$\dot{x}_j = dx_j / d\theta$$

statt der ξ_j als neue unabhängige Variable ein; die entsprechenden Transformationsformeln werden durch die drei Gleichungen (5.49) des kanonischen Systems geliefert. Lösen wir dieses System nach den ξ_j auf, so möge sich $\xi_j = \xi_j(\dot{x}, x, \phi)$ ergeben. Werden diese Ausdrücke in $\mathcal{L}$ eingesetzt, so geht $\mathcal{L}$ über in

$$\mathcal{L} = \widetilde{\mathcal{L}} \; (\dot{x}, \; x, \; \phi) \; .$$

Um die Differentialgleichungen (5.50) und (5.51) als solche in den Variablen $\dot{x}$, x , ϕ schreiben zu können, benötigen wir die Differentialquotienten von $\mathcal{L}$ bezüglich der neuen Variablen. Nach (5.69) ist

$$\frac{\partial \mathcal{L}}{\partial \dot{x}_j} = \frac{\partial}{\partial \dot{x}_j} \, \mathcal{L} \, \big(\xi(\dot{x},x,\phi), \; x, \; \phi \big) = \frac{\partial \mathcal{L}}{\partial \xi_k} \frac{\partial \xi_k}{\partial \dot{x}_j} =$$

$$= \{ \frac{\partial \mathcal{H}}{\partial \xi_k} + \xi_m \frac{\partial^2 \mathcal{H}}{\partial \xi_m \partial \xi_k} - \frac{\partial \mathcal{H}}{\partial \xi_k} \} \frac{\partial \xi_k}{\partial \dot{x}_j} = \xi_m \frac{\partial^2 \mathcal{H}}{\partial \xi_m \partial \xi_k} \frac{\partial \xi_k}{\partial \dot{x}_j} \; .$$

Auf Grund von (5.49) hat man

$$\dot{x}_j = \partial \mathcal{H} / \partial \xi_j \; ,$$

also

$$\frac{\partial \dot{x}_j}{\partial \xi_k} = \frac{\partial^2 \mathcal{H}}{\partial \xi_j \partial \xi_k} \; ,$$

woraus

$$\frac{\partial \mathcal{L}}{\partial \dot{x}_j} = \xi_j \tag{5.71}$$

folgt. Weiter haben wir

$$\frac{\partial \mathcal{L}}{\partial x_j} = \frac{\partial \xi_m}{\partial x_j} \frac{\partial \mathcal{H}}{\partial \xi_m} + \xi_m \frac{\partial^2 \mathcal{H}}{\partial \xi_k \partial \xi_m} \frac{\partial \xi_k}{\partial x_j} + \xi_m \frac{\partial^2 \mathcal{H}}{\partial \xi_m \partial x_j} - \frac{\partial \mathcal{H}}{\partial \xi_m} \frac{\partial \xi_m}{\partial x_j} - \frac{\partial \mathcal{H}}{\partial x_j} =$$

$$= \xi_m \left(\frac{\partial^2 \mathcal{H}}{\partial \xi_k \partial \xi_m} \frac{\partial \xi_k}{\partial x_j} + \frac{\partial^2 \mathcal{H}}{\partial \xi_m \partial x_j} \right) - \frac{\partial \mathcal{H}}{\partial x_j} = \xi_m \frac{\partial}{\partial x_j} \frac{\partial \mathcal{H}}{\partial \xi_m} - \frac{\partial \mathcal{H}}{\partial x_j} =$$

$$= \xi_m \frac{\partial}{\partial x_j} \dot{x}_m - \frac{\partial \mathcal{H}}{\partial x_j} = - \frac{\partial \mathcal{H}}{\partial x_j} \, ,$$

weil ja $\dot{x}_m$ als unabhängige Variable aufzufassen ist, so daß $\frac{\partial}{\partial x_j} \dot{x}_m$ verschwindet. Es ist daher

$$\frac{\partial \mathcal{L}}{\partial x_j} = - \frac{\partial \mathcal{H}}{\partial x_j} \, . \tag{5.72}$$

Analog folgt

$$\frac{\partial \mathcal{L}}{\partial \phi} = - \frac{\partial \mathcal{H}}{\partial \phi} \, . \tag{5.73}$$

Die Differentialgleichungen lassen sich also schreiben

$$\frac{d}{d\theta} \left(\frac{\partial \mathcal{L}}{\partial \dot{x}_j} \right) = \frac{\partial \mathcal{L}}{\partial x_j} + \frac{\partial \mathcal{L}}{\partial \dot{x}_j} \frac{\partial \mathcal{L}}{\partial \phi} \, , \tag{5.74}$$

$$\frac{d\phi}{d\theta} = \mathcal{L} \, . \tag{5.75}$$

Wie das kanonische System bestimmt ist durch die Funktion $\mathcal{H}$, so ist das Lagrangesche bestimmt durch die Funktion $\mathcal{L}$. Von jedem kanonischen System kommen wir sofort zu einem Lagrangeschen System, indem wir nach (5.69) die Funktion $\mathcal{L}$ bilden und dann nach

$$\dot{x}_j = \mathcal{H}_j(\xi, x, \phi) \tag{5.76}$$

durch $\dot{x}$, x , ϕ ausdrücken.

Umgekehrt können wir vom Lagrangeschen System auch sofort zum entsprechenden kanonischen übergehen, denn nach (5.69) ist

$$\mathcal{H} = \xi_j \mathcal{H}_j - \mathcal{L} \, ,$$

und nach (5.71), (5.72), (5.73) folgt somit

$$\mathcal{H} = \dot{x}_j \frac{\partial \mathcal{L}}{\partial \dot{x}_j} - \mathcal{L} \, . \tag{5.77}$$

Drückt man nach (5.76) noch x durch ξ aus, so hat man $\mathcal{H}$ als Funktion von (ξ, x, ϕ) .

5.5.2. Zugehöriges Variationsproblem

Die soeben abgeleiteten Lagrangeschen Gleichungen erweisen sich als die Eulerschen Gleichungen eines Variationsproblems, in der Tat die

eines allgemeineren als das in Abschnitt 1.1. behandelte Hamiltonsche. Dort war die Lagrangesche Funktion $\mathcal{L}$ von ϕ unabhängig und
daher $\partial \mathcal{L}/\partial\phi = 0$, so daß das System (5.74), (5.75) in der klassischen Form

$$\frac{d}{d\theta}\left(\frac{\partial\mathcal{L}}{\partial\dot{x}_j}\right) - \frac{\partial\mathcal{L}}{\partial x_j} = 0 \ , \quad \phi = \int_{\theta_1}^{\theta} \mathcal{L}\,(\dot{x},x)\,d\theta$$

erscheint. Dies sind die in Abschnitt 1.1. zuerst auftretenden Gleichungen des Variationsproblems für das Integral ϕ : Die ersten drei
Gleichungen $(j = 1,2,3)$ sind die Bedingungen dafür, daß bei jeder
Variation der Funktionen $x_j(\theta)$ die Variation $\delta\phi$ verschwindet.
Die jetzt vorliegenden Gleichungen (5.74) sind die Bedingungen dafür,
daß das Funktional, dessen Variation verschwinden soll, nicht mehr
durch eine einfache Quadratur bestimmt ist, sondern als Lösung der
gewöhnlichen Differentialgleichung (5.75), d.i.

$$\frac{d\phi}{d\theta} = \mathcal{L}\,(\dot{x},\ x,\ \phi)\ , \tag{5.78}$$

und zwar zu der Anfangsbedingung $\phi(\theta_1) = \phi^{(1)}$.

Nun zur genauen Formulierung des verallgemeinerten Variationsproblems.
Es sei $x = x(\theta)$ die Parameterdarstellung des gesuchten Kurvenbogens
C mit dem Anfangspunkt $x^{(1)} = x(\theta_1)$. Wir betrachten Variationen
von C , die durch $x^{(1)}$ und $x^{(2)} = x(\theta_2)$ hindurchgehen, so daß
die Variationen der Vektorfunktion $x(\theta)$ für $\theta = \theta_1$ und θ_2 verschwinden, d.i.

$$\delta x^{(1)} = 0 \ , \quad \delta x^{(2)} = 0 \ . \tag{5.79}$$

Wenn $\phi = \phi(\theta)$ die Lösung von (5.78) längs C ist, so soll die Lösung von (5.78) längs einer variierten Kurve mit $\phi + \delta\phi$ bezeichnet
werden. Das Problem ist, die Kurve C , d.h. die Vektorfunktion
$x(\theta)$, derart zu bestimmen daß, wenn $\phi^{(1)} = \phi(\theta_1)$ gilt und
$\delta\phi^{(1)} = 0$ ist, auch die Variation der Funktion ϕ am Endpunkt $x^{(2)}$
von C verschwindet. Das heißt, wenn $\phi(\theta_2) = \phi^{(2)}$ ist, so soll
auch $\delta\phi^{(2)} = 0$ sein.

Dazu wollen wir aus der Gleichung (5.78) für ϕ eine lineare Differentialgleichung für $\delta\phi$ herleiten, indem wir unter der Annahme, daß
$\delta\left(\frac{d\phi}{d\theta}\right) = \frac{d}{d\theta}(\delta\phi)$ ist, auf beiden Seiten von (5.78) die Operation δ
anwenden:

$$\frac{d}{d\theta}(\delta\phi) = \frac{\partial\mathcal{L}}{\partial\dot{x}_j}\,\delta\dot{x}_j + \frac{\partial\mathcal{L}}{\partial x_j}\,\delta x_j + \frac{\partial\mathcal{L}}{\partial\phi}\,\delta\phi \ . \tag{5.80}$$

Im Hinblick auf (5.71), (5.72), (5.73) geht die Gleichung (5.80) über in

$$\frac{d}{d\theta}(\delta\phi) = \xi_j \delta\dot{x}_j - \frac{\partial \mathcal{K}}{\partial x_j} \delta x_j - \frac{\partial \mathcal{K}}{\partial \phi} \delta\phi \ .$$

Genügt die Ausgangslinie den sieben Differentialgleichungen (5.49), (5.50) und (5.51), so ist

$$- \frac{\partial \mathcal{K}}{\partial x_j} = - \dot{\xi}_j + \frac{\partial \mathcal{K}}{\partial \phi} \xi_j$$

und daher

$$\frac{d}{d\theta}(\delta\phi) = \xi_j \delta\dot{x}_j + \dot{\xi}_j \delta x_j + \frac{\partial \mathcal{K}}{\partial \phi} \xi_j \delta x_j - \frac{\partial \mathcal{K}}{\partial \phi} \delta\phi =$$

$$= \frac{d}{d\theta}(\xi_j \delta x_j) + \frac{\partial \mathcal{K}}{\partial \phi} (\xi_j \delta x_j - \delta\phi) \ .$$

Somit ergibt sich für den Fall, daß die Ausgangskurve Lösungskurve jener sieben Differentialgleichungen ist, zur Ermittlung des $\delta\phi$ für eine beliebige Nachbarkurve

$$\frac{d}{d\theta}(\delta\phi - \xi_j \delta x_j) + \frac{\partial \mathcal{K}}{\partial \phi} (\delta\phi - \xi_j \delta x_j) = 0 \ .$$

Daraus folgt

$$(\delta\phi - \xi_j \delta x_j)^{(2)} = (\delta\phi - \xi_j \delta x_j)^{(1)} \exp \left\{ - \int_{\theta_1}^{\theta_2} \frac{\partial \mathcal{K}}{\partial \phi} \, d\theta \right\} \ . \qquad (5.81)$$

Berücksichtigt man (5.79), so hat man schließlich

$$\delta\phi_2 = \delta\phi_1 \exp \left\{ - \int_{\theta_1}^{\theta_2} \frac{\partial \mathcal{K}}{\partial \phi} \, d\theta \right\} \ .$$

Aus $\delta\phi^{(1)} = 0$ folgt also $\delta\phi^{(2)} = 0$. Hieraus sieht man, daß die Kurve C , für die die sieben Gleichungen des kanonischen Systems (5.49), (5.50), (5.51) erfüllt sind, in der Tat eine Extremale des verallgemeinerten Variationsproblems darstellt. Denn für jeden, in Schranken beliebigen Punkt $x(\theta)$ auf G ist die Variationsbedingung $\delta\phi = 0$ erfüllt; man hat nur θ_2 durch θ zu ersetzen.

5.5.3. Beziehung zum Unabhängigkeitssatz

Das vorstehende Ergebnis steht und fällt mit der Formel (5.81). Wir wollen zeigen, daß diese mit dem Unabhängigkeitssatz identisch ist. Denken wir uns eine beliebige Schar von Lösungen

$$x_j = x_j(\theta, p_1, \ldots, p_n)$$

des Lagrangeschen Gleichungssystems vorgegeben, die von den Parametern

$p_1, \ldots, p_n$ abhängen. Wir erklären jetzt als Variation der x_j eine Variation der Parameter $p_1, \ldots, p_n$, und δ möge die Differentialbildung nach $p_1, \ldots, p_n$ andeuten. Setzt man

$$P_k = \xi_j \frac{\partial x_j}{\partial p_k} - \frac{\partial \phi}{\partial p_k}$$

und $\lambda = \exp\left\{\int\limits_0^\theta \frac{\partial \mathcal{H}}{\partial \phi} \, d\theta\right\}$, so folgt aus (5.81)

$$(\lambda P_k)^{(2)} = (\lambda P_k)^{(1)} \ ,$$

was mit (5.58) identisch ist.

Die vorstehenden Betrachtungen zeigen, daß die Strahllinien die Extremalen eines gewissen Variationsproblems sind; dieses hat schon ungefähr die Form eines Satzes von der schnellsten Ankunft, da ϕ längs eines Strahls die Zeit des Eintreffens der Welle mißt. Die Verhältnisse aber liegen im allgemeinen Fall nicht so einfach. Wir wollen das Variationsproblem in dem Falle, daß $\mathcal{H}$ oder $\mathcal{L}$ unabhängig von ϕ ist, durch ein geometrisches Variationsproblem ersetzen, welches dann tatsächlich die Form des Fermatschen Prinzips hat.

5.6.   Geometrische Variationsprobleme

5.6.1. Strahlen als Lösungen der Lagrangeschen Gleichungen

Für die folgende Betrachtung nehmen wir an, daß $\mathcal{L} = \mathcal{L}(\dot{x},x)$ und daher auch

$$\mathcal{H} = \mathcal{H}(\xi,x) = \dot{x}_j \frac{\partial \mathcal{L}}{\partial \dot{x}} - \mathcal{L} \tag{5.82}$$

von ϕ unabhängig ist. Diese Forderung wird z.B. im Falle einer infinitesimalen Bewegung (vgl. 5.4.3.) erfüllt sein. Eine Strahlenlinie wird gegeben durch eine Kurve (Vektorfunktion) $x = x(\theta)$, für die das Integral über ein in Schranken beliebiges Intervall

$$J = \int\limits_{\theta_0}^{\theta_1} \mathcal{L}(\dot{x},x) \, d\theta \ , \quad \dot{x} = \frac{dx}{d\theta} \tag{5.83}$$

einen Extremwert annimmt, also eine Extremale des Variationsproblems $\delta J = 0$ ist. Die Komponenten x_i von x müssen demnach den Lagrangeschen Gleichungen

$$L_j = \frac{d}{d\theta}\left(\frac{\partial \mathcal{L}}{\partial \dot{x}_j}\right) - \frac{\partial \mathcal{L}}{\partial x_j} = 0 \ , \quad j = 1,2,3 \ , \tag{5.84}$$

genügen.

10 Herglotz, Mechanik

Ein Integral dieser Gleichungen läßt sich sofort angeben: Multipliziert man (5.84) mit $\dot{x}_j$ und summiert dann über j , so folgt

$$\dot{x}_j \frac{d}{d\theta} \left(\frac{\partial\mathcal{L}}{\partial x_j}\right) - \dot{x}_j \frac{\partial\mathcal{L}}{\partial x_j} = \frac{d}{d\theta} \dot{x}_j \left(\frac{\partial\mathcal{L}}{\partial \dot{x}_j}\right) - \ddot{x}_j \frac{\partial\mathcal{L}}{\partial \dot{x}_j} - \dot{x}_j \frac{\partial\mathcal{L}}{\partial x_j} =$$

$$= \frac{d}{d\theta} \left(\dot{x}_j \frac{\partial\mathcal{L}}{\partial \dot{x}_j} - \mathcal{L} \right) = 0 .$$

Damit haben wir die Relation

$$\dot{x}_j \frac{\partial\mathcal{L}}{\partial \dot{x}_j} - \mathcal{L} = h = \text{const} , \tag{5.85}$$

welche nur noch die ersten Ableitungen der Funktionen $x_j(\theta)$ enthält, also ein Integral von (5.84) darstellt.

Um aus der Vielfalt der Extremalen von $\delta J = 0$ die Strahlen auszu-
sondern, benötigen wir eine weitere Bedingung. Im Hinblick auf (5.82)
kann man (5.85) in der Form $\mathcal{H}(\xi,x) = h$ schreiben, wenn man $\xi_j =$
$= \partial\mathcal{L}/\partial\dot{x}_j$ setzt. Es liegt daher nahe, die Extremalen in Klassen Γ_h
einzuteilen. Wir werden sehen, daß Γ_0 die Klasse der Strahlen ist.

5.6.2. Geometrisches Variationsproblem

Das Integral J der Form (5.83) kann nur dann mit Bezug auf die
Kurve $x = x(\theta)$ geometrisch von Bedeutung sein, wenn es von der Wahl
des Kurvenparameters (Integrationsvariablen) θ unabhängig ist. Im
allgemeinen ist das nicht der Fall. Führt man den neuen Parameter τ
durch die Substitution $\theta = f(\tau)$ ein, wobei f eine differenzierbare, monoton zunehmende (also umkehrbare) Funktion von τ ist, und
setzt man $x(f(\tau)) = x(\tau)$, so folgt, wenn $f(\theta_0) = \tau_0$, $f(\theta_1) = \tau_1$
gesetzt wird:

$$J = \int_{\theta_0}^{\theta_1} \mathcal{L}\left(\frac{dx}{d\theta} , x(\theta)\right) d\theta = \int_{\tau_0}^{\tau_1} \mathcal{L}\left(\frac{d\breve{x}(\tau)}{df(\tau)} , \breve{x}(\tau)\right) df(\tau) =$$

$$= \int_{\tau_0}^{\tau_1} \mathcal{L}\left(\frac{d\breve{x}(\tau)}{d\tau} \frac{1}{f'(\tau)} , \breve{x}(\tau)\right) f'(\tau) d\tau .$$

Dies wird im allgemeinen verschieden von $\tilde{J} = \displaystyle\int_{\tau_0}^{\tau_1} \mathcal{L}\left(\frac{dx}{d\tau} , x(\tau)\right) d\tau$

ausfallen. Wenn nun aber die Funktion $\mathcal{L}(\dot{x},x)$ homogen (oder positiv homogen) vom ersten Grade ist, d.h. wenn für jedes reelle ρ
(oder nur für jedes nichtnegative ρ)

$$\mathcal{L}(\rho\dot{x}, x) = \rho\mathcal{L}(\dot{x}, x) \tag{5.86}$$

gilt, dann wird in der Tat $\tilde{J} = J$, da nach Voraussetzung im Intervall $\tau_0 \leq \tau \leq \tau_1$ die Ableitung $f'(\tau) > 0$ ist. Unter der Annahme (5.86) ist das Integral J von der Wahl der Integrationsvariablen unabhängig, und das Variationsproblem $\delta J = 0$ wird daher ein geometrisches Variationsproblem genannt. Wir bemerken, daß in diesem Falle mit $x(\theta)$ auch $\tilde{x}(\tau) = x(f(\tau))$ eine Lösung der Lagrangeschen Gleichungen sein muß, die erste mit θ , die zweite mit τ als unabhängiger Veränderlicher: Beide Vektorfunktionen stellen dieselbe Extremale des Variationsproblems dar.

Als Beispiel einer vom ersten Grade positiv-homogenen Funktion nehmen wir $\mathcal{L}(\dot{x}) = (\dot{x}'\,\dot{x})^{\frac{1}{2}}$. Das entsprechende Integral J ist, wie auch immer der Parameter θ gewählt sein möge, ein Ausdruck für die Bogenlänge der Kurve $x = x(\theta)$ zwischen den Punkten $x(\theta_0)$ und $x(\theta_1)$, hat also offensichtlich geometrische Bedeutung. Das dazugehörige geometrische Variationsproblem $\delta J = 0$ hat als Extremalen genau alle ∞^4 Geraden im Raum. Es führt zu den Lagrangeschen Gleichungen

$$\frac{d}{d\theta}\left(\frac{\partial \mathcal{L}(\dot{x})}{\partial \dot{x}_i}\right) = 0 \quad , \quad i = 1,2,3 \ ,$$

wonach

$$\frac{\partial \mathcal{L}}{\partial \dot{x}_i} = \frac{\dot{x}_i}{(\dot{x}'\dot{x})^{\frac{1}{2}}} = c_i = \mathrm{const} \ , \quad c'c = 1 \ ,$$

so daß $\dot{x}_i = c_i \dot{s}$. Wählt man nun die Bogenlänge s als Parameter, dann wird $\dot{x}_i = c_i$, also $x_i = c_i s + k_i$, d.h., die Extremale ist eine Gerade.

Wir kehren nun zurück zum allgemeinen geometrischen Variationsproblem. Unabhängig davon, ob die Lagrangeschen Gleichungen erfüllt sind oder nicht, aus der in 5.6.1. hergeleiteten Identität

$$\dot{x}_j \mathcal{L}_j = \frac{d}{dt}\left(\dot{x}_j \frac{\partial \mathcal{L}}{\partial \dot{x}_j} - \mathcal{L}\right) \tag{5.87}$$

schließen wir, daß $\dot{x}_j \mathcal{L}_j = 0$ sein muß. Differenziert man nämlich die Relation (5.86) nach ρ und setzt dann $\rho = 1$, so erhält man die sogenannte Eulersche Identität

$$\dot{x}_j \frac{\partial \mathcal{L}}{\partial \dot{x}_j} = \mathcal{L}(\dot{x}, x)$$

(die sogar für homogene Funktionen ersten Grades charakteristisch ist).

Daraus folgt erstens, daß die drei Lagrangeschen Ableitungen im Falle einer von erster Ordnung homogenen Funktion $L(\dot{x},x)$ stets linear abhängig sind. Dies läuft darauf hinaus, daß höchstens zwei von ihnen, etwa $\mathcal{L}_1$ und $\mathcal{L}_2$, linear unabhängig sind, so daß, wenn $\mathcal{L}_1 = 0$ und $\mathcal{L}_2 = 0$ erfüllt sind, automatisch $\mathcal{L}_3 = 0$ ist. Die allgemeine Lösung des Problems ergibt sich also durch Integration von höchstens zwei Differentialgleichungen zweiter Ordnung; sie hängt daher von höchstens vier willkürlichen Integrationskonstanten ab. Im allgemeinen erwarten wir daher für ein geometrisches Variationsproblem ∞^4 Extremalen, wie wir es im Falle des obigen Beispiels bestätigt fanden.

Zweitens sehen wir, daß die in (5.85) eingeführte Konstante h den Wert Null bekommt. Wenn also die Strahlen die Extremalen eines geometrischen Variationsproblems $\delta J = 0$ sind, dann muß die Gleichung $\mathcal{K}(\xi, x) = 0$ bestehen.

5.6.3. Hauptsatz über geometrische Variationsprobleme

Die Extremalen eines allgemeinen Variationsproblems werden durch die Euler-Lagrangeschen Gleichungen, drei gewöhnliche Differentialgleichungen zweiter Ordnung, bestimmt. Die allgemeine Lösung eines solchen Systems hängt ab von sechs Konstanten. Da der Parameter θ in $\mathcal{L}$ nicht explizit auftritt, ist mit $x(\theta)$ immer auch $x(\theta + k)$ eine Lösung, wenn k eine beliebige Konstante bedeutet, und weil diese Lösungen für alle k dieselbe Extremale darstellen, haben wir ∞^5 Extremalen des Variationsproblems zu erwarten. Die Teilmenge (Klasse) Γ_h derjenigen Extremalen, für welche die in (5.85) eingeführte Konstante. h einen bestimmten Wert hat, wird daher eine vier-parametrige Schar bilden. Die vorangehende Betrachtung legt den folgenden Satz nahe:

Gegeben sei das allgemeine Variationsproblem $\delta J = \delta \int_{\theta_0}^{\theta_1} \mathcal{L}(\dot{x}, x)\, d\theta = 0$.

Die zu festem h gehörigen ∞^4 Extremalen der Klasse Γ_h dieses Problems sind die Extremalen eines geometrischen Variationsproblems

$$\delta J^{(h)} = \delta \int_{\theta_0}^{\theta_1} \mathcal{L}^{(h)}(\dot{x}, x)\, d\theta.$$

Wir werden diesen Satz beweisen unter der Voraussetzung, daß die durch die Gleichung

$$\mathcal{K}\left(\frac{\partial \mathcal{L}(y, x)}{\partial y}, x\right) = h$$

für festes x im y-Raum gegebene Fläche konvex ist.

I. Ein Hilfssatz über homogene Funktionen

Es seien $\underline{C}$: y = g(u,v) eine konvexe Fläche (u , v Flächenpara-
meter) und f(y) eine zunächst nur auf $\underline{C}$ definierte und dort differenzierbare Funktion (d.h., f(g(u,v)) ist nach u und v differenzierbar). Wir wollen zeigen, daß man diese Funktion f(y) von der
Fläche weg so in den Raum hinein fortsetzen kann, daß sie vom ersten
Grade homogen wird.

Es seien $z = (z_1, z_2, z_3)$ ein beliebiger Punkt im Raum und y der dem Punkt
z am nächsten liegende Punkt auf der
Fläche $\underline{C}$, der zugleich auf der Geraden
durch O und z liegt, wobei wir an-
nehmen, daß der Ursprung O von der

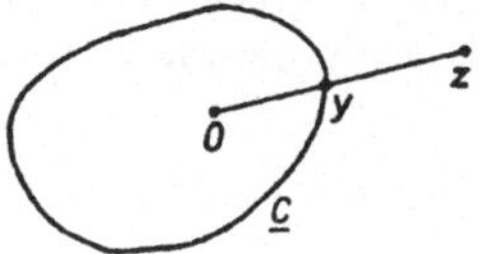

Fläche $\underline{C}$ eingeschlossen ist. Dann gibt es eine (einzige) Funktion
$\lambda = \lambda(z)$ derart, daß

$$z = \lambda(z) \cdot y$$

ist; diese Funktion hat die folgenden Eigenschaften:

(i)   Sie ist vom ersten Grade homogen: für reelle ρ gilt

$$\rho z = \lambda(\rho z) \cdot y \quad \text{und} \quad \rho z = \rho \lambda(z) \cdot y \ ,$$

so daß in der Tat folgt

$$\lambda(\rho z) = \rho \lambda(z) \ .$$

(ii) $\lambda(y) = 1$ für alle $y \in \underline{C}$. Daher ist $\lambda(z) = 1$ eine analytische Darstellung der Fläche $\underline{C}$.

Beachten wir nun, daß $z/\lambda(z) = y$ stets ein Punkt von $\underline{C}$ ist, so
ist leicht zu sehen, daß

$$F(z) = \lambda(z) \ f\left(\frac{z}{\lambda(z)}\right) = \lambda(z) \cdot f(y)$$

eine "homogene Fortsetzung" von f(y) in den Raum hinein darstellt:
es ist nämlich $F(y) = f(y)$, $(y \in \underline{C})$ und

$$F(\rho z) = \lambda(\rho z) \ f\left(\frac{\rho z}{\lambda(\rho z)}\right) = \rho \lambda(z) \ f\left(\frac{z}{\lambda(z)}\right) = \rho F(z) \ .$$

Es gilt also die Eulersche Identität. Ferner bemerken wir, daß gilt

$$\frac{dF(z)}{d\lambda} = f(y) - \lambda \ \frac{\partial \rho}{\partial y_j} \ \frac{z_j}{\lambda^2} = f(y) - y_j \ \frac{\partial f}{\partial y_j} \ . \tag{5.88}$$

II. Beweis des Hauptsatzes

Der Beweis besteht darin, daß wir eine in den Variablen z_j vom
ersten Grade homogene Funktion $\mathcal{L}^{(h)}(z,x)$ konstruieren, für welche

die Extremalen des Integrals $J^{(h)} = \int_{\Theta_0}^{\Theta_1} \mathcal{L}^{(h)}(\dot{x}, x)\, d\Theta$ die Klasse Γ_h

von Extremalen des allgemeinen Variationsproblems $\delta J =$

$$= \delta \int_{\Theta_0}^{\Theta_1} \mathcal{L}(\dot{x}, x)\, d\Theta = 0 \quad \text{bilden.}$$

Wir gehen aus von der Gleichung $\mathcal{K}(\xi, x) = h$, die bei festen x
und h eine gewisse Fläche im ξ-Raum darstellt. Durch die Substitution

$$\xi_j = \frac{\partial}{\partial y_j}\, \mathcal{L}(y, x) \ , \quad j = 1, 2, 3 \ , \tag{5.89}$$

wird jene Fläche im Hinblick auf (5.77) übergeführt in die durch die
Gleichung

$$G_h(y, x) \equiv y_j\, \frac{\partial}{\partial y_j}\, \mathcal{L}(y, x) - \mathcal{L}(y, x) - h = 0 \tag{5.90}$$

beschriebene Fläche, die mit $\underline{C}_h$ bezeichnet werde. Im Falle $h = 0$
steht sie durch die Substitution (5.89) mit der Normalenfläche
$\mathcal{K}(\xi, x) = 0$ in Beziehung.

Wir wollen nun annehmen, daß die Fläche $\underline{C}_h$ konvex ist. Wenn wir
dann die homogene Fortsetzung der Funktion $\mathcal{L}(y, x) + h$ (bei konstantem x) von $\underline{C}_h$ in den Raum hinein bilden, dann erhalten wir die
Funktion

$$\mathcal{L}^{(h)}(\dot{x}, x) = \lambda(\dot{x}, x)\, \left\{\mathcal{L}\left(\frac{\dot{x}}{\lambda(\dot{x}, x)}\, , \ x\right) + h\right\},$$

wo $\lambda = \lambda(\dot{x}, x)$ vom ersten Grade homogen in $\dot{x}$ ist. Auf Grund von
(5.88) finden wir

$$\frac{d}{d\lambda}\, \mathcal{L}^{(h)}(z, x) = \mathcal{L}(y, x) + h - y_j\, \frac{\partial}{\partial y_j}\, \mathcal{L}(y, x) \ , \quad y \in \underline{C}_h \ ,$$

und dies verschwindet mit Rücksicht auf (5.90):

$$\frac{d}{d\lambda}\, \mathcal{L}^{(h)}(\dot{x}, x) = 0 \ . \tag{5.91}$$

Von der vom ersten Grade homogenen Funktion $\mathcal{L}^{(h)}(\dot{x}, x)$ haben wir
zu zeigen, daß die Extremalen des durch sie bestimmten Integrals
$J^{(h)} = \int \mathcal{L}^{(h)}\, d\Theta$ auch Extremalen des Problems $\delta J = 0$ sind. In der
Tat genügen die $J^{(h)}$-Extremalen den Lagrangeschen Gleichungen

$$\mathcal{L}_j^{(h)} \equiv \frac{d}{d\Theta}\left(\frac{\partial}{\partial \dot{x}_j}\, \mathcal{L}^{(h)}(\dot{x}, x)\right) - \frac{\partial \mathcal{L}^{(h)}}{\partial x_j} = 0 \ .$$

Nun ist

$$\frac{\partial}{\partial x_j} \, \mathcal{L}^{(h)} (\dot{x},x) = \frac{\partial \mathcal{L}}{\partial \lambda} \, \frac{\partial \lambda}{\partial x_j} + \lambda \cdot \frac{\partial}{\partial x_j} \, \mathcal{L} \, (\dot{x},x)$$

nach (5.91)

$$= \lambda (\dot{x},x) \, \frac{\partial}{\partial x_j} \, \mathcal{L} \, (\dot{x},x) \, ,$$

wo im letzten Ausdruck die Differentiation nach x_j auszuführen ist,
als ob λ konstant wäre. Ebenso hat man

$$\frac{\partial}{\partial \dot{x}_j} \, \mathcal{L}^{(h)} (\dot{x},x) = \lambda (\dot{x},x) \, \frac{\partial}{\partial \dot{x}_j} \, \mathcal{L} \, (\dot{x},x) \, .$$

Durch eine passende Substitution $\theta = e(\tau)$ können wir nun den neuen
Parameter τ einführen, für den, wenn $x(e(\tau)) = \tilde{x}(\tau)$ ist, die Bedingung $\lambda\left(\tilde{\dot{x}}(\tau), \tilde{x}(\tau)\right) = 1$ besteht. Die in Bezug auf diesen Parameter τ gebildeten Lagrangeschen Ableitungen $\mathcal{L}^{(h)}_{\,j}$ und $\mathcal{L}_{\,j}$
(j = 1,2,3) stimmen dann überein. Damit ist der Satz bewiesen.

5.7.   Bemerkungen über die Grundprinzipien der Mechanik

Wir wollen nun zeigen, daß der oben beschriebene Übergang vom allgemeinen zum geometrischen Variationsproblem, angewandt auf das Hamiltonsche Prinzip der klassischen Mechanik, uns zu dem sogenannten
Maupertuisschen Prinzip der kleinsten Wirkung führt.

Es ist klar, daß die vorangehenden Überlegungen sich ohne weiteres
von drei auf n Koordinaten $x_1,\ldots,x_n$ ausdehnen lassen, so daß x
nun also einen Punkt im n-dimensionalen Raum bezeichnet. Ferner sei
θ die Zeitkoordinate. Bilden wir die Lagrangesche Funktion

$$\mathcal{L}(\dot{x},x) = T(\dot{x},x) - U(x) \, , \tag{5.92}$$

wobei T die kinetische Energie und U die potentielle Energie
seien, so lauten die Lagrangeschen Bewegungsgleichungen nach Kapitel 1.

$$\frac{d}{d\theta} \left(\frac{\partial \mathcal{L}}{\partial \dot{x}_j}\right) - \frac{\partial \mathcal{L}}{\partial x_j} = 0 \, , \quad j = 1,\ldots,n \, , \tag{5.93}$$

und diese Gleichungen sind gerade die Eulerschen Gleichungen des Variationsproblems

$$\delta \int \mathcal{L} \, (\dot{x},x) \, d\theta = 0 \, . \tag{5.94}$$

In dieser Aussage steckt der Kern des Hamiltonschen Prinzips:

Die zu einer möglichen Bewegung gehörigen Funktionen $x_1(\theta),\ldots,x_n(\theta)$
bilden die Extremalen von (5.94) im n-dimensionalen "Phasenraum".
Die Gleichungen (5.93) haben das Integral

$$\dot{x}_j \, \frac{\partial \mathcal{L}}{\partial \dot{x}_j} - \mathcal{L} = const = h \, , \quad (vgl. \, (5.85)). \tag{5.95}$$

Setzen wir in (5.95) für $\mathcal{L}$ seinen Ausdruck (5.92) ein und beachten, daß T homogen quadratisch in $\dot{x}$ ist, so nimmt (5.95) die folgende Gestalt an:

$$T + U = h \ .$$

Diese Gleichung stellt den Satz von der Erhaltung der Energie dar. Nun müssen die Lösungen der Gleichungen (5.93) die zu demselben h gehören, also zu derselben Energiekonstante, sich als Extremalen eines geometrischen Variationsproblems

$$\delta \int \mathcal{L}^*(\dot{x}, x, h) \, d\theta = 0$$

ergeben. Wir heben hervor, daß dieses geometrische Variationsprinzip die Funktionen x_j nicht eindeutig als Funktionen von θ bestimmt, vielmehr erhält man daraus nur die Extremalkurven, aber nicht den zeitlichen Ablauf der Bewegung.

Wir bilden nun die Funktion $\mathcal{L}^* \equiv \mathcal{L}^{(h)}$; weil T homogen quadratisch in $\dot{x}$ ist, haben wir

$$\mathcal{L}^*(\dot{x},x,h) = \lambda \left[\mathcal{L}(\dot{x}/\lambda, x) + h \right] =$$
$$= \lambda \left[\frac{1}{\lambda^2} T(\dot{x},x) - U(x) + h \right] \ . \tag{5.96}$$

Nach (5.91) muß man $\lambda = \lambda(\dot{x},x)$ so wählen, daß $\partial \mathcal{L}^*/\partial \lambda$ verschwindet, d.h.

$$\frac{\partial \mathcal{L}^*}{\partial \lambda} = -\lambda^{-2} T - U + h = 0 \ ,$$

woraus folgt

$$\lambda^{-2} T = -U + h \ , \quad \lambda = \sqrt{T/(-U + h)} \ .$$

Damit erhält man nach (5.96)

$$\mathcal{L}^* = 2\sqrt{(-U + h)T} \ .$$

Das geometrische Variationsproblem erscheint so in der Form

$$\delta \int \sqrt{(-U + h)T} \, d\theta = 0 \ ,$$

und dies ist das Maupertuissche Prinzip. Weil U nur von x abhängt, T aber homogen quadratisch in $\dot{x}$ ist, sieht man sofort, daß

$$\mathcal{L}^*(\mu\dot{x}, x) = |\mu| \, \mathcal{L}^*(\dot{x}, x) \ , \quad \mu \text{ beliebig.}$$

Setzen wir die kinetische Energie in der Form

$$T = \frac{1}{2} g_{jk} \, \dot{x}_j \, \dot{x}_k$$

an, wobei die Koeffizienten g_{jk} von x abhängen können, so wird das Variationsproblem

$$\delta \int \sqrt{(- U + h)\, g_{jk}\, \dot{x}_j\, \dot{x}_k}\; d\theta = 0 \; ;$$

es ist also identisch mit dem Problem der kürzesten Linien bei der
Maßbestimmung, in der das Quadrat des Linienelements durch die
quadratische Differentialform $(- U + h)\, g_{jk}\, dx_j\, dx_k$ gegeben wird.
Aus dieser Deutung heraus ist schon intuitiv klar, daß das Prinzip
nicht angeben kann, wie die x_j als Funktionen von θ aussehen.

ZWEITER TEIL.
PARTIELLE DIFFERENTIALGLEICHUNGEN

6. Anfangswertproblem für lineare partielle Differentialgleichungen mit konstanten Koeffizienten

6.1. Vorbereitungen

Im folgenden werden wir uns zuerst mit dem Anfangswertproblem einer
linearen partiellen Differentialgleichung zweiter Ordnung mit konstanten Koeffizienten befassen. Hier liegt das folgende Problem
vor: Gegeben sei die Gleichung

$$\rho_0 \ddot{f} = w_{jk} f_{jk} + \frac{\partial}{\partial x_k} \left(\frac{\partial w}{\partial f_k} \right) , \tag{6.1}$$

wobei $f = f(x_1,\ldots,x_n, t) = f(x, t)$ die unbekannte Funktion und

$$f_j = \frac{\partial f}{\partial x_j} , \quad \dot{f} = \frac{\partial f}{\partial t} , \quad f_{jk} = \frac{\partial^2 f}{\partial x_j \partial x_k} ,$$

$$w = w(f_1,\ldots,f_n; x_1,\ldots,x_n) , \quad \rho_0 = \rho_0(x_1,\ldots,x_n) = \rho_0(x)$$

ist. Gegeben seien ferner eine Fläche

$$\underline{W} : \phi(x) = t$$

im (x,t)-Raum und die Werte

$$f = f(x, \phi(x)) , \quad f_j = f_j(x, \phi(x))$$

der Funktion f sowie ihrer partiellen Ableitungen f auf der
Fläche $\underline{W}$. Eine naheliegende Frage lautet: Kann man aus den angegebenen Daten die zweiten Ableitungen von f auf der Fläche berechnen?

Wie bereits früher setzen wir $\xi_j = \frac{\partial \phi}{\partial x_j}$, $\xi_{jk} = \frac{\partial^2 \phi}{\partial x_j \partial x_k}$. Differenzieren wir dann die auf $\underline{W}$ bekannte Funktion f nach x_j , so folgt

$$\frac{\partial f}{\partial x_j} = : \frac{f(x,\phi(x))}{\partial x_j} = f_j(x,\phi(x)) + \dot{f}(x,\phi(x)) \tag{6.2}$$

und

$$f_j(x,\phi(x)) = \frac{\partial f(x,\phi(x))}{\partial x_j} - \dot{f}(x,\phi(x))\xi_j = f_j - \dot{f}\xi_j . \tag{6.3}$$

Die Werte der f_j auf der Fläche sind also durch die f_j und $\dot{f}$
bestimmt.

Wir bemerken, daß die Gleichung (6.3) mit (5.9) formal übereinstimmt, wenn man an Stelle von f und $\dot{f}$ die Sprünge von f und $\dot{f}$ an der Wellenfläche setzt. Die formalen Folgerungen aus (5.9) werden daher mutatis mutandis mit der neuen Interpretation gültig bleiben.

Die Werte aller zweiten Differentialquotienten auf der Fläche sind durch die von f , $\dot{f}$ und $\ddot{f}$ festgelegt. Sie gleichen formal den Gleichungen (5.12) und (5.13) und sind ähnlich wie (6.2) zu beweisen. Man erhält

$$\dot{f}_j\bigl(x,\phi(x)\bigr) = \frac{\partial}{\partial x_j}\, f\bigl(x,\phi(x)\bigr) - \ddot{f}\bigl(x,\phi(x)\bigr)\xi_j \ , \tag{6.4}$$

$$j = 1,\ldots,n \ ,$$

und

$$f_{jk}\bigl(x,\phi(x)\bigr) = \frac{\partial^2}{\partial x_j \partial x_k}\, f\bigl(x,\phi(x)\bigr) - \dot{f}_j\bigl(x,\phi(x)\bigr)\xi_k -$$

$$- \dot{f}_k\bigl(x,\phi(x)\bigr)\xi_j - \dot{f}\bigl(x,\phi(x)\bigr)\xi_{jk} - \ddot{f}\bigl(x,\phi(x)\bigr)\xi_j\xi_k \ ,$$

$$j,k = 1,\ldots,n \ ,$$

woraus nach (6.4) folgt

$$f_{jk}\bigl(x,\phi(x)\bigr) = \ddot{f}\bigl(x,\phi(x)\bigr)\xi_j\xi_k + \dot{f}\bigl(x,\phi(x)\bigr)\xi_{jk} - \tag{6.5}$$

$$- \frac{\partial}{\partial x_k}\Bigl(\xi_j\dot{f}\bigl(x,\phi(x)\bigr)\Bigr) - \frac{\partial}{\partial x_j}\Bigl(\xi_k\dot{f}\bigl(x,\phi(x)\bigr)\Bigr) \ .$$

Um die Werte aller zweiten Differentialquotienten auf der Fläche zu bestimmen, muß man einen Ausdruck für $\ddot{f}$ haben. Aus der Differentialgleichung (6.1) und den obigen Formeln folgt

$$(\rho_0 - w_{jk}\xi_j\xi_k)\ddot{f}\bigl(x,\phi(x)\bigr) = F \ , \tag{6.6}$$

wobei F eine aus den Daten völlig bekannte Funktion ist, die durch die Formel

$$F = \frac{\partial^2 w}{\partial f_j \partial x_j} + w_{jk}\Bigl\{\dot{f}\bigl(x,\phi(x)\bigr)\xi_{jk} - \frac{\partial}{\partial x_k}\bigl[\xi_j\dot{f}\bigl(x,\phi(x)\bigr)\bigr] -$$

$$- \frac{\partial}{\partial x_j}\bigl[\xi_k\dot{f}\bigl(x,\phi(x)\bigr)\bigr]\Bigr\}$$

gegeben wird. Aus der Gleichung (6.6) kann man folglich die Werte von $\ddot{f}\bigl(x,\phi(x)\bigr)$ entnehmen, solange

$$\rho_0 - w_{jk}\xi_j\xi_k$$

nicht verschwindet, also solange ϕ die Differentialgleichung der Wellenfläche

$$\rho_0 - w_{jk}\frac{\partial\phi}{\partial x_j}\frac{\partial\phi}{\partial x_k} = 0 \tag{6.7}$$

nicht erfüllt. So kommt man auf Flächen $\underline{W}_t$, die sich im Hinblick auf das Anfangswertproblem dadurch auszeichnen, daß die Bestimmungsgleichung (6.6) für f bei vorgegebenen Werten auf $\underline{W}_t$ im allgemeinen nicht lösbar sein kann. Soll die Gleichung (6.6) im Falle, daß (6.7) gilt, doch eine Lösung haben, dann muß die rechte Seite von (6.6) verschwinden; die Daten müssen die zusätzliche Bedingungsgleichung

$$F = 0$$

erfüllen.

Versucht man die Analogie zwischen den Sprungbedingungen und den Gleichungen (6.3), (6.4) und (6.5) weiterzuverfolgen, so ist diese Bedingung im Falle einer Ausnahmefläche mit der Gleichung (5.26) in Parallele zu setzen. Aber die Analogie ist nicht vollständig, weil hier nur die zweiten Differentialquotienten von w hereinkommen, dort aber noch die dritten.

6.2.   Ausführliche Formulierung des Problems: Reduktion auf eine Differentialgleichung sechster Ordnung

In Abschnitt 3.6. wurden die infinitesimalen Bewegungen in einem homogenen, aber eventuell anisotropen Kontinuum behandelt. Wir hatten

$$\underline{x} = x + \phi(x,t)$$

und

$$b_{ij} = \partial\phi_i/\partial x_j \ , \quad i,j = 1,2,3 \ ,$$

gesetzt. Weiter war w die quadratische Form in den b_{ij}

$$w = \frac{\rho_0}{2}\, c_{ijk\ell}\, b_{ik}\, b_{j\ell} \tag{6.8}$$

mit konstanten Koeffizienten. Es sei F die Resultante der pro Masseneinheit angreifenden äußeren Kräfte, so daß $\rho_0 F$ die Resultante der pro Volumeneinheit wirkenden Kräfte ist. Dann haben die Bewegungsgleichungen die Gestalt

$$\frac{\partial^2\phi_i}{\partial t^2} = c_{ikj\ell}\, \frac{\partial^2\phi_j}{\partial x_k \partial x_\ell} + F_i \ , \quad i = 1,2,3 \ . \tag{6.9}$$

Wir wollen die hier auftretenden Differentialoperatoren von nun an symbolisch durch

$$\xi_i = \partial/\partial x_i \ , \quad i = 1,2,3 \ , \quad \tau = \partial/\partial t$$

bezeichnen. Die Gleichung (6.9) läßt sich dann wie folgt schreiben:

$$\tau^2\phi_i = c_{ikj\ell}\xi_k\xi_\ell\phi_j + F_i \ , \quad i = 1,2,3 \ ,$$

oder

$$(c_{ikj\ell}\xi_k\xi_\ell - \delta_{ij}\tau^2)\phi_j + F_i = 0 \ , \quad i = 1,2,3 \ ,$$

mit

$$\delta_{ij} = \begin{cases} 0 \ , & i \neq j \ , \\ 1 \ , & i = j \ , \end{cases}$$

wenn $\xi_i\xi_j$ der Operator $\partial^2/\partial x_i\partial x_j$ ist.

Es treten hier wieder die von der Diskussion der Unstetigkeiten her
bekannten Bildungen auf, nur daß damals die ξ_i rechtwinklige Koordinaten oder Ableitungen bezeichneten. Führen wir wie in (4.9) und
(4.11) die in ξ und η quadratische Form

$$\Omega(\xi,\eta) = c_{ikj\ell}\xi_k\xi_\ell\eta_i\eta_j$$

ein und setzen

$$X_{ij} = c_{ikj\ell}\xi_k\xi_\ell \ ,$$

dann nehmen die Bewegungsgleichungen die folgende Gestalt an

$$(X_{ij} - \delta_{ij}\tau^2)\phi_j + F_i = 0 \ , \quad i = 1,2,3 \ . \tag{6.10}$$

Wir wollen für diese Gleichungen das Anfangswertproblem lösen: Es
seien im ganzen x-Raum für $t = 0$ Ort und Geschwindigkeit jedes
Teilchens gegeben, also die Funktionen

$$\phi(x,0) = g(x) \ , \tag{6.11}$$

$$\tau\phi(x,0) = h(x) \tag{6.12}$$

vorgegeben. Dann soll diejenige Lösung der Differentialgleichungen
(6.10) ermittelt werden, die für $t = 0$ diese vorgegebenen Werte
hat. Zunächst wollen wir die drei partiellen Differentialgleichungen
zweiter Ordnung (6.10) auf eine einzige der sechsten Ordnung zurückführen. Diese Umformung verläuft ungefähr so, als ob man in (6.10)
drei lineare inhomogene Gleichungen für die ϕ_j hat und sie nach den
ϕ_j auflösen will. Dazu bilden wir uns die Determinante des Gleichungssystems:

$$D(\xi,\tau) := \det (X_{ij} - \delta_{ij}\tau^2) \ , \tag{6.13}$$

oder ausführlich geschrieben .

$$\begin{aligned}
D(\xi,\tau) = |\Delta - \tau^2 E| = {}& -\tau^6 + \{X_{11} + X_{22} + X_{33}\}\tau^4 - \\
& - \{X_{22}X_{33} + X_{11}X_{33} + X_{11}X_{22} - X_{12}X_{21} - \\
& \quad - X_{13}X_{31} - X_{23}X_{32}\}\tau^2 + \\
& + \{X_{11}X_{22}X_{33} - X_{11}X_{32}X_{23} - X_{12}X_{21}X_{33} + \\
& \quad + X_{12}X_{31}X_{23} + X_{13}X_{21}X_{32} - X_{13}X_{31}X_{22}\} \ .
\end{aligned} \tag{6.14}$$

Dies ist formal ein homogenes Polynom sechsten Grades in den Variablen ξ_1 , ξ_2 , ξ_3 , τ , das für $\tau = 1$ mit $\mathcal{K}(\xi)$ aus Abschnitt 4.2.3. übereinstimmt, denn $D(\xi,\tau) = \tau^6 \mathcal{K}(\xi/\tau)$.

Zur Auflösung der linearen Gleichungen haben wir uns noch die Minoren der Matrix $X - \tau^2 E$ zu verschaffen. Nach obiger Bemerkung sind dies die Größen $\mathcal{K}^{ij}$ (vgl. 4.2.). Es sei D^{ij} der Minor des Elements $D_{ij} = X_{ij} - \delta_{ij}\tau^2$, dann ist

$$D^{ij} = \delta_{ij}\tau^4 + \mathcal{K}_2^{ij}(\xi)\tau^2 + \mathcal{K}_4^{ij}(\xi) \tag{6.15}$$

und

$$D_{ij}D^{kj} = \delta_{ik}D .$$

Wir führen drei Hilfsfunktionen $\Phi_i(x,t)$ durch

$$\phi_j = D^{kj}\Phi_k \tag{6.16}$$

ein. Genügen die ϕ_j dem System (6.10), also in unserer jetzigen Schreibweise

$$D_{ij}\phi_j + F_i = 0 , \quad i = 1,2,3 , \tag{6.17}$$

so genügen die Φ_j dem Gleichungssystem

$$D(\xi,\tau)\Phi_i + F_i = 0 , \quad i = 1,2,3 , \tag{6.18}$$

wie man durch Einsetzen der Ausdrücke (6.16) für ϕ_j in (6.17) einsieht. Die drei Funktionen Φ_i erfüllen alle dieselbe partielle Differentialgleichung sechster Ordnung. Umgekehrt liefert jedes System von drei Lösungen Φ_i von (6.18) nach den Formeln (6.18) drei Funktionen ϕ_i , die eine Lösung von (6.17) bilden. Man muß nur eine solche Lösung Φ_i von (6.18) wählen, für die die zugehörigen Lösungen ϕ_i von (6.17) auch die richtigen Anfangswerte (6.11) und (6.12) haben. Die Differentialgleichung (6.18) sechster Ordnung wird als die Resolventendifferentialgleichung bezeichnet.

Im allgemeinen kann man für die Lösung einer solchen Gleichung ihre Werte und die ihrer Differentialquotienten nach t bis zur fünften Ordnung zur Zeit $t = 0$ vorschreiben. Nehmen wir für $t = 0$ die Anfangsbedingungen

$$\Phi_i(x,0) = 0 , \quad \tau\Phi_i(x,0) = 0 , \quad \tau^2\Phi_i(x,0) = 0 ,$$

$$\tau^3\Phi_i(x,0) = 0 , \quad \tau^4\Phi_i(x,0) = 0 , \quad \tau^5\Phi_i(x,0) = h_i(x) , \tag{6.19}$$

$$i = 1,2,3 .$$

Nach (6.16), (6.19) und (6.15) ist

$$\phi_j(x,0) = D^{kj}\Phi_k(x,0) = \delta_{kj}\tau^4\Phi_k(x,0) = g_j(x) , \quad j = 1,2,3 ,$$

und nach (6.16)

$$\tau\phi_j = \tau D^{kj}\phi_k = \left[\delta_{kj}\tau^5 + \mathcal{H}_2^{kj}(\xi)\tau^3 + \mathcal{H}_4^{kj}(\xi)\right]\phi_k \ ,$$

also nach (6.15) und (6.19)

$$\tau\phi_j = \delta_{kj}\tau^5\phi_k = h_j(x) \ .$$

Die Lösungen von (6.18) mit den Anfangswerten (6.19) liefern somit
die Lösungen von (6.17) mit den Anfangswerten (6.11) und (6.12).

Als nächstes zeigen wir, daß, sobald man die Aufgabe

$$\begin{aligned}
&D(\xi,\tau)u = 0 \ , \\
&\tau^k u(x,0) = 0 \ , \quad k = 0,1,2,3,4 \ , \\
&\tau^5 u(x,0) = f(x)
\end{aligned} \qquad (6.20)$$

für beliebige Funktionen f gelöst hat, man auch die allgemeinere
Aufgabe

$$\begin{aligned}
&D(\xi,\tau)u = g(x,t) \ , \\
&\tau^k u(x,0) = f_k(x) \ , \quad k = 0,1,2,3,4,5 \ ,
\end{aligned} \qquad (6.21)$$

lösen kann.

Um das einzusehen, setzen wir

$$v = \sum_{k=0}^{5} \frac{1}{k!} f_k(x) t^k$$

und bilden

$$u := v + w \ ,$$

wobei w den Bedingungen

$$\begin{aligned}
&D(\xi,\tau)w = g - Dv := G \ , \\
&\tau^k w(x,0) = 0 \ , \quad k = 0,1,2,3,4,5 \ ,
\end{aligned} \qquad (6.22)$$

genügt.

Durch einen von Cauchy und Weierstraß herrührenden Kunstgriff gelingt
es, die Aufgabe (6.22) zu lösen. Man bestimme eine Funktion L(x,t,s)
als Lösung der Anfangswertaufgabe

$$\begin{aligned}
&D(\xi,\tau)L = 0 \ , \quad t > 0 \ , \\
&\tau^k L(x,0,s) = 0 \ , \quad k = 0,\ldots,4 \ , \\
&\tau^5 L(x,0,s) = G(x,s) \ .
\end{aligned}$$

Dann wird w durch den Ausdruck

$$w(x,t) = \int_0^t L(x,\ t-s,\ s) \ ds$$

gegeben.

Das ist folgendermaßen einzusehen: Es ist

$$\tau^6 \int_0^t L(x,\, t - s,\, s)\, ds = \tau^5 L(x,0,t) + \int_0^t \tau^6 L(x,\, t - s,\, s)\, ds \ .$$

Beachtet man, daß die Koeffizienten in dem Ausdruck für $D(\xi,\tau)$ konstant sind, so gilt

$$D(\xi,\tau) \int_0^t L(x,\, t - s,\, s)\, ds = G(x,t) + \int_0^t D(\xi,\tau) L(x,\, t - s,\, s)\, ds \ .$$

Damit ist die Lösung der Aufgabe (6.21) auf die von (6.20) zurückgeführt.

6.3.   Gleichgewichtsproblem

Wir betrachten ein Kontinuum, welches sich unter dem Einfluß der an seinen Punkten x angreifenden Kräfte $F(x)$ im Zustand der Ruhe befindet. Die infinitesimalen Verschiebungen ϕ_i sind dann reine Ortsfunktionen, d.h., sie sind von der Zeit unabhängig. In den Bewegungsgleichungen (6.10) kann man also $\partial\phi_i/\partial t = 0$ setzen, so daß diese die Form

$$X_{ij}\phi_j + F_i(x) = 0 \ , \quad i = 1,2,3 \ , \tag{6.23}$$

annehmen.

Diese Gleichungen lassen sich nach der angegebenen Vorschrift auf eine inhomogene Gleichung sechster Ordnung zurückführen. Wir haben dazu die Determinante des Systems (6.23) zu bilden, die aus (6.13) zu entnehmen ist. Es sei

$$\Delta(\xi) = D(\xi,0) = \det\,(X) \ . \tag{6.24}$$

Die zugehörigen Minoren seien mit

$$\Delta^{ij}(\xi) = D^{ij}(\xi,0) \tag{6.25}$$

bezeichnet.

Δ ist eine Form sechsten Grades, Δ^{ij} eine solche vierten Grades, in ξ . Wir setzen wieder

$$\phi_j = \Delta^{kj}\phi_k \tag{6.26}$$

und erhalten die zu (6.18) analoge Gleichung

$$\Delta\phi_i + F_i = 0 \tag{6.27}$$

für ϕ_i . Haben wir drei Funktionen ϕ_i bestimmt, die (6.27) genügen, so ergibt sich nach (6.26) eine Lösung ϕ_i von (6.23).

6.4.   Elliptische und hyperbolische Differentialgleichungen

Wir haben das Anfangswertproblem auf die Lösung der Aufgabe (6.19),
das Gleichgewichtsproblem (6.23) auf die Aufgabe (6.27) zurückgeführt.

Dem allgemeinen Sprachgebrauch folgend ist die Gleichung (6.18) bzw.
(6.20) eine hyperbolische Gleichung und (6.27) eine elliptische
Differentialgleichung, wenn die quadratische Form

$$\Omega(\xi,\eta) = X_{ij}\eta_i\eta_j$$

für alle ξ mit $|\xi| \neq 0$ eine positiv definite quadratische Form
in η ist. Bei Erfüllung dieser Voraussetzung sind die Eigenwerte
λ_i dieser Form in η für alle nicht verschwindenden ξ
immer reell positiv. Wir werden weiter annehmen, daß sie auch voneinander verschieden sind, so daß man ohne Beschränkung der Allgemeinheit annehmen kann, daß

$$\lambda_1 > \lambda_2 > \lambda_3 \tag{6.28}$$

ist.

Für das folgende wollen wir bei ξ und τ von ihrer Bedeutung als
Differentiationssymbole absehen, sie also wieder als Zahl-Variable
behandeln. Dann hängen die drei Wurzeln λ_i durch die Koeffizienten
der Form in η noch von ξ ab und wir sehen, daß die quadratische
Form $\Omega(\xi,\eta)$ die charakteristische Gleichung

$$D(\xi,\tau) = 0 \tag{6.29}$$

hat, in der man sich τ durch $\pm\sqrt{\lambda}$ ersetzt zu denken hat (vgl.
(6.13)). Die Gleichung (6.29) wird durch die sechs Werte

$$\tau_i = \pm\sqrt{\lambda_i(\xi)} \ , \quad i = 1,2,3 \ , \tag{6.30}$$

erfüllt, wo wir die λ_i , wie in (6.28), positiv und für alle ξ
voneinander verschieden voraussetzen. Die linke Seite von (6.29)
kann man nach (6.14) in der Form

$$D(\xi,\tau) = -\tau^6 + \mathcal{K}_2(\xi)\tau^4 - \mathcal{K}_4(\xi)\tau^2 + \mathcal{K}_6(\xi) \tag{6.31}$$

schreiben, wobei die $\mathcal{K}_m(\xi)$ homogene Polynome vom Grade m sind.
Weil auch

$$D(\xi,\tau) = -\left\{\tau^2 - \lambda_1(\xi)\right\}\left\{\tau^2 - \lambda_2(\xi)\right\}\left\{\tau^2 - \lambda_3(\xi)\right\}$$

ist, sind die $\lambda_j(\xi)$ homogene Funktionen zweiten Grades in ξ , d.h.,
für alle Werte κ gilt

$$\lambda_j(\kappa\xi) = \kappa^2\lambda_j(\xi) \ , \quad j = 1,2,3 \ . \tag{6.32}$$

Auf Grund dieser Feststellungen können wir die Länge $\rho = |\xi|$ des

Radiusvektors ξ der Normalenfläche als Funktion seines Richtungs-
vektors ω ($|\omega| = 1$) ausdrücken. Setzt man in (6.14) $\tau = 1/\rho$, so
ergibt sich

$$D(\omega, \frac{1}{\rho}) = \frac{1}{\rho^6}\, \mathcal{K}(\rho\omega)\ .$$

Anstatt von $D(\omega, \frac{1}{\rho}) = 0$ haben wir so für $\frac{1}{\rho}$ die Gleichung
$\mathcal{K}(\rho\omega) = 0$, welche die sechs reellen, paarweise entgegengesetzt
gleichen Wurzeln

$$\pm\ \sqrt{\lambda_1}(\omega)\ ,\quad \pm\ \sqrt{\lambda_2}(\omega)\ ,\quad \pm\ \sqrt{\lambda_3}(\omega) \tag{6.33}$$

hat. Aus dem so gewonnenen dreiwertigen Ausdruck für die reziproke
Länge des Radiusvektors der Normalenfläche können wir schließen, daß
unter unseren Voraussetzungen die Normalenfläche in drei geschlossene, einander und den Ursprung umfassende Flächen zerfällt, die in
Bezug auf den Ursprung symmetrisch liegen (vgl. Abb. 17).

Unter der oben benutzten Voraussetzung, daß die λ_i für
alle ξ voneinander verschieden sind, liegen diese drei
Flächen völlig getrennt. Man
kann überdies behaupten, daß
das innerste der drei Ovale
konvex sein muß. Denn angenommen, es wäre nicht konvex,
dann gäbe es eine Gerade, die
es in vier Punkten schneidet.
Da diese Gerade natürlich
auch mit jedem der beiden
äußeren Ovale noch zwei
Punkte gemeinsam hat, würde
diese Gerade acht Schnittpunkte mit der Normalenfläche

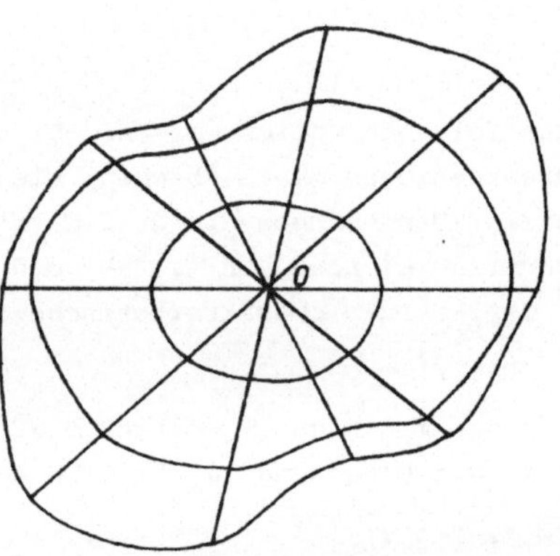

Abb. 17

haben. Dies ist unmöglich, denn es handelt sich um eine Fläche
sechsten Grades. Aus (6.14) folgt

$$D(0,1) = -1\ ;$$

danach ist D im gesamten Inneren des innersten Ovals negativ, zwischen dem innersten und mittleren Oval positiv, zwischen dem mittleren und äußeren negativ und außerhalb des äußeren wieder positiv.

Aus den für Ω gemachten Voraussetzungen kann man schließen, daß
die Form sechsten Grades $\Delta(\xi)$ positiv definit ist, denn es ist

$$\Delta(\xi) = D(\xi,0) = \det (X)$$

und folglich

$$\Delta(\xi) = \lambda_1 \lambda_2 \lambda_3 \geqq 0 \; .$$

Die Determinante Δ verschwindet nur, wenn eines der λ_i verschwindet, also wenn $|\xi| = 0$ gilt.

Man kann daher die Differentialgleichung

$$D(\partial/\partial x \, , \, \partial/\partial t) \, u = 0 \; , \quad \partial/\partial x = (\partial/\partial x_1, \, \partial/\partial x_2, \, \partial/\partial x_3)$$

als hyperbolisch charakterisieren, indem man voraussetzt, daß die Fläche

$$D(\xi,1) = 0$$

aus drei einander gegenseitig umschließenden Ovalen besteht, und die Gleichung

$$D(\partial/\partial x, \, 0) \, u : = \Delta(\partial/\partial x) \, u = 0$$

als elliptisch, wenn man voraussetzt, daß $\Delta(\xi)$ eine positiv definite Form ist. Beides wird dadurch gewährleistet, daß Ω als positiv definit in η für alle ξ vorausgesetzt wird.

Bemerken wir, daß uns schon einige Fälle begegnet sind, in denen die Normalenfläche ausartete. So wird bei den infinitesimalen Bewegungen (4.5.3)

$$\mathcal{K}(\xi) = (a^2 \rho^2 - 1)^2 (b^2 \rho^2 - 1) \; , \quad \rho = |\xi| \; ,$$

und somit

$$D(\xi,\tau) = (a^2 \rho^2 - \tau^2)^2 (b^2 \rho^2 - \tau^2) \; .$$

Die Normalenfläche besteht hier aus zwei zusammenfallenden Kugeln von Radius $1/a$ und einer Kugel von Radius $1/b$. In diesem Falle, in dem zwei von den drei Ovalen der Normalenfläche zusammenfallen, vereinfacht sich auch die Integrationsmethode für das Anfangswertproblem wesentlich.

In der Kristalloptik tritt eine andere Singularität auf. Es wird dann nach (4.63)

$$D(\xi,\tau) = - \tau^6 + \mu(\xi)\tau^4 - |\xi|^2 \nu(\xi)\tau^2 \; .$$

Da sich der Faktor τ^2 abspaltet, muß einer der Eigenwerte verschwinden, also hier $\lambda_3 = 0$. Man sieht dies auch daraus, daß sich in diesem Falle Ω als Form in η nach (4.53) durch zwei unabhängige Variable ausdrücken läßt. Das äußerste Oval geht hier in die doppelt zählende unendlich Ebene über; es bleibt noch eine Fläche vierten Grades zurück, die Fresnelsche Wellenfläche. Die beiden inneren Ovale sind hier auch nicht mehr völlig voneinander getrennt, sondern hängen nach Abschnitt 4.6. in vier Punkten zusammen. Das

innerste Oval ist wieder konvex, das mittlere aber nicht, wie man
schon an dem dort untersuchten Querschnitt sieht.

Um die Begriffe "hyperbolisch" und "elliptisch" noch etwas klarer
herauszustellen, betrachten wir die Gleichung der schwingenden Saite
in der einen Raumvariåblen $x = x_1$. Es ist

$$\frac{\partial^2 u}{\partial t^2} - \frac{\partial^2 u}{\partial x^2} = 0 \ . \tag{6.34}$$

Dies ist der typische Repräsentant einer hyperbolischen Differentialgleichung. Für $t = 0$ kann man u und $\partial u/\partial t$ vorgeben, um
eine bestimmte Lösung $u = u(x,t)$ zu erhalten.

Der einfachste Fall einer elliptischen Differentialgleichung wird
durch das Gleichgewichtsproblem in einem zweidimensionalen Kontinuum
$(x_1,x_2) = (x,y)$, das Potentialproblem

$$\frac{\partial^2 u}{\partial x^2} + \frac{\partial^2 u}{\partial y^2} = 0 \ , \tag{6.35}$$

geliefert. Im Falle (6.34) ist

$$D(\xi,\tau) = \xi^2 - \tau^2 \quad \text{und} \quad \mathcal{K}(\xi) = \xi^2 - 1 \ .$$

Statt der Normalenfläche haben wir hier die Punkte ± 1 , die eine
"Fläche" zweiten Grades auf einer Geraden bilden. Wir haben hier in
den beiden Punkten auch ein "Oval", das reell und symmetrisch zum
Ursprung ist. Die Gleichung (6.34) ist also im obigen Sinne hyperbolisch.

Das zu (6.35) gehörige Δ ist

$$\Delta(\xi) = \xi_1^2 + \xi_2^2 \ ,$$

also eine positiv definite Form in ξ .

7. Anwendung Fourierscher Integrale

<u>7.1.   Auswertung zweier bestimmter Integrale</u>

Wir gehen jetzt an die Lösung der beiden Probleme für den hyperbolischen bzw. elliptischen Fall durch bestimmte algebraische bzw. lo-
garithmische Integrale. Wir schicken die Bestimmung zweier bestimmter
Integrale voraus, die später gebraucht werden. Es sei

$$R_m(x) = e^x - (1 + \frac{x}{1!} + \frac{x2}{2!} + \ldots + \frac{x^m}{m!}) \qquad (7.1)$$

das Restglied der Potenzreihenentwicklung von e^x. Die beiden Integrale, die bestimmt werden sollen, sind

$$\int_0^\infty \frac{1}{(is)^{m+1}} R_m(is)\, e^{-i\alpha s}\, ds \qquad (7.2)$$

und

$$\int_0^{-\infty} \frac{1}{(is)^{m+1}} R_m(is)\, e^{-i\alpha s}\, ds \ , \qquad (7.3)$$

wobei α eine reelle Zahl ist.

Zunächst ist die Frage zu klären, ob diese beiden uneigentlichen Integrale einen Sinn haben. Die Funktion

$$\frac{R_m(is)}{(is)^{m+1}}\, e^{-i\alpha s}$$

verhält sich nach (7.1) in der Nähe von $s = 0$ wie

$$\frac{1}{(m+1)!}\, e^{-i\alpha s} \ ,$$

so daß dort die beiden Integrale (7.2) und (7.3) sicher konvergieren.
Nach (7.1) ist

$$\frac{1}{(is)^{m+1}} R_m(is)e^{-i\alpha s} =$$

$$= e^{-i\alpha s} \left\{ \frac{e^{is}}{(is)^{m+1}} - \left[\frac{1}{(is)^m} + \frac{1}{2!\,(is)^{m-1}} + \ldots + \frac{1}{(is)m!} \right] \right\} =$$

$$= \frac{e^{is(1-\alpha)}}{(is)^{m+1}} - \frac{e^{-i\alpha s}}{(is)^m} - \frac{e^{-i\alpha s}}{2!\,(is)^{m-1}} - \ldots - \frac{e^{-i\alpha s}}{m!\,(is)} \ .$$

Das Integral

$$\int \frac{1}{s}\, e^{-i\alpha s}\, ds \ ,$$

erstreckt über $[0,\infty)$ und $(-\infty,0]$, konvergiert bedingt, solange

$\alpha \neq 0$ ist. Für $m > 0$ sind die anderen Terme der Summe absolut
konvergent. Ist $m = 0$, so ist das Integral

$$\int \frac{e^{is(1-\alpha)}}{s} \, ds$$

bedingt konvergent für $\alpha \neq 1$. Wir nehmen also $\alpha \neq 0$ und $\alpha \neq 1$
an; dann sind die Konvergenzbedingungen erfüllt, und die Integrale
(7.2) und (7.3) sind beide konvergent.

Substituiert man in (7.2) $x = is$, so geht (7.2) über in

$$\frac{1}{i} \int_0^{i\infty} \frac{1}{x^{m+1}} \, R_m(x) \, e^{-\alpha x} \, dx \, , \tag{7.4}$$

und bilden wir die Funktion

$$f(x) \;=\; \int_0^x \frac{1}{\sigma^{m+1}} \, R_m(\sigma) \, e^{-\alpha\sigma} \, d\sigma \, , \tag{7.5}$$

so ist nach (7.4)

$$\lim \frac{1}{i} \, f(x) = \int_0^\infty \frac{1}{(is)^{m+1}} \, R_m(is) e^{-i\alpha s} \, ds \, ,$$

und analog ist für (7.3)

$$\lim \frac{1}{i} \, f(x) = \int_0^{-\infty} \frac{1}{(is)^{m+1}} \, R_m(is) \, e^{-i\alpha s} \, ds \, ,$$

d.h. wenn x durch rein imaginäre Werte gegen $+i\infty$ bzw. $-i\infty$
strebt. Wir wollen den Ausdruck von $f(x)$ so umformen, daß sich die
Grenzwerte für $x \longrightarrow i\infty$ bzw. $x \longrightarrow -i\infty$ unmittelbar entnehmen
lassen. $R_m(x)$ ist das Restglied der Taylor-Entwicklung von e^x ;
nach der Integralformel für das Restglied ist

$$R_m(x) = \frac{1}{m!} \int_0^x (x - t)^m \, e^t \, dt = \frac{x^{m+1}}{m!} \int_0^1 (1 - z)^m \, e^{xz} \, dz \, ,$$

und daraus folgt

$$\frac{1}{x^{m+1}} \, R_m(x) \, e^{-\alpha x} = \frac{1}{m!} \int_0^1 e^{(z-\alpha)x}(1 - z)^m \, dz \, .$$

Integriert man diese Identität bezüglich x , so erhält man

$$f(x) = \frac{1}{m!} \int_0^1 \frac{e^{(z-\alpha)x} - 1}{z - \alpha} \, (1 - z)^m \, dz \, . \tag{7.6}$$

Der Integrand in dieser Darstellung von $f(x)$ ist eine überall analytische Funktion von z . Anstelle von null bis eins zu integrieren,

können wir also auch auf einem Weg integrieren, der ganz in der
oberen Halbebene verläuft:

Auf diesem Weg in der z-Ebene ist

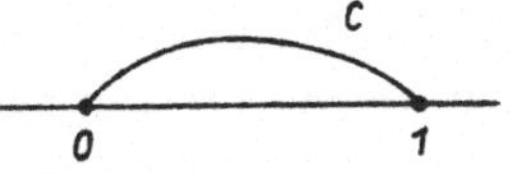

sowohl $(z - \alpha)^{-1} e^{(z-\alpha)x}(1 - z)^m$
als auch $(z - \alpha)^{-1}(1 - z)^m$ analy-
tisch, so daß wir über jeden dieser beiden Summanden des Integranden
einzeln integrieren dürfen. Auf dem gewählten Weg ist der Imaginärteil von z größer als null, also auch der von $z - \alpha$. Setzen wir
wieder x = si und z - α = a + bi , dann wird

$$(z - \alpha)x = - bs + asi \text{ , mit } \dot{b} > 0 ,$$

und folglich, da der Integrationsweg den Wert α nicht enthält, ergibt sich

$$\lim_{x \to i\infty} \int_0^1 (z - \alpha)^{-1} e^{(z-\alpha)x} (1 - z)^m \, dz = 0 .$$

Nach (7.6) haben wir daher

$$\lim_{x \to i\infty} f(x) : = f(i\infty) = - \frac{1}{m!} \int_C (z - \alpha)^{-1}(1 - z)^m \, dz$$

und entsprechend

$$\lim_{x \to -i\infty} f(x) : = f(- i\infty) = - \frac{1}{m!} \int_{C'} (z - \alpha)^{-1}(1 - z)^m \, dz ,$$

wobei C' einen Weg darstellt, der in der unteren Halbebene zwischen
null und eins verläuft. Wir können diese letzten beiden Formeln zusammenfassend schreiben:

$$f(\varepsilon i\infty) = - \frac{1}{m!} \int_{C_\varepsilon} (z - \alpha)^{-1}(1 - z)^m \, dz .$$

Dabei ist für ε = 1 : C_ε = C und für ε = - 1 : C_ε = C' .
Addiert und subtrahiert man $(1 - \alpha)^m$ in dem Zähler des Integranden, so ergibt sich unmittelbar

$$m! \, f(\varepsilon i\infty) =$$

$$= \int_{C_\varepsilon} \frac{(1 - \alpha)^m - (1 - z)^m}{(1 - \alpha) - (1 - z)} \, dz - (1 - \alpha)^m \int_{C_\varepsilon} \frac{1}{z - \alpha} \, dz . \qquad (7.7)$$

Der Integrand des ersten Integrals ist hier einfach das Polynom

$$\sum_{j=1}^m (1 - \alpha)^{m-j}(1 - z)^{j-1} .$$

Dieses kann auf der reellen Achse integriert werden, und wir erhalten

$$\int_0^1 \frac{(1-\alpha)^m - (1-z)^m}{(1-\alpha) - (1-z)}\, dz = \sum_{j=1}^m \frac{(1-\alpha)^{m-j}}{j} \ . \tag{7.8}$$

Bei der Auswertung des zweiten Integrals in (7.7) müssen wir eine
Fallunterscheidung vornehmen. Im ersten Fall wird vorausgesetzt, daß
entweder $\alpha < 0$ oder $\alpha > 1$ ist. Dann darf man

$$\int_{C_\varepsilon} \frac{1}{z-\alpha}\, dz$$

auf der reellen Achse integrieren und erhält

$$\int_0^1 \frac{1}{z-\alpha}\, dz = \lg\left|\frac{1-\alpha}{\alpha}\right| \ .$$

Im zweiten Fall ist $0 < \alpha < 1$. Für $\varepsilon = 1$ wählen wir folgenden
Integrationsweg: Es sei $0 < \delta < \min(\alpha, 1-\alpha)$, und wir integrieren
von 0 bis $\alpha - \delta$ längs der reellen Achse, dann um die Singularität
auf dem oberen Halbkreis bis $\alpha + \delta$ und endlich von $\alpha + \delta$ bis 1 :
Dann hat man

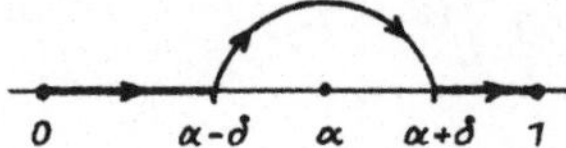

$$\int_0^{\alpha-\delta} \frac{1}{z-\alpha}\, dz + \int_{\alpha+\delta}^1 \frac{1}{z-\alpha}\, dz =$$

$$= \lg \delta - \lg \alpha + \lg(1-\alpha) - \lg \delta = \lg \frac{1-\alpha}{\alpha} \ .$$

Auf dem oberen Halbkreis ergibt sich

$$\int \frac{1}{z-\alpha}\, dz = \int_\pi^0 \frac{\delta i e^{i\theta}}{e^{i\theta}}\, d\theta = -\pi i \ ,$$

also $\displaystyle \int_{C_1} \frac{1}{z-\alpha}\, dz = \lg\left(\frac{1-\alpha}{\alpha}\right) - \pi i$. Für $\varepsilon = -1$ wird ähnlich verfahren, nur wählt man den unteren Halbkreis und erhält

$$\int_{C_{-1}} \frac{1}{z-\alpha}\, dz = \lg \frac{1-\alpha}{\alpha} + \pi i \ .$$

Zusammenfassend für $\varepsilon = \pm 1$ gilt also

$$\int_{C_\varepsilon} \frac{1}{z-\alpha}\, dz = \lg \frac{1-\alpha}{\alpha} - \varepsilon \pi i \ .$$

Schließlich können wir die Formeln für beide Fälle in einer einzigen
zusammenfassen:

$$\int\limits_{C_\varepsilon} \frac{1}{z - \alpha}\, dz = \lg \left|\frac{1 - \alpha}{\alpha}\right| - \frac{\varepsilon \pi i}{2} \left[\operatorname{sgn} (1 - \alpha) + \operatorname{sgn} \alpha\right] . \qquad (7.9)$$

Berücksichtigt man (7.7), so ergeben diese Formeln die verlangten Grenzwerte

$$m!\, f(\varepsilon i \infty) = \sum_{j=1}^{m} \frac{1}{j} (1 - \alpha)^{m-j} - (1 - \alpha)^m \left\{ \lg \left|\frac{1 - \alpha}{\alpha}\right| - \right.$$
$$\left. - \frac{\varepsilon \pi i}{2} \left[\operatorname{sgn} (1 - \alpha) + \operatorname{sgn} \alpha\right]\right\} , \quad \varepsilon = \pm 1 . \qquad (7.10)$$

Um (7.10) etwas einfacher schreiben zu können, führen wir die folgenden zwei Funktionen ϕ_m und ψ_m ein:

$$\phi_m(\alpha) = (1 - \alpha)^m \lg \left|\frac{1 - \alpha}{\alpha}\right| - \sum_{j=1}^{m} \frac{1}{j} (1 - \alpha)^{m-j} , \qquad (7.11)$$

$$\psi_m(\alpha) = \frac{\pi}{2} (1 - \alpha)^m \left\{\operatorname{sgn} (1 - \alpha) + \operatorname{sgn} \alpha\right\} . \qquad (7.12)$$

So geht (7.10) über in

$$m!\, f(\varepsilon i \infty) = - \phi_m(\alpha) + \varepsilon i \psi_m(\alpha) . \qquad (7.13)$$

Die Kurven $y = \phi_m(\alpha)$ und $y = \psi_m(\alpha)$ zeigen sehr verschiedenes Verhalten, je nachdem, ob $m = 0$ oder $m > 0$ gilt.

Nach (7.10) erhalten wir die Werte der beiden Integrale (7.2) und (7.3), und zwar ist

$$\int\limits_{0}^{\infty} \frac{1}{(is)^{m+1}} R_m(is) e^{-i\alpha s}\, ds = \frac{1}{i}\, f(i\infty) = \frac{i}{m!}\, \phi_m(\alpha) + \frac{1}{m!}\, \psi_m(\alpha)$$

und

$$\int\limits_{0}^{-\infty} \frac{1}{(is)^{m+1}} R_m(is) e^{-i\alpha s}\, ds = \frac{1}{i}\, f(-i\infty) = \frac{i}{m!}\, \phi_m(\alpha) - \frac{1}{m!}\, \psi_m(\alpha) .$$

Hieraus gewinnt man noch die beiden Formeln

$$\int\limits_{-\infty}^{\infty} \frac{1}{(is)^{m+1}} R_m(is) e^{-i\alpha s}\, ds = \frac{1}{i} \left[f(i\infty) - f(-i\infty)\right] =$$
$$= \frac{2}{m!}\, \psi_m(\alpha) , \qquad (7.14)$$

$$\int\limits_{-\infty}^{\infty} \frac{1}{(is)^{m+1}} R_m(is) e^{-i\alpha s} \left[\operatorname{sgn} s\right] ds = \frac{1}{i} \left[f(i\infty) + f(-i\infty)\right] =$$
$$= \frac{2i}{m!}\, \phi_m(\alpha) ; \qquad (7.15)$$

dabei sind ϕ_m und ψ_m durch (7.11) und (7.12) definiert.

Wir sehen übrigens an diesen Endformeln, wie bei den Konvergenz-

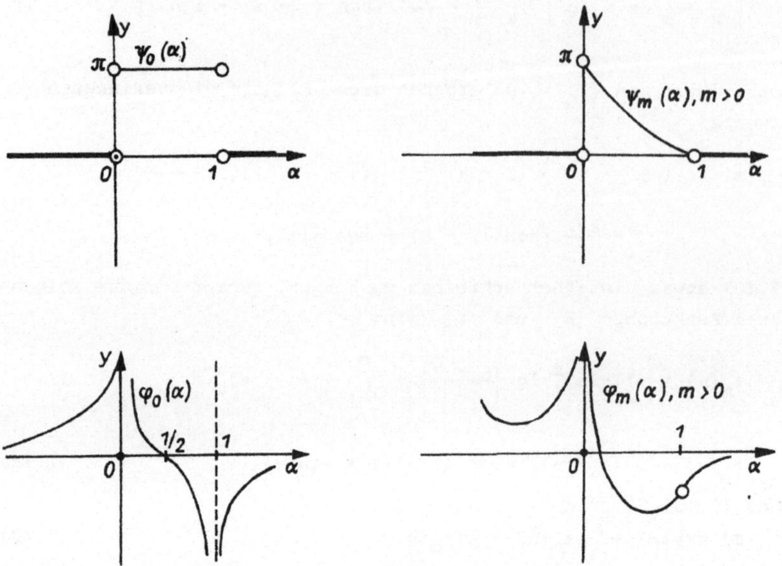

bedingungen die Werte $\alpha = 0$ und $\alpha = 1$ ausgezeichnet sind. Denken
wir uns zum Beispiel in dem Ausdruck (7.11) für ϕ_m den Wert $\alpha =$
$= 1 - 1/x$, d.h. $1 - \alpha = 1/x$, mit $x < 1$ eingesetzt, so geht er
über in

$$\phi_m\left(\frac{x-1}{x}\right) = \frac{1}{x^m}\left\{\lg \frac{1}{|x-1|} - \sum_{j=1}^{m} \frac{1}{j}\, x^j\right\}\;.$$

Danach ist $x^m \phi_m\left(\dfrac{x-1}{x}\right)$ genau $\lg \dfrac{1}{|x-1|}$, verkleinert um die m-te
Partialsumme der Potenzreihenentwicklung der Funktion $\lg \dfrac{1}{|x-1|}$,
also derselben Funktion.

7.2. Ansatz zur Lösung des Anfangswertproblems für
$$D(\partial/\partial x, \partial/\partial t)F = 0$$

7.2.1. Formulierung des allgemeinen Problems in p Dimensionen

Wir wollen jetzt das Anfangswertproblem für hyperbolische Differentialgleichungen behandeln, und zwar gleich für eine beliebige Anzahl
p von Raumdimensionen, weil sich eine wesentliche Differenz im

Charakter der Lösung in den Räumen von gerader bzw. ungerader Dimensionszahl herausstellt. Abgesehen von den Bezeichnungen sehen wir jetzt von jeglicher Bezugnahme auf den physikalischen Ursprung der Untersuchungen ab. Wir denken uns eine Funktion

$$F(x,t) = F(x_1,\ldots,x_p,t) \tag{7.16}$$

als Lösung der partiellen Differentialgleichung

$$D(\partial/\partial x,\partial/\partial t)\, F(x,t) = 0 \;. \tag{7.17}$$

Dabei ist

$$D = D(\xi,\tau)\;, \quad \xi = (\xi_1,\ldots,\xi_p)\;,$$

eine Form n-ten Grades in ξ und τ mit konstanten Koeffizienten, die sich bei geradem n als Polynom in τ von der Gestalt

$$D(\xi,\tau) = \tau^n + \mathcal{K}_2(\xi)\tau^{n-2} + \mathcal{K}_4(\xi)\tau^{n-4} + \ldots + \mathcal{K}_n(\xi) \tag{7.18}$$

schreiben läßt, unter $\mathcal{K}_k(\xi)$ ein homogenes Polynom in $\xi_1,\ldots,\xi_p$ vom k-ten Grade verstanden. Dann gilt

$$D(-\xi,-\tau) = D(\xi,\tau) \;. \tag{7.19}$$

Die Gleichung (7.17) hat die Form jener Differentialgleichung sechster Ordnung, auf die wir in Abschnitt 4.2. bei Abwesenheit äußerer Kräfte die fundamentalen Bewegungsgleichungen der Kontinuumsmechanik reduzieren konnten. Um uneingeschränkte Lösbarkeit des Anfangswertproblems sicherzustellen, nehmen wir an, daß die Differentialgleichung (7.17) hyperbolisch ist, d.h., daß für alle $\xi \neq 0$ die (algebraische) Gleichung $D(\xi,\tau) = 0$ in τ genau n reelle, voneinander verschiedene Wurzeln hat, von denen wir im Hinblick auf (7.19) sagen können, daß je zwei von ihnen entgegengesetzt gleich sind; wir bezeichnen sie mit

$$\tau_{\pm j} = \pm\, s_j(\xi)\;, \quad (j = 1,\ldots,\tfrac{n}{2})\;. \tag{7.20}$$

Man kann den hyperbolischen Charakter der Differentialgleichung durch eine geometrische Eigenschaft der durch die Gleichung

$$\mathcal{K}(\xi) = D(\xi,1) = 0 \tag{7.21}$$

gegebenen Normalenfläche interpretieren: Wir verlangen, daß diese Fläche in n/2 voneinander getrennte geschlossene Schalen zerfällt, von denen jede alle kleineren sowie den Nullpunkt umschließt. Ist ξ ein beliebiger Punkt des p-dimensionalen Raumes, so schneidet der durch ξ gehende Radiusvektor die j-te Schale in einem gewissen Punkt $\xi^{(j)}$ (vgl. Abb. 18).

Es ist also $\mathcal{K}(\xi^{(j)}) = 0$. Weil auch gemäß der Definition der τ_j

die Gleichung $D(\xi,\tau_j) = 0$ besteht, folgt unter Benutzung
der Homogenität der Form
$D(\xi,\tau)$

$$\tau_j^n \, D(\frac{\xi}{\tau_j}, 1) =$$

$$= \tau_j^n \, \mathcal{H}(\frac{\xi}{\tau_j}) = 0 \ ,$$

d.h., $\frac{\xi}{\tau_j}$ ist der eine, auf

der Geraden des Vektors ξ
gelegene Punkt der j-ten Schale. So schließen wir, daß

$$|\xi^{(j)}| = \frac{|\xi|}{\tau_j}$$

$$(j = 1,\ldots,\frac{n}{2})$$

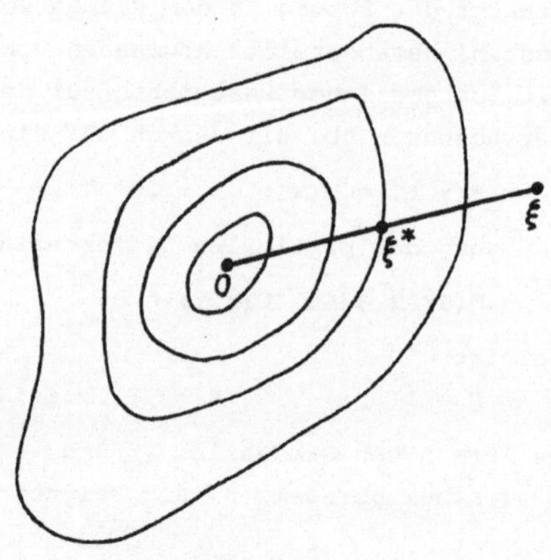

Abb. 18

gilt; somit sind

$$\tau_{\pm j} = \pm \, s_j(\xi) = \pm \, \frac{|\xi|}{|\xi^{(j)}|} \qquad (7.22)$$

die zwei der j-ten Schale zugeordneten Wurzeln der Gleichung
$D(\xi,\tau) = 0$.

Nun sei $F = F(x,t)$ die unbekannte Funktion, die der Differentialgleichung

$$D(\frac{\partial}{\partial x}, \frac{\partial}{\partial t}) \, F(x,t) = 0 \qquad (7.23)$$

genügt und für $t = 0$ die Anfangsbedingungen

$$F(x,0) = 0 \ , \quad \frac{\partial}{\partial t} \, F(x,t)_{t=0} = 0 \ , \quad \ldots,$$

$$\frac{\partial^{n-2}}{\partial t^{n-2}} \, F(x,t)_{t=0} = 0 \ , \quad \frac{\partial^{n-1}}{\partial t^{n-1}} \, F(x,t)_{t=0} = f(x) \qquad (7.24)$$

erfüllt, unter $f(x)$ eine weitgehend willkürliche Funktion verstanden. Außerdem setzen wir voraus, daß die Ordnung n der Differentialgleichung eine gerade Zahl, nicht kleiner als die Anzahl der Variablen ist, d.h.

$$n \geq p + 1 \ . \qquad (7.25)$$

Dies impliziert, daß die gewöhnliche Wellengleichung

$$\frac{\partial^2 F}{\partial t^2} = c^2 \sum_{\nu=1}^{p} \frac{\partial^2 F}{\partial \lambda_\nu^2}$$

für $p > 1$ sich nicht in diesen Zusammenhang einordnen läßt, sondern eine besondere Behandlung erfordert.

7.2.2. Ansatz der Lösung als Fouriersches Integral

Um das soeben formulierte Anfangswertproblem (7.24) der Differentialgleichung (7.23) zu lösen , beginnen wir damit, die vorgegebene Funktion f(x) durch ein p-faches Fourierintegral

$$f(x) = \int e^{i(x_1\xi_1+\ldots+x_p\xi_p)} \, g(\xi_1,\ldots,\xi_p) \, d\xi_1\ldots d\xi_p \qquad (7.26)$$

oder kürzer

$$f(x) = \int e^{i\,x'\xi} \, g(\xi) \, d\xi$$

anzusetzen , wobei das Integral über den ganzen p-dimensionalen
Raum R^p zu erstrecken ist. Die hier vorkommende Funktion $g(\xi)$
läßt sich vermittels der Fourierschen Umkehrformel bestimmen:

$$g(\xi) = \frac{1}{(2\pi)^p} \int e^{-i\,x'\xi} \, f(x) \, dx \; . \qquad (7.27)$$

Da die Anfangswertfunktion f(x) gemäß (7.26) durch lineare Superposition von Schwingungen $e^{ix'\xi}$ ($\xi \in R^p$) gebildet wird, genügt
es, die Lösung des Problems (7.23), (7.24) für die reine Schwingung
$e^{i\,x'\xi}$ als Anfangswertfunktion herzustellen, d.h. das Problem für
$f(x) = e^{i\,x'\xi}$ zu lösen und dann die allgemeine Lösung durch einen
Integrationsprozeß über ξ ($\xi \in R^p$) aus den speziellen Lösungen
zusammenzusetzen.

Es sei also zunächst $f(x) = e^{i\,x'\xi}$ mit beliebigem fest gewähltem
ξ . Wir wollen zeigen, daß in diesem Falle das Anfangswertproblem
durch die Funktion

$$\Gamma(x,\xi,t) = \frac{c}{2\pi i^n} \oint \frac{e^{i(x'\xi+t\tau)}}{D(\xi,\tau)} \, d\tau \qquad (7.28)$$

gelöst wird. Dabei ist das
Integral mit τ als Integrationsvariable in der komplexen
τ-Ebene, längs einer einfach
geschlossenen Kurve zu erstrecken, welche alle Singularitäten des Integranden, als
Funktion von τ aufgefaßt,
einschließt; diese Singularitäten sind die Nullstellen
(7.20) des Nenners.

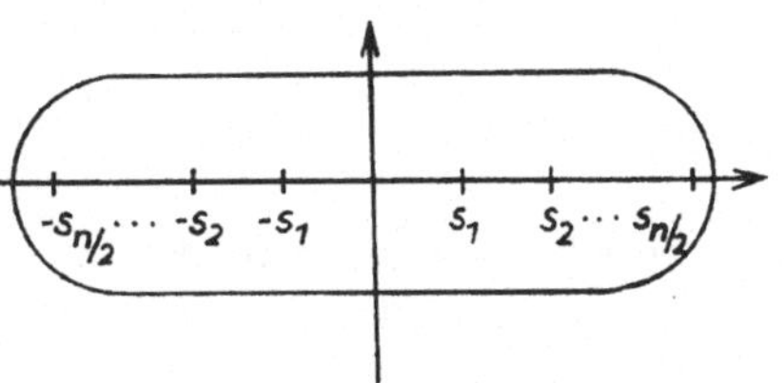

Abb. 19

Wir zeigen zuerst, daß Γ der Differentialgleichung (7.23) genügt.

Aus

$$\frac{\partial}{\partial x_j}\, e^{i(x'\xi+t\tau)} = i\xi_j\, e^{i(x'\xi+t\tau)} \quad \text{und}$$

$$\frac{\partial}{\partial t}\, e^{i(x'\xi+t\tau)} = i\tau\, e^{i(x'\xi+t\tau)}$$

schließen wir:

$$D(\partial/\partial x,\partial/\partial t)\, e^{i(x'\xi+t\tau)} = D(i\xi,i\tau)\, e^{i(x'\xi+t\tau)}$$

$$= i^n\, D(\xi,\tau)\, e^{i(x'\xi+t\tau)} \; .$$

Wendet man dies auf (7.28) an, so findet man

$$D(\partial/\partial x,\partial/\partial t)\, \Gamma(x,\xi,t) = \frac{1}{2\pi i^n} \oint \frac{i^n D(\xi,\tau)\, e^{i(x'\xi+t\tau)}}{D(\xi,\tau)}\, d\tau$$

$$= \frac{1}{2\pi}\, e^{ix'\xi} \oint e^{it\tau}\, d\tau = 0 \; ,$$

weil der letzte Integrand keine Pole im Innern des Integrationsweges
enthält. Die angegebene Funktion $\Gamma(x,\xi,t)$ genügt also der Differentialgleichung (7.23).

Es bleibt zu zeigen, daß Γ die Anfangswerte (7.24) annimmt. Nach
Definition ist

$$\frac{\partial^k}{\partial t^k}\, \Gamma(x,\xi,t) = \frac{1}{2\pi i^{n-k}} \oint \frac{e^{i(x'\xi+t\tau)}}{D(\xi,\tau)}\, \tau^k\, d\tau \; ,$$

also für $t = 0$

$$\frac{\partial^k}{\partial t^k}\, \Gamma(x,\xi,0) = \frac{1}{2\pi i^{n-k}}\, e^{ix'\xi} \oint \frac{\tau^k}{D(\xi,\tau)}\, d\tau \; , \qquad (7.29)$$

wobei über einen geschlossenen Weg, der alle Singularitäten im Innern enthält, integriert wird. Wir ersetzen für $k \leq n - 2$ den Integrationsweg durch einen Kreis vom Radius R mit dem Ursprung als
Mittelpunkt. Dabei soll R beliebig sein, und der Kreis soll alle
Singularitäten des Integranden im Innern enthalten. Dann ist $\tau =$
$= R\, e^{i\theta}$, und der sich daraus ergebende Integrand verhält sich für
große R wie R^{k+1} zu R^n , so daß nach (7.29) gilt

$$\frac{\partial^k}{\partial t^k}\, \Gamma(x,\xi,0) = \frac{1}{2\pi i^{n-k}}\, e^{ix'\xi} \lim_{R\to\infty} \int_{C_R} \frac{\tau^k}{D(\xi,\tau)}\, d\tau = 0$$

für $k = 0,1,\ldots,n-2$. Für $k = n - 1$ wählt man denselben Kreis

$$C_R : \tau = R\, e^{i\theta}$$

als Integrationsweg und erhält

$$\frac{\partial^{n-1}}{\partial t^{n-1}}\, \Gamma(x,\xi,0) = \frac{1}{2\pi i}\, e^{ix'\xi} \int_{C_R} \frac{\tau^{n-1}}{D(\xi,\tau)}\, d\tau =$$

$$= \frac{e^{ix'\xi}}{2\pi i} \int_0^{2\pi} \frac{R^{n-1}\, e^{i(n-1)\theta}\, i\, R\, e^{i\theta}}{D(\xi, Re^{i\theta})}\, d\theta \; ;$$

nach (7.18) ist

$$\frac{\partial^{n-1}}{\partial t^{n-1}}\, \Gamma(x,\xi,0) =$$

$$= \frac{e^{ix'\xi}}{2\pi} \int_0^{2\pi} \frac{d\theta}{c + \mathcal{K}_2(\xi)R^{-2}e^{-2i\theta} + \ldots + \mathcal{K}_n(\xi)R^{-n}e^{-in\theta}}$$

Läßt man $R \longrightarrow \infty$ streben, so erhalten wir als Ergebnis

$$\frac{\partial^{n-1}}{\partial t^{n-1}}\, \Gamma(x,\xi,0) = e^{ix'\xi} \; ,$$

womit das Anfangswertproblem (7.23), (7.24) für den Spezialfall
$f(x) = e^{ix'\xi}$ gelöst ist.

Nach der oben angedeuteten Methode können wir nun das Problem für
eine beliebige Anfangswertfunktion $f(x)$ lösen. Diese war in (7.26)
mit Hilfe der Koeffizientenfunktion $g(\xi)$ (7.27) aus Grundfunktionen
der Form $e^{ix'\xi}$ zusammengesetzt worden. In der gleichen Weise erhalten wir die Lösung $F(x,t)$ des Problems (7.23), (7.24), indem
wir die Funktionen $\Gamma(x,\xi,t)$ mit derselben Koeffizientenfunktion
$g(\xi)$ zusammensetzen:

$$F(x,t) = \int_{(\xi)} \Gamma(x,\xi,t)\, g(\xi)\, d\xi \; , \tag{7.30}$$

wobei das Integral über den ganzen p-dimensionalen ξ-Raum zu erstrecken ist.

Schließlich wollen wir dieses Integral so schreiben, daß es außer
dem "Kern" $\Gamma(x,\xi,t)$, der für alle Anfangsbedingungen vom Typ (7.24)
derselbe ist, nur noch die gegebene Funktion $f(x)$ enthält. Dazu
setzen wir den Ausdruck (7.27) für $g(\xi)$ in (7.30) ein und erhalten
so

$$F(x,t) = \frac{1}{(2\pi)^p} \int_{(\xi)} \Gamma(x,\xi,t) \int_{(y)} e^{-iy'\xi}\, f(y)\, dy\, d\xi \; .$$

Da immer über den ganzen Raum zu integrieren ist, können wir die Integrationsvariable y durch x + y ersetzen, und wenn wir dann die
beiden Integrationen nach ξ und nach y in der Reihenfolge vertauschen, so folgt

$$F(x,t) = \frac{1}{(2\pi)^p} \int_{(y)} \int_{(\xi)} \Gamma(x,\xi,t)\, e^{-i(x'+y')\xi}\, f(x + y)\, d\xi\, dy$$

und im Hinblick auf (7.28)

$$F(x,t) = \int\limits_{(y)} K(y,t)\, f(x + y)\, dy \tag{7.31}$$

mit

$$K(y,t) = \frac{1}{(2\pi)^{p+1} i^n} \int\limits_{(\xi)} e^{-iy'\xi} \left\{ \oint\limits_C \frac{e^{it}}{D(\xi,\tau)}\, d\tau \right\} d\xi \ . \tag{7.32}$$

Diese Funktion $K(y,t)$ nennt man den lösenden Kern des Anfangswertproblems (7.23), (7.24).

7.2.3. Einfachste Eigenschaften des lösenden Kerns $K(x,t)$

Zunächst wollen wir bestätigen, daß die Funktion $K(x,t)$ selbst
eine Lösung der partiellen Differentialgleichung (7.23) ist. Um die
Differentiationsoperation $D(\frac{\partial}{\partial x}, \frac{\partial}{\partial t})$ auf die Funktion $K(x,t)$ anzuwenden, braucht man sie nur im Integranden auszuführen. Beachten
wir, daß sich bei Differentiation nach x_j bzw. nach t der Integrand mit $-i\xi_j$ bzw. mit $i\tau$ multipliziert, so sehen wir, daß
sich bei Ausführung der Operation $D(\frac{\partial}{\partial x_1},\dots,\frac{\partial}{\partial x_p}, \frac{\partial}{\partial t})$ der Integrand
mit $D(-i\xi,i\tau) = i^n D(-\xi,\tau)$ multipliziert. Dies stimmt nach (7.18)
mit $i^n D(\xi,\tau)$ überein, so daß sich der Ausdruck $D(\xi,\tau)$ im
Nenner forthebt. Der Integrand des Kontourintegrals ist daher nach
dem Differentiationsprozeß frei von Singularitäten, so daß das Integral verschwindet. Folglich gilt

$$D(\frac{\partial}{\partial x}\, , \frac{\partial}{\partial t})\, K(x,t) = 0 \ .$$

Bemerken wir, daß $K(x,t)$ keinen Anfangsbedingungen vom Typ (7.24)
genügt. Mit Rücksicht auf (7.31) erkennt man, daß die Anfangswertfunktion f für $K(x,t)$ die Diracsche δ-Funktion sein würde:

$$\delta(x) = 0 \quad \text{für} \quad x \neq 0 \ , \quad \int\limits_{-\varepsilon}^{\varepsilon} \delta(x)\, dx = 1$$

für beliebiges $\varepsilon > 0$. Es ist bekannt, daß eine solche Funktion
nicht existiert.

Die Funktion $K(x,t)$ ist positiv homogen in x und t . Um dies zu
zeigen, nehmen wir an, daß $t > 0$ sei. Ersetzen wir in (7.32) die
Integrationsvariablen ξ , τ durch ξ/t bzw. τ/t , so bleiben die
Integrationsgrenzen für ξ unverändert, da ja über den ganzen ξ-Raum
integriert wird, und $d\xi$ ist durch $t^{-p} d\xi$ zu ersetzen. Bezüglich τ
sollte über einen im positiven Sinne zu durchlaufenden beliebig großen Kreis in der τ-Ebene integriert werden, der wegen $t > 0$ in
einen im gleichen Sinne zu durchlaufenden Kreis übergeht, der immer
noch hinreichend groß gewählt werden kann; dabei wird $d\tau$ durch

$t^{-1} d\tau$ ersetzt, und weil

$$D\left(\frac{\xi}{t}, \frac{\tau}{t}\right) = t^{-n} D(\xi,\tau)$$

ist, folgt nach (7.32)

$$K(x,t) = \frac{1}{(2\pi)^{p+1} i^n} \int e^{-ix'\frac{\xi}{t}} t^{-p} \, d\xi \int_C \frac{e^{i\tau}}{t^{-n} D(\xi,\tau)} \, d\tau =$$

$$= \frac{t^{n-p-1}}{(2\pi)^{p+1} i^n} \int e^{-i\frac{x'}{t}\xi} \, d\xi \int_C \frac{e^{i\tau}}{D(\xi,\tau)} \, d\tau \; ;$$

also ist

$$K(x,t) = t^{n-p-1} K(x,1) \qquad\qquad (7.33)$$

für alle $t > 0$. Folglich ist $K(x,t)$ positiv homogen vom Grade m in x und t , wenn

$$m = n - p - 1 \qquad\qquad (7.34)$$

gesetzt wird. Auf Grund der Voraussetzung (7.25) ist der Homogeni-
tätsgrad $m \geq 0$; außerdem ist, da die Anzahl p der Raumvariablen
sicher mindestens eins beträgt, auch $m \leq n - 2$. Wegen der Homoge-
nitätseigenschaft (7.33) von $K(x,t)$ genügt es, sich weiterhin nur
mit $K(x,1)$ zu beschäftigen.

7.3.   Berechnung des lösenden Kerns

7.3.1. Anwendung des Residuensatzes

Um den Ausdruck (7.32) für den lösenden Kern $K(x,t)$, mit dem wir
die Lösung unseres Anfangswertproblems konstruiert hatten, zu vereinfachen, liegt es nahe zu versuchen, das (innere) Kontourintegral mit
Hilfe des Residuensatzes auszuwerten. Weil es über einen positiv zu
durchlaufenden Kreis um den Ursprung der τ-Ebene erstreckt wird, der
die Singularitäten $\tau_{\pm j} = \pm s_j(\xi)$ $(j = 1,\ldots,\frac{n}{2})$ enthält, ergibt
sich unmittelbar

$$\oint_C \frac{e^{it\tau}}{D(\xi,\tau)} \, d\tau = 2\pi i \sum_{j=-\frac{n}{2}}^{\frac{n}{2}} {}' \frac{e^{it\tau_j}}{D_\tau(\xi,\tau_j)} \quad \text{mit}$$

$$\qquad\qquad (7.35)$$

$$D_\tau(\xi,\tau) = \frac{\partial}{\partial \tau} D(\xi,\tau) \; .$$

Der Strich am Summenzeichen soll andeuten, daß der Term mit $j = 0$
in der Summe auszulassen ist.

Für die weitere Berechnung von $K(x,t)$ hätte man nun die rechte
Seite von (7.35) mit $e^{-ix'\xi}$ zu multiplizieren und dann über den
ganzen ξ-Raum zu integrieren. Da erhebt sich jedoch die Schwierigkeit,
daß man jene Summe nicht gliedweise integrieren kann, weil in jedem

Glied für $\xi = 0$ eine nicht zu vernachlässigende Singularität existiert. In der Tat haben wir nach (7.21), da $D_\tau(\xi,\tau)$ positiv homogen vom $(n-1)$-ten Grad in ξ, τ ist, wenn ω den Einheitsvektor in der Richtung von ξ bezeichnet,

$$D_\tau(\xi,\tau_j) = D_\tau\left(\xi, \frac{|\xi|}{|\xi^{(j)}|}\right) = D_\tau\left(|\xi|\omega, |\xi|\, |\xi^{(j)}|^{-1}\right) =$$

$$= |\xi|^{n-1} D_\tau\left(\omega, |\xi^{(j)}|^{-1}\right) \asymp |\xi|^{n-1} ,$$

wobei das Zeichen $\asymp$ bedeutet: "gleich bis auf einen beschränkten Faktor". Daraus folgt, daß mit $\xi \longrightarrow 0$ auch $D_\tau(\xi,\tau_j)$ gegen null strebt, und zwar wie $|\xi|^{n-1}$. Ferner ist das Volumendifferential

$$d\xi = d\xi_1 \dots d\xi_p \asymp |\xi|^{p-1} d\omega\, d|\xi| ,$$

wenn $d\omega$ das Oberflächenelement der Einheitskugel im p-dimensionalen ξ-Raum bezeichnet. Der vom j-ten Glied der Summe $\sum'$ herstammende Integrand ist mithin

$$e^{-ix'\xi} \frac{e^{it}}{D_\tau(\xi,\tau_j)}\, d\xi \asymp \frac{d\omega\, d|\xi|}{|\xi|^{n-p}} .$$

Weil nach (7.25) $n - p \geq 1$ ist, kann das entsprechende Integral bei der Annäherung an $\xi = 0$ nicht konvergieren.

Man muß also anders vorgehen, um zu einem brauchbaren Ausdruck für das Integral (7.35) zu kommen. Bezeichnen wir mit

$$g_m(z) = \sum_{\mu=0}^{m} \frac{z^\mu}{\mu!} , \quad m = n - p - 1 \quad (\text{vgl. } (7.34))$$

die m-te Partialsumme der Exponentialreihe und setzen

$$e^z - g_m(z) = R_m(z) ,$$

dann gilt

$$\oint_C \frac{e^{it\tau}}{D(\xi,\tau)}\, d\tau = \oint_C \frac{R_m(it\tau)}{D(\xi,\tau)}\, d\tau + \oint_C \frac{g_m(it\tau)}{D(\xi,\tau)}\, d\tau .$$

Weil nach (7.34) der Grad von $g_m(z)$, d.i. m, nicht größer als $n - 2$ ist, während $D(\xi,\tau)$ in τ den Grad n hat, verschwindet das zweite Integral auf der rechten Seite, und es folgt:

$$\oint_C \frac{e^{it\tau}}{D(\xi,\tau)}\, d\tau = \oint_C \frac{R_m(it\tau)}{D(\xi,\tau)}\, d\tau , \tag{7.36}$$

was nach erneuter Anwendung des Residuensatzes gleich

$$2\pi i \sum_{j=-\frac{n}{2}}^{\frac{n}{2}}{}' \frac{R_m(i\tau_j t)}{D_\tau(\xi,\tau_j)} \tag{7.37}$$

wird. Im Hinblick auf (7.32) und die darunter stehende Bemerkung bleibt also

$$K(x,1) = \frac{1}{(2\pi)^{p-1} i^{n-1}} \int\limits_{(\eta)} e^{-ix'\eta} \sum\limits_{j=-\frac{n}{2}}^{\frac{n}{2}} {}' \frac{R_m(i\tau_j)}{D_\tau(\eta,\tau_j)} \, d\eta \qquad (7.38)$$

auszuwerten; um die Bezeichnung ξ später frei zu haben, ist die
Integrationsvariable hier mit η bezeichnet.

Die Glieder der Summe (7.36), jedes mit $e^{-ix'\eta}$ multipliziert, kann
man nun einzeln bezüglich η integrieren. Weil die Rest-Reihe

$$R_m(i\tau_j) = R_m(i|\xi^{(j)}|^{-1}|\xi|) \quad \text{mit} \quad \frac{i^{m+1}}{(m+1)!} |\xi^{(j)}|^{-(m+1)} |\xi|^{m+1} \quad \text{be-}$$

ginnt, wird der Integrand mit $|\eta| = \rho$:

$$e^{-ix'\eta} \frac{R_m(i\tau_j)\,d\eta}{D_\tau(\eta,\tau_j)} \approx \frac{\rho^{m+1}\rho^{p-1}}{\rho^{n-1}} \, d\rho \, d\omega = \rho^{m+1+p-n} \, d\rho \, d\omega =$$

$$= \rho^c \, d\rho \, d\omega \, ,$$

so daß er in jeder kleinen Umgebung von $\eta = 0$ endlich bleibt, das
Integral dort also konvergiert.

Zur Abschätzung des Integranden im Falle großer ρ beachten wir, daß
wegen $|e^{i\tau_j}| = 1$

$$R_m(i\tau_j) \doteq e^{i\tau_j}\{1 - e^{-i\tau_j} g_m(i\tau_j)\} \approx \rho^m$$

ist und das höchste Glied des Polynoms $g_m(z)$ die Ordnung m hat.
Überdies ist

$$e^{-ix'\eta} = e^{-i\kappa\rho} \, , \quad \kappa = |x| \, \cos(x,\eta) \, .$$

Daher haben wir

$$e^{-ix'\eta} \frac{R_m(i\tau_j)}{D_\tau(\eta,\tau_j)} \, d\eta \approx e^{-i\kappa\rho} \frac{\rho^{p-1}}{\rho^{n-1}} \rho^m \, d\rho \, d\omega = \frac{e^{-i\kappa\rho}}{\rho} \, d\rho \, d\omega \, ,$$

und das entsprechende Integral über den η-Raum ist konvergent. Die
Integration in (7.37) kann daher gliedweise ausgeführt werden.

7.3.2. Anwendung der Integralformeln aus 7.1.

Wir wenden uns jetzt der gliedweisen Integration in (7.38) zu, d.h.
der expliziten Berechnung von $K(x,1)$.

Jedem der n Glieder der Summe entspricht eine Wurzel der Gleichung
$D(\eta,\tau) = 0$. Je zwei Glieder der Summe, die zwei entgegengesetzt
gleichen Werte von τ , τ_{+j} und τ_{-j} entsprechen, ordnen wir eines
der Ovale der Normalenfläche (7.21) zu. Es sei η ein Punkt des
Raumes, und wir ordnen ihm den Schnittpunkt $\xi^{(j)}$ des positiven
Strahls $\overline{O\eta}$ mit dem j-ten Oval zu. In unserer jetzigen Bezeichnungsweise ist somit gemäß der Formel (7.22)

$$s_j(\eta) = |\eta| / |\xi^{(j)}| \; . \tag{7.39}$$

Dann sind die beiden Wurzeln, die dem j-ten Oval entsprechen,

$$\tau_j = s_j(\eta) \quad \text{und} \quad \tau_{-j} = - s_j(\eta) \; .$$

Zur Ausführung der Integration über den η-Raum in den beiden dem j-ten Oval $\mathcal{O}_j$ entsprechenden Termen von (7.38) wollen wir eine Art von verallgemeinerten Polarkoordinaten einführen, bei denen $\mathcal{O}_j$ selbst die Rolle der Einheitskugel bei den gewöhnlichen Polarkoordinaten übernimmt: An Stelle von $\eta_1,\ldots,\eta_p$ nehmen wir die $p + 1$ Variablen $\xi_1,\ldots,\xi_p$, s , wobei s im Falle des zur positiven Wurzel τ_j gehörigen Terms nichtnegativ sein soll, und

$$\eta_k = s\xi_k \quad (k = 1,\ldots,p) \; ,$$

unter $\xi = (\xi_1,\ldots,\xi_p)$ ein beliebiger Punkt des j-ten Ovals verstanden, d.i. also der früher mit $\xi^{(j)}$ bezeichnete Punkt. Die ξ_k sind folglich nicht unabhängig, vielmehr müssen sie die Gleichung $\mathcal{K}(\xi) = 0$ erfüllen, (oder genauer: die Gleichung $\mathcal{K}^{(j)}(\xi) = 0$ des Ovals $\mathcal{O}_j$, wenn $\mathcal{K}^{(j)}(\xi)$ ein irreduzibler Faktor des Polynoms $\mathcal{K}(\xi)$ ist).

Um das Integral auf die neuen Koordinaten umzurechnen, haben wir zunächst das Volumenelement mit Hilfe der neuen Variablen auszudrücken. Wir wollen dies auffassen als Ausschnitt aus einer Pyramide mit der Spitze in O , deren Erzeugende durch die Berandung des Oberflächenelements do_ξ am Punkte ξ des Ovals $\mathcal{O}_j$ hindurchgehen (vgl. Abb. 20; der Pyramidenausschnitt erscheint als das schraffierte Trapez). Es seien ferner T_ξ die Tangentialebene an $\mathcal{O}_j$ im Punkt ξ , n ihre Normalenrichtung und $\sphericalangle (n,\xi) = \theta$. Das durch die Pyramide ausgeschnittene Flächenelement am Punkt $\eta = s\xi$ hat den Inhalt $s^{p-1} do_\xi$, und daher ist der Rauminhalt des Pyramidenausschnittes von der Höhe $d|\eta|$ cos θ gegeben durch

$$s^{p-1} \cos \theta \; d|\eta| \; do_\xi = s^{p-1} \, n'\xi \; do_\xi \; ds \; ,$$

weil bei festgehaltenem ξ die Relation $d|\eta| = |\xi|$ ds gilt. Wir bemerken noch, daß

$$n'\xi = |\xi| \cos \theta = OP = \ell$$

die Länge des Lots von O auf die Ebene T_ξ darstellt.

Schließlich hat man noch die im Nenner des Integranden vorkommende Funktion $D_\tau(\eta,\tau) = \frac{\partial}{\partial \tau} D(\eta,\tau)$ auf die neuen Koordinaten umzuschreiben. Für die dem Oval $\mathcal{O}_j$ entsprechenden Glieder hat man τ vermöge der Formeln $\tau_j = s_j(\eta)$, $\tau_{-j} = - s_j(\eta)$ als Funktion von η einzuführen. Dann ist $\eta = s_j\xi$, weil ξ und η gleichgerichtete

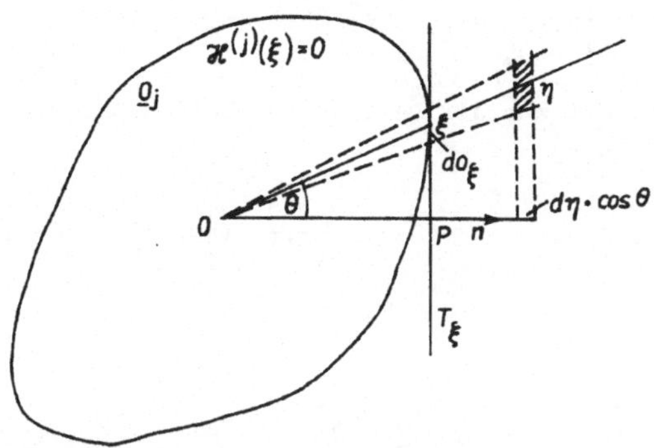

Abb. 20

Ortsvektoren sind, und wegen der Homogenität von $D_\tau(\eta,\tau)$ ist

$$D_\tau(\eta,\tau_j) = D_\tau(\xi\tau_j,\tau_j) = \tau_j^{n-1} D_\tau(\xi,1) \ . \tag{7.40}$$

Andererseits gilt

$$D(\xi,\tau) = \tau^n \ \mathcal{H}(\tfrac{\xi}{\tau}) \ ,$$

folglich ist

$$D_\tau(\xi,\tau) = n\tau^{n-1} \ \mathcal{H}(\tfrac{\xi}{\tau}) - \tau^{n-1} \xi_k \ \mathcal{H}_k(\tfrac{\xi}{\tau}) \quad \text{mit}$$

$$\mathcal{H}_k = \mathcal{H}_k(\xi) = \frac{\partial \mathcal{H}}{\partial \xi_k} \ .$$

Wegen $\mathcal{H}(\xi) = 0$ ist für $\tau = 1$

$$D_\tau(\xi,1) = - \xi_k \ \mathcal{H}_k \ ,$$

so daß nach (7.40) gilt

$$D_\tau(\eta,\tau_j) = - \tau_j^{n-1} \xi_k \ \mathcal{H}_k(\xi) \ .$$

Beachtet man wieder, daß $n - 1 - (p - 1) = n - p = m + 1$ war, und setzt man

$$d\omega_\xi = \frac{n'\xi}{\xi_k \mathcal{H}_k(\xi)} \ do_\xi \ ,$$

so ergibt sich für das Integral des dem Werte $\tau = \tau_j$ entsprechenden Terms

$$- \frac{1}{(2\pi)^p i^{n-1}} \int\limits_{O_1} d\omega_\xi \int\limits_{s=0}^{\infty} \frac{R_m(is)e^{-ix'\xi s}}{s^{m+1}} \ ds \ .$$

In ähnlicher Weise erhält man für das zur Wurzel $\tau = -\tau_j = -s_j(n)$ gehörige Integral

$$(-1)^{p+1} \frac{1}{(2\pi)^p i^{n-1}} \int\limits_{\sigma_j} d\omega_\xi \int\limits_{-\infty}^{0} e^{-ix'\xi s} \frac{R_m(is)}{s^{m+1}} \, ds \ .$$

Zusammenfassend findet man als Beitrag der beiden Wurzeln, die dem j-ten Oval entsprechen,

$$-\frac{1}{(2\pi)^p i^{n-1}} \int\limits_{\sigma_j} d\omega_\xi \int\limits_{-\infty}^{\infty} e^{-ix'\xi s} \frac{R_m(is)}{s^{m+1}} (\mathrm{sgn}\ s)^{p+1} \, ds \ ,$$

nach (7.38) gilt also

$$K(x,1) = -\frac{1}{(2\pi)^p i^{n-1}} \sum_{j=1}^{n/2} \int\limits_{\sigma_j} d\omega_\xi \cdot$$

$$\cdot \ \{ \int\limits_{-\infty}^{\infty} e^{-ix'\xi s} \frac{R_m(is)}{s^{m+1}} (\mathrm{sgn}\ s)^{p+1} \, ds] \ . \tag{7.41}$$

Um $K(x,1)$ zu berechnen, hat man zuerst das innere Integral in geschweiften Klammern auszuwerten; dazu werden die Formeln (7.14) und (7.15) gebraucht. Man erhält so eine Funktion von ξ , die über σ_j mit dem abgeänderten Oberflächenelement zu integrieren ist. Dann bildet man die Summe dieser Integrale und erhält unmittelbar $K(x,1)$. Dabei ergeben sich verschiedenartige Formeln, je nachdem, ob p gerade oder ungerade ist.

Zunächst sei p ungerade. Dann fällt das Glied $(\mathrm{sgn}\ s)^{p+1}$ weg, man erhält nach (7.14)

$$\int\limits_{-\infty}^{\infty} e^{-i(x'\xi)s} \frac{R_m(is)}{s^{m+1}} \, ds = \frac{2i^{m+1}}{m!} \, \psi_m(x'\xi)$$

und nach (7.41)

$$K(x,1) = \kappa \sum_{j=1}^{n/2} \int\limits_{\sigma_j} \psi_m(x'\xi) \, d\omega_\xi \tag{7.42}$$

mit

$$\kappa = (-1)^{\frac{p(p+1)}{2}} \frac{1}{(2\pi)^p m!} \ .$$

Ist dagegen p gerade, so wird

$$(\mathrm{sgn}\ s)^{p+1} = \mathrm{sgn}\ s \ ,$$

man erhält nach (7.15)

$$\int_{-\infty}^{\infty} e^{-i(x'\xi)s} \; \frac{R_m(is)}{s^{m+1}} \; \text{sgn } s \; ds = \frac{2i^{m+1}}{m!} \; \phi_m(x'\xi) \;,$$

und infolgedessen wird (7.41) zu

$$K(x,1) = \kappa \sum_{j=1}^{n/2} \int_{\mathcal{O}_j} \phi_m(x'\xi) \; d\omega_\xi \tag{7.43}$$

mit demselben κ wie in (7.42).

7.4. Rationales Oberflächenelement $d\omega_\xi$

7.4.1. Umrechnung und Vorzeichenbestimmung

Die beiden Ausdrücke (7.42) und (7.43) lassen sich weitgehend vereinfachen. Dazu leiten wir einen Satz für Integrale in $d\omega_\xi$ über die Ovale ab.

Da die Gleichung $\mathcal{H}(\xi) = 0$ die Normalenfläche darstellt, wird ihre Normale im Punkt ξ durch

$$n = \text{grad}_\xi \, \mathcal{H} / |\text{grad}_\xi \, \mathcal{H}| \tag{7.44}$$

gegeben, woraus

$$\xi'n = \xi' \, \text{grad}_\xi \, \mathcal{H} / |\text{grad}_\xi \, \mathcal{H}|$$

folgt, und es ergibt sich

$$d\omega_\xi = \pm \frac{do_\xi}{|\text{grad}_\xi \, \mathcal{H}|} \;, \tag{7.45}$$

wobei

$$\text{sgn } d\omega_\xi = \text{sgn} \, (\xi' \, \text{grad}_\xi \, \mathcal{H})$$

ist. Der Ausdruck

$$\xi' \, \text{grad}_\xi \, \mathcal{H} = \sum_{j=1}^{p} \xi_j \, \mathcal{H}_j$$

ist der Differentialquotient von $\mathcal{H}$ in positiver Richtung des Radiusvektors; auf den Ovalen ist $\mathcal{H}$ gleich null. Daher wird $\xi' \, \text{grad}_\xi \, \mathcal{H}$ und damit $d\omega_\xi$ positiv oder negativ sein, je nachdem, ob $\mathcal{H}$ beim Durchgang von innen nach außen durch das betreffende Oval von negativen zu positiven oder von positiven zu negativen Werten übergeht. Da $\mathcal{H}$ bei jedem Durchgang durch ein Oval sein Vorzeichen wechselt und zwischen zwei Ovalen konstantes Vorzeichen hat, wird $d\omega_\xi$ von einem Oval zum nächsten verschiedene Vorzeichen haben.

Im innersten Oval ist $\mathcal{H}(0) = D(0,1)$, und $\mathcal{H}$ hat das Vorzeichen von $D(0,1)$, also gilt auf dem innersten Oval $\text{sgn } d\omega_\xi =$

$$= - \operatorname{sgn} D(0,1)$$

Die Aufstellung des Oberflächenelements zeigt den wesentlichen Charakter von
$d\omega_\xi$. Nehmen wir etwa an, daß
sich die Gleichung $\mathcal{K}(\xi) = 0$
nach ξ_p auflösen läßt in
der Form

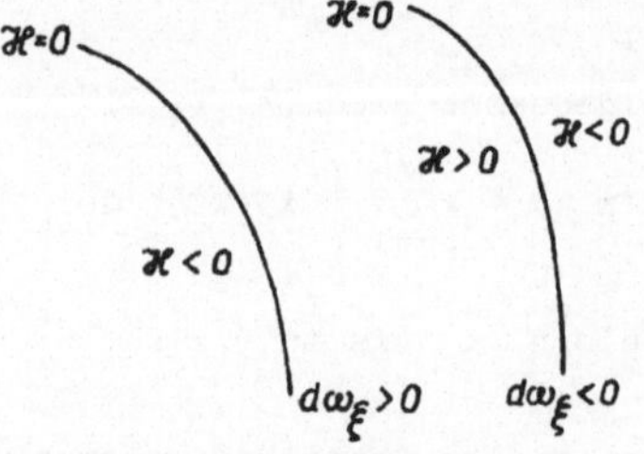

$$\xi_p = f(\xi_1,\ldots,\xi_{p-1}) \ .$$

In diesen Koordinaten wird das Oberflächenelement durch

$$do_\xi = \frac{d\xi_1\ldots d\xi_{p-1}}{\cos \gamma} \tag{7.46}$$

gegeben, wo γ der Winkel zwischen der ξ_p-Achse und der Normalen
n im Punkt ξ ist (vgl. Abb. 21), welche unter (7.44) angegeben
wurde.

Hieraus folgt, daß im Falle
$\xi^* = (0,\ldots,1)$

$$n'\xi^* = \cos \gamma =$$
$$= \frac{1}{|\operatorname{grad}_\xi \mathcal{K}|} \frac{\partial \mathcal{K}}{\partial \xi_p}$$

gilt. Somit ergibt sich aus
(7.45) und (7.46)

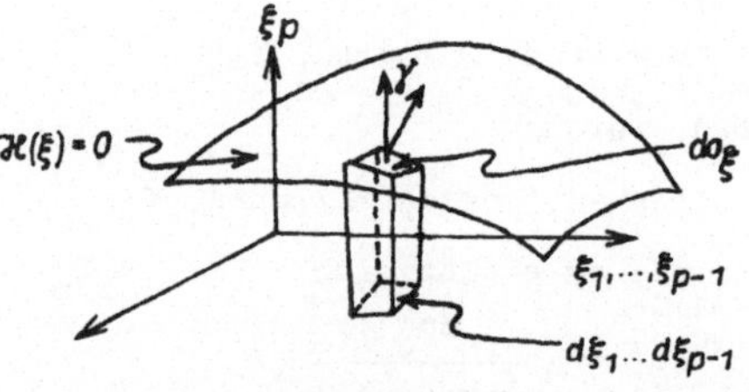

Abb. 21

$$d\omega_\xi = \pm \frac{1}{\mathcal{K}_p(\xi)} \, d\xi_1\ldots d\xi_{p-1} \ . \tag{7.47}$$

Das Vorzeichen ist nach den obigen Ausführungen zu wählen. Dieses
$d\omega_\xi$ ist ein rationales Flächendifferential in dem Sinne, daß es sich
durch ein Produkt ausdrücken läßt, also rational durch $d\xi_1\ldots d\xi_{p-1}$
mal eine rationale Funktion in ξ .

7.4.2. Bedeutung in der Theorie der algebraischen Integrale

Dieses rationale Flächenelement spielt auch eine Rolle in der Theorie
der algebraischen Kurven und Flächen im p-dimensionalen Raum. Um dies
klar zu machen, betrachten wir z.B. den einfachsten Fall $p = 2$. Die
Gleichung $\mathcal{K}(\xi_1,\xi_2) = 0$ bestimmt eine algebraische Kurve in der
$\xi_1\xi_2$-Ebene. Es sei $f(\xi_1,\xi_2)$ eine rationale Funktion von ξ_1 , ξ_2 ,
und wir betrachten das Integral

$$\int f(\xi_1,\xi_2) \, d\omega_\xi$$

über diese Kurve mit

$$d\omega_\xi = \pm \frac{1}{\mathcal{K}_2} d\xi_1 \ , \quad \mathcal{K}_2 = \partial \mathcal{K}/\partial \xi_2 \ .$$

Weil längs der Kurve

$$d\mathcal{K} = \mathcal{K}_1 \, d\xi_1 + \mathcal{K}_2 \, d\xi_2 = 0 \ , \quad \text{also} \quad \frac{d\xi_1}{\mathcal{K}_2} = - \frac{d\xi_2}{\mathcal{K}_1}$$

gilt, können wir das Integral als ein Linienintegral

$$\int f(\xi_1,\xi_2) \, d\omega_\xi = \int f(\xi_1,\xi_2) \, \frac{d\xi_1}{\mathcal{K}_2} = - \int f(\xi_1,\xi_2) \, \frac{d\xi_2}{\mathcal{K}_1}$$

schreiben, oder da mit willkürlichen Konstanten c_1 , c_2 die Beziehung

$$\frac{d\xi_1}{\mathcal{K}_2} = \frac{c_1 d\xi_1 + c_2 d\xi_2}{c_1 \, \mathcal{K}_2 - c_2 \, \mathcal{K}_1}$$

besteht, so hat man auch

$$\int f(\xi_1,\xi_2) \, d\omega_\xi = \int f(\xi_1,\xi_2) \, \frac{c_1 d\xi_1 + c_2 d\xi_2}{c_1 \, \mathcal{K}_2 - c_2 \, \mathcal{K}_1} \ .$$

Dieses Integral läßt sich auch in ein komplexes Integral mit beweglichem Integrationsweg verwandeln. Dazu ist

$$\zeta = \xi_1 + i\xi_2 \ , \quad \text{also} \quad c_1 = 1 \quad \text{und} \quad c_2 = i$$

zu setzen. Dann geht das Integral über in

$$\int f(\xi_1,\xi_2) \, \frac{d\zeta}{\mathcal{K}_2(\xi_1,\xi_2) - i \, \mathcal{K}_1(\xi_1,\xi_2)} \ .$$

Ersetzt man ξ_1 und ξ_2 durch $\frac{1}{2}(\zeta + \overline{\zeta})$ bzw. $\frac{1}{2}(\zeta - \overline{\zeta})$, wobei $\overline{\zeta} = \xi_1 - i\xi_2$ ist, so geht $f(\xi_1,\xi_2)$ in die Funktion

$$F(\zeta,\overline{\zeta}) = f(\frac{\zeta + \overline{\zeta}}{2} , \frac{\zeta - \overline{\zeta}}{2})$$

über. Längs der Kurve ist jetzt $\mathcal{K}(\frac{\zeta + \overline{\zeta}}{2} , \frac{\zeta - \overline{\zeta}}{2}) = 0$, also ist entweder $\zeta = \phi(\overline{\zeta})$ oder $\overline{\zeta} = \psi(\zeta)$, wobei ϕ bzw. ψ eine algebraische Funktion ist. Danach läßt sich das Integral auf die Form

$$\int G(\zeta) \, d\zeta$$

bringen, worin jetzt der Integrationsweg beweglich geworden ist; er darf nur keine Singularitäten von G überstreichen. Singularitäten von G sind nur die Pole und Verzweigungspunkte dieser Funktion, also die sogenannten Brennpunkte und außerordentlichen Brennpunkte der algebraischen Kurve, über die ursprünglich integriert wurde. In der Form also, auf die wir das Integral gebracht haben, ist der

Integrationsweg frei beweglich nur mit der Einschränkung, daß er keinerlei Brennpunkte der algebraischen Kurve überstreichen darf. Soviel sei zu der Bildung $d\omega_\xi$ gesagt.

7.5.   Ein Satz über Integrale auf zerfallenden algebraischen Flächen

7.5.1. Umrechnung von $d\omega_\xi$

Wir wollen einen Satz herleiten, der unter allgemeinen Voraussetzungen über die Funktion ϕ garantiert, daß die Summe der Integrale über die $n/2$ Ovale der Fläche $\mathcal{K}(\xi) = 0$

$$\int_{\sigma_j} \phi(\xi)\, d\omega_\xi \tag{7.48}$$

verschwindet. Es handelt sich im wesentlichen darum, auf das Vorzeichen von $d\omega_\xi$ zu achten, das von Oval zu Oval wechselt, aber auf jedem Oval konstant bleibt.

Wir führen dazu neue Koordinaten $u_1,\dots,u_{p-1}$ an Stelle von $\xi_1,\dots,\xi_{p-1}$ durch die Formeln

$$\xi_1 = \sigma u_1,\dots,\xi_{p-1} = \sigma u_{p-1} \tag{7.49}$$

ein. Dabei wird $\sigma = \xi_p$ als eine Funktion von $u_1,\dots,u_{p-1}$ aufgefaßt, die durch die Gleichung

$$\mathcal{K}(\sigma u_1,\dots,\sigma u_{p-1},\sigma) = 0 \tag{7.50}$$

bestimmt wird. Für jedes der Wertsysteme $(u_1,\dots,u_{p-1})$ hat die Gleichung (7.50) n Wurzeln; diese n Wurzeln sind die ξ_p-Koordinaten der Punkte, in denen der Strahl von 0 durch den Punkt $(u_1,\dots,u_{p-1},1)$ der zur u-Ebene parallelen Ebene $\xi_p = 1$ die $n/2$ Ovale der Normalenfläche trifft.

Aus (7.50) folgt sofort

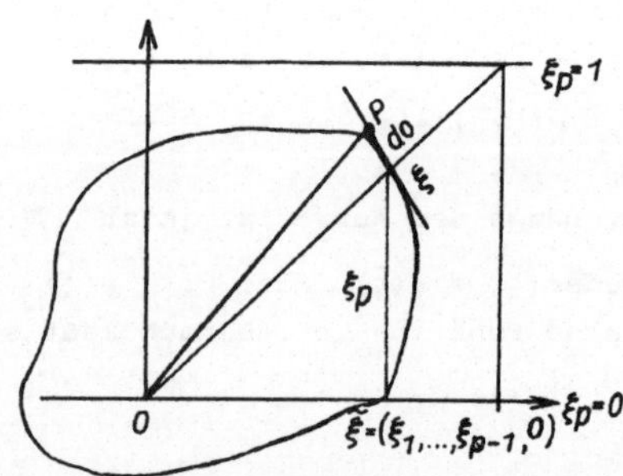

Abb. 22

$$\xi'\,\mathrm{grad}_\xi\,\mathcal{K} = \xi_j\,\frac{\partial\mathcal{K}}{\partial\xi_j} = \sigma u_j\,\mathcal{K}_j(\sigma u_1,\dots,\sigma u_{p-1},\sigma) +$$

$$+ \, \sigma \, \mathcal{K}_p(\sigma u_1,\ldots,\sigma u_{p-1},\sigma) = \sigma \, \frac{\mathrm{d}}{\mathrm{d}\sigma} \, \mathcal{K}\,(\sigma u_1,\ldots,\sigma u_{p-1},\sigma) = : \widetilde{\mathcal{K}}$$

Um $\mathrm{d}\omega_\xi$ auf die neuen Variablen umzurechnen, beachtet man, daß nach (7.49)

$$\mathrm{d}\xi_1 \, \ldots \, \mathrm{d}\xi_{p-1} = \sigma^{p-1} \, \mathrm{d}u_1 \ldots \mathrm{d}u_{p-1}$$

gilt, also nach (7.46)

$$\frac{\mathrm{d}\mathcal{K}}{\mathrm{d}\sigma} \, \mathrm{d}\omega_\xi = \pm \, \sigma^{p-1} \, \mathrm{d}u_1 \ldots \mathrm{d}u_{p-1} \, ,$$

d.h., wenn $\dfrac{\mathrm{d}\mathcal{K}}{\mathrm{d}\sigma} = \widetilde{\mathcal{K}}$ gesetzt wird,

$$\mathrm{d}\omega_\xi = \pm \, \sigma^{p-1} \, \frac{\mathrm{d}u_1 \ldots \mathrm{d}u_{p-1}}{\widetilde{\mathcal{K}}} \, .$$

So bleibt noch das Vorzeichen von $\mathrm{d}\omega_\xi$ zu bestimmen. Definitionsgemäß war $\mathrm{sgn}\,(\mathrm{d}\omega_\xi) = \mathrm{sgn}\,(\xi'\,\mathrm{grad}_\xi\,\mathcal{K}\,)$. Das Flächenelement $\mathrm{d}u_1 \ldots \mathrm{d}u_{p-1}$ ist positiv zu nehmen. Daher ist

$$\mathrm{d}\omega_\xi = \pm \, \frac{\sigma^p}{\sigma\,\widetilde{\mathcal{K}}} \, \mathrm{d}u_1 \ldots \mathrm{d}u_{p-1} \, ,$$

also

$$(\xi'\,\mathrm{grad}_\xi\,\mathcal{K}\,) \, \mathrm{d}\omega_\xi = \pm \, \sigma^p \, \mathrm{d}u_1 \ldots \mathrm{d}u_{p-1} \, ,$$

und weil

$$\mathrm{sgn}\bigl[(\xi'\,\mathrm{grad}_\xi\,\mathcal{K}\,)\bigr] \, \mathrm{d}\omega_\xi = + \, 1$$

ist, gilt

$$\mathrm{sgn}\,(\mathrm{d}\omega_\xi) = \mathrm{sgn}\,(\sigma^p) \, ,$$

woraus folgt

$$\mathrm{d}\omega_\xi = \mathrm{sgn}\,(\sigma^p) \, \sigma^{p-1} \, \frac{\mathrm{d}u_1 \ldots \mathrm{d}u_{p-1}}{\widetilde{\mathcal{K}}} \, .$$

In den neuen Koordinaten wird die Integralsumme (7.48)

$$\sum_{\sigma_j} \int \phi(\xi) \, \mathrm{d}\omega_\xi =$$

$$= \int_{R_{p-1}} \sum_{(\sigma)} \phi(\sigma u_1,\ldots,\sigma u_{p-1},\sigma) \, \frac{\mathrm{sgn}\,(\sigma^p)}{\widetilde{\mathcal{K}}} \, \mathrm{d}u_1 \ldots \mathrm{d}u_{p-1} \, , \qquad (7.51)$$

wobei die Summation über alle n Wurzeln $\sigma_j = \sigma_j(u_1,\ldots,u_{p-1})$ der Gleichung (7.50) zu nehmen ist. Diese Reduktionsformel auf die Ebene ist, wie man sieht, auf Grund des Auftretens des Faktors $\mathrm{sgn}\,(\sigma^p)$ für gerade und ungerade Anzahlen p von Raumdimensionen wesentlich verschieden, und hier liegt auch die eigentliche Quelle für den Unterschied in den Lösungen der partiellen Differentialgleichungen für gerade oder ungerade Dimensionszahl.

7.5.2. Beweis des Satzes

Wir wollen jetzt annehmen, daß ϕ homogen vom Grade h in den ξ-Variablen ist und gerade bzw. ungerade in diesen Variablen, je nachdem, ob $h + p$ gerade bzw. ungerade ist. Es soll also

$$\frac{1}{\lambda^h} \phi(\lambda\xi) = \left[\operatorname{sgn} \lambda^p\right] \phi'(\xi) \tag{7.52}$$

für alle λ gelten. Ist diese Homogenitätsbedingung erfüllt, so läßt sich σ aus ϕ herausziehen, also

$$\phi(\sigma u_1,\ldots,\sigma u_{p-1},\sigma) = \sigma^h \operatorname{sgn}(\sigma^p)\, \phi(u_1,\ldots,u_{p-1},1)\ ,$$

und (7.51) wird somit

$$\sum \int_{\sigma_j} \phi(\xi)\, d\omega_\xi =$$
$$= \int_{R_{p-1}} \phi(u_1,\ldots,u_{p-1},1) \Big\{ \sum_{(\sigma)} \frac{\sigma^{h+p-1}}{\widetilde{\mathcal{K}}} \Big\}\, du_1\ldots du_{p-1}\ , \tag{7.53}$$

wobei die Summe wieder über alle Wurzeln des Polynoms $\mathcal{K}\,(\sigma u_1,\ldots, \sigma u_{p-1},\sigma)$ zu erstrecken ist.

Um hinreichende Bedingungen für das Verschwinden dieses Integrals zu finden, beweisen wir die folgende (rein algebraische) Relation

$$\sum_{\nu=1}^{n} \frac{\sigma_\nu^{k}}{(\sigma_\nu u_1,\ldots,\sigma_\nu u_{p-1},\sigma_\nu)} = 0 \quad (k = 0,1,\ldots,n-2)\ . \tag{7.54}$$

Die linke Seite erweist sich unmittelbar als die Summe der Residuen der Funktion $\sigma^k/\mathcal{K}\,(\sigma u_1,\ldots,\sigma u_{p-1},\sigma)$ der (vorübergehend komplex angenommenen) Variablen σ, d.i. der Wert des Integrals

$$\frac{1}{2\pi i} \int_C \frac{\sigma^k}{\mathcal{K}}\, d\sigma\ ,$$

erstreckt über einen beliebigen Kreis C in der komplexen σ-Ebene, der die n Wurzeln σ_ν der Gleichung $\mathcal{K}\,(\sigma u_1,\ldots,\sigma u_{p-1},\sigma) = 0$ einschließt. Für große $|\sigma|$ verhält sich der Integrand wie $1/\sigma^{n-k}$; setzt man $k < n - 2$ voraus, so wird das Integral über einen hinreichend großen Kreis C beliebig klein, sein Wert also null. Daraus folgt die Gleichung (7.54).

In dem hier vorliegenden Falle ist nun $k = h + p - 1$. Wir haben somit den folgenden Satz:

Es sei $\phi(\xi)$ eine homogene Funktion, die der Bedingung (7.53) genügt, und $\mathcal{H}(\xi) = 0$ sei die Gleichung einer in $\frac{n}{2}$ einander und den Ursprung umschließende Ovale zerfallenden Fläche (vgl. Abb. 18). Ist dann $h \leq n - p - 1 = m$, so gilt

$$\int \phi(\xi) \, d\omega_\xi = 0 \, ,$$

wobei das Integral über die $\frac{n}{2}$ Ovale der Fläche $\mathcal{H}(\xi) = 0$ zu erstrecken ist.

7.5.3. Beispiele: $p = 2$, $n = 4$ und $p = 3$, $n = 4$

Als erstes Beispiel für den abgeleiteten Satz nehmen wir den Fall $p = 2$, $n = 4$. Dann ist $\mathcal{H}(\xi_1, \xi_2) = 0$ eine Kurve vierten Grades, die nach Voraussetzung in zwei einander und den Ursprung umschließende Ovale $\mathcal{H}_1$ und $\mathcal{H}_2$ zerfallen muß. Ohne Beschränkung der Allgemeinheit kann man annehmen, daß im inneren Oval $\mathcal{H} < 0$ ist. Dann liegen hier die in der folgenden Figur dargestellten Verhältnisse vor:

Auf $\mathcal{O}_1$ ist

$$d\omega_\xi = \frac{ds}{\sqrt{\mathcal{H}_1^2 + \mathcal{H}_2^2}}$$

und auf $\mathcal{O}_2$

$$d\omega_\xi = - \frac{ds}{\sqrt{\mathcal{H}_1^2 + \mathcal{H}_2^2}} \, ,$$

wobei ds das Bogenelement bedeutet. Es wird also

$$\sum_{j=1}^{2} \int_{\mathcal{O}_j} \phi \, d\omega_\xi = \int_{\mathcal{O}_1} \frac{\phi}{\sqrt{\mathcal{H}_1^2 + \mathcal{H}_2^2}} \, ds - \int_{\mathcal{O}_2} \frac{\phi}{\sqrt{\mathcal{H}_1^2 + \mathcal{H}_2^2}} \, ds \, .$$

Nach dem soeben bewiesenen Satz verschwindet die rechte Seite dieser Gleichung, wenn ϕ die Beziehung

$$\phi(\lambda\xi_1, \lambda\xi_2) = \lambda^h \, \phi(\xi_1, \xi_2)$$

erfüllt mit $h \leq 4 - 2 - 1 = 1$. Hier ist $\operatorname{sgn}(\lambda^p) = \operatorname{sgn}(\lambda^2) = 1$. Für h kommen also nur die Werte null oder eins in Betracht. Es sei zunächst $h = 0$. Dann genügt ϕ der Bedingung

$$\phi(\lambda\xi_1, \lambda\xi_2) = \phi(\xi_1, \xi_2) \, ,$$

was gleichbedeutend ist mit der Forderung $\phi = \phi(\xi_1/\xi_2)$.

Jetzt sei $h = 1$. Dann gilt

$$\phi(\lambda\xi_1, \lambda\xi_2) = \lambda\phi(\xi_1, \xi_2) \, .$$

Setzt man hierin $\lambda = 1/\xi_2$, so folgt

$$\phi(\xi_1,\xi_2) = \xi_2 \phi(\xi_1/\xi_2,\ 1)\ ;$$

danach ist für jede Funktion ϕ , die der Homogenitätsbedingung genügt,

$$\int_{\sigma_1} \frac{\phi}{\sqrt{x_1^2 + x_2^2}}\ ds = \int_{\sigma_2} \frac{\phi}{\sqrt{x_1^2 + x_2^2}}\ ds\ .$$

Zweitens betrachten wir den Fall des dreidimensionalen Raumes (p = = 3) mit n = 4 , so daß m = 0 ist. Dann gilt

$$\sum \int_{\sigma_j} \phi(\xi)\ d\omega_\xi = 0$$

unter der Voraussetzung, daß ϕ homogen vom Grad null, aber ungerade ist, d.h.

$$\phi(\lambda\xi) = (\operatorname{sgn} \lambda)\ \phi(\xi)\ .$$

Nimmt man $\lambda = 1/\xi_3$, so erhält man

$$\phi = \frac{\xi_3}{|\xi_3|}\ \phi(\xi_1/\xi_3,\ \xi_2/\xi_3,\ 1)$$

für die allgemeinste Form einer solchen Funktion. Die Form dieser Funktion ϕ ist verschieden von denen, die wir im Falle p = 2   erhalten hatten. Das liegt daran, daß in einem Falle p eine gerade, im anderen p eine ungerade Zahl ist.

7.6.   Reduktion von K(x,t) auf algebraische bzw. logarithmische Integrale

7.6.1. Darstellung von K(x,t) und seiner (m - 1)-ten Ableitungen

Der Satz aus (7.5) soll nun auf die Ausdrücke (7.42) bzw. (7.43) für K(x,1) angewandt werden. Für ungerade p hatten wir

$$K(x,1) = \kappa \sum_{j=1}^{n/2} \int_{\sigma_j} \psi_m(x'\xi)\ d\omega_\xi$$

mit $\kappa = (-1)^{\frac{p(p+1)}{2}} \cdot \dfrac{2}{(2\pi)^p m!}$, wo nach (7.12)

$$\psi_m(\alpha) = \frac{\pi}{2}\ (1 - \alpha)^m\ \{\operatorname{sgn}\ (1 - \alpha) + \operatorname{sgn}\ \alpha\}$$

ist. Nach dem binomischen Satz ist

$$(1 - \alpha)^m\ \operatorname{sgn} \alpha = \sum_{\ell=0}^{m} \binom{m}{\ell}(-1)^\ell\ \alpha^\ell\ \operatorname{sgn} \alpha\ .$$

Ersetzt man α durch $x'\xi$, so haben wir es mit Termen der Gestalt $(x'\xi)^h \operatorname{sgn} (x'\xi)$ zu tun. Ersetzen wir nun ξ durch $\lambda\xi$, dann kommt der Faktor λ^h sgn λ mit $h \leq m$ hinzu. Diese Ausdrücke genügen den Bedingungen (7.52) des Satzes; wir können daher schließen, daß

$$\sum_{j=1}^{n/2} \int_{\sigma_j} (x'\xi)^h \text{ sgn } (x'\xi) \, d\omega_\xi = 0$$

sein muß. So erhalten wir für ungerade p

$$K(x,1) = \frac{\kappa\pi}{2} \sum_{j=1}^{n/2} \int_{\sigma_j} (1 - x'\xi)^m \text{ sgn } (1 - x'\xi) \, d\omega_\xi \ . \qquad (7.55)$$

Analog können wir im Falle eines geraden p verfahren, nur sind die entsprechenden Ausdrücke etwas komplizierter. Nach (7.43) war

$$K(x,1) = \kappa \sum_{j=1}^{n/2} \int_{\sigma_j} \phi_m(x'\xi) \, d\omega_\xi \ ,$$

wo nach (7.11)

$$\phi_m(\alpha) = (1 - \alpha)^m \lg \left| \frac{1 - \alpha}{\alpha} \right| - \sum_{j=1}^{m} \frac{1}{j} (1 - \alpha)^{m-j}$$

ist. Setzen wir $\alpha = x'\xi$ und $\alpha_0 = y'\xi$ – y sei ein beliebiger, aber fester Punkt – , so kann man ϕ_m in der Form

$$\phi_m(\alpha) = (1 - \alpha)^m \lg \left| \frac{1 - \alpha}{\alpha_0} \right| + (1 - \alpha)^m \lg \left| \frac{\alpha_0}{\alpha} \right| -$$
$$- \sum_{j=1}^{m} \frac{(1 - \alpha)^{m-j}}{j} \qquad (7.56)$$

schreiben. Betrachtet man die Terme

$$(1 - \alpha)^m \lg |\alpha_0/\alpha| - \sum_{j=1}^{m} \frac{(1 - \alpha)^{m-j}}{j}$$

für sich und entwickelt die Potenzen von $(1 - \alpha)$ nach dem binomischen Satz, so entstehen Terme der Gestalt

$$(x'\xi)^h \lg |y'\xi/x'\xi| \quad \text{bzw.} \quad (x'\xi)^h \ .$$

Ersetzt man ξ durch $\lambda\xi$, dann multiplizieren sich diese Terme mit λ^h, da sich der Logarithmus nicht ändert, so daß die Voraussetzungen des Satzes auch für diese Terme erfüllt sind. Ist p gerade, so erhält man

$$K(x,1) = \kappa \sum_{j=1}^{n/2} \int_{\sigma_j} (1 - x'\xi)^m \lg \left| \frac{1 - x'\xi}{y'\xi} \right| \, d\omega_\xi \ , \qquad (7.57)$$

wobei dieses Integral von y unabhängig ist, da der Term $\lg |\alpha_0|$ in (7.56) mit positivem und mit negativem Vorzeichen auftritt.

Nach (7.16) ist $K(x,t) = t^m K(x/t, 1)$. Ersetzt man auf den rechten Seiten von (7.55) bzw. (7.57) x durch x/t und in (7.57) y durch y/t (y war ja beliebig), so erhält man für $K(x,t)$ die Ausdrücke

$$K(x,t) = \begin{cases} \dfrac{\kappa\pi}{2} \sum_{j=1}^{n/2} \int_{\sigma_j} (t - x'\xi)^m \, \text{sgn}(t - x'\xi) \, d\omega_\xi \ , \\[2mm] p \ \text{ungerade,} \\[2mm] \kappa \sum_{j=1}^{n/2} \int_{\sigma_j} (t - x'\xi)^m \, \lg \left| \dfrac{t - x'\xi}{y'\xi} \right| d\omega_\xi \ , \\[2mm] p \ \text{gerade.} \end{cases} \qquad (7.58)$$

Der Integrand in diesem Ausdruck für $K(x,t)$ ist selbst nebst seinen Ableitungen bis zur (m - 1)-ten Ordnung stetig, da die Unstetigkeit der Signum- und Logarithmusfunktionen an der Stelle $t = x'\xi$ durch eine Potenz von $t - x'\xi$ als Faktor kompensiert wird. Man kann also m-mal unter dem Integralzeichen nach allen (p + 1) Variablen differenzieren. Bei der Bildung dieser Ableitungen genügt es sogar, allein den Faktor $(t - x'\xi)^m$ zu differenzieren; im Falle eines ungeraden p , weil $\text{sgn}(t - x'\xi)$ stückweise konstant ist, und im Falle eines geraden p , weil durch Differentiation des logarithmischen Teiles nur wieder solche Ausdrücke entstehen, welche auf Grund des allgemeinen Satzes von Abschnitt 7.5. bei der Integration verschwinden.

Speziell erhält man durch m-malige Differentiation nach t

$$\frac{\partial^m}{m!\partial t^m} K(x,t) = \begin{cases} \dfrac{\kappa\pi}{2} \sum_{j=1}^{n/2} \int_{\sigma_j} \text{sgn}(t - x'\xi) \, d\omega_\xi \ , \\[2mm] p \ \text{ungerade,} \\[2mm] \kappa \sum_{j=1}^{n/2} \int_{\sigma_j} \lg \left| \dfrac{t - x'\xi}{y'\xi} \right| d\omega_\xi \ , \quad p \ \text{gerade.} \end{cases} \qquad (7.59)$$

7.6.2. Verschwinden von $K(x,t)$ für alle Punkte x/t außerhalb der konvexen Hülle der Strahlenfläche

Dies ist eine weitere wichtige Folgerung, die wir aus dem Integralsatz in 7.5. ziehen wollen. Es sei x ein beliebiger Punkt, dessen Polarebene bezüglich der Einheitskugel

$$E_x = \left\{ \xi \mid x'\xi = 1 \right\}$$

das innerste Oval der Normalenfläche trifft. Wir behaupten, daß $K(x,1)$ gleich null ist. Denn trifft die Ebene E_x das innerste Oval,

so gibt es auf E_x einen Punkt ξ^0 , der innerhalb dieses Ovals
liegt. Durch eine Translation kann man erreichen, daß ξ^0 der Ursprung eines neuen, mit dem alten gleichberechtigten Koordinatensystems wird; dann bleibt der Integralsatz, angewandt auf die Normalenfläche, nach wie vor gültig. Setzt man also $\eta = \xi - \xi^0$, dann
ist $x'\eta = x'\xi - x'\xi^0 = - (1 - x'\xi)$. Ferner ist y in (7.59), der
ursprünglich ein willkürlicher Punkt war, so zu wählen, daß $y'\eta =$
$= y'\xi - y'\xi^0 = y'\xi$ wird; also muß $y'\xi^0 = 0$ sein, woraus folgt

$$
K(x,1) = \begin{cases} (-1)^{m+1} \, \kappa \, \frac{\pi}{2} \sum_{j=1}^{n/2} \int\limits_{\sigma_j} (x'\eta)^m \, \mathrm{sgn}(x'\eta) \, d\omega_\eta \ , \\[2ex] p \ \text{ungerade}, \\[2ex] (-1)^m \, \kappa \sum_{j=1}^{n/2} \int\limits_{\sigma_j} (x'\eta)^m \, \lg \, \left|\frac{x'\eta}{y'\eta}\right| \, d\omega_\eta \ , \quad p \ \text{gerade}. \end{cases}
$$

In beiden Fällen sind die Integranden homogene Funktionen in η ,
die den sämtlichen Voraussetzungen des Satzes aus 7.5. genügen. Beide
Integrale verschwinden, d.h., es gilt $K(x,1) = 0$ für alle diejenigen Punkte x , deren Polarebene E_x das innerste Oval der Normalenfläche trifft.

Die Reziprokalfläche des innersten Ovals der Normalenfläche ist die
konvexe Hülle der Strahlenfläche. Das sieht man folgendermaßen ein.
Die Reziprokalfläche C des innersten Ovals der Normalenfläche ist sicher selbst konvex. Sie muß aber auch sämtliche Teile
der Strahlenfläche umschließen , denn angenommen, es gäbe noch außerhalb C Teile der Strahlenfläche, so gäbe es Geraden, welche C
berühren und gleichzeitig andere Teile der Strahlenfläche treffen.
Diesen Geraden würden solche Geraden entsprechen, welche das kleinste
Oval der Normalenfläche treffen und gleichzeitig andere Teile der Normalenfläche berühren. Andererseits ist aber klar, daß jede solche Be-
rührung von mindestens zweiter Ordnung sein muß, denn denke man sich
normal zur Tangentialebene der Fläche in einem solchen Berührungspunkt eine Ebene gelegt, dann schneidet diese aus der Fläche eine in
ihr gelegene Kurve heraus, welche in dem Berührungspunkt einen Wende-
punkt hat. Ein derartiger Berührungspunkt zählt aber doppelt; die Gerade hätte also mindestens (n + 1) Punkte mit der Normalenfläche
gemeinsam. Das ist nicht möglich, weil diese Fläche von n-ter Ordnung
ist.

Hiernach ist klar, daß eine Ebene E_x , die der oben angegebenen Voraussetzung genügt, zu einem Punkt x gehört, der außerhalb der konvexen Hülle der Strahlenfläche liegt und umgekehrt, womit die Behaup-

tuⁿg bewiesen ist.

7.6.3. Lösung des Anfangswertproblems

Zum Abschluß dieses Paragraphen machen wir ein paar Bemerkungen über
die Funktion

$$F(x,t) = \int f(x + y)\, K(y,t)\, dy \ ,$$

welche die Lösung des Anfangswertproblems

$$D(\partial/\partial x,\ \partial/\partial t)\, F(x,t) = 0$$

mit $\dfrac{\partial^k}{\partial t^k}\, F(x,0) = 0$, $k = 0,1,\ldots,n-2$, und $\dfrac{\partial^{n-1}}{\partial t^{n-1}}\, F(x,0) = f(x)$

darstellte. Für $x = 0$ ist

$$F(0,t) = \int f(y)\, K(y,t)\, dy = t^m \int f(y)\, K(y/t,\ 1)\, dy \ . \qquad (7.60)$$

Man denke sich die Strahlenfläche im Verhältnis $t : 1$ vergrößert.
Weil $K(y/t,\ 1)$ überall außerhalb der kleinsten konvexen Hülle dieser Fläche verschwindet, hängt der Wert der Lösung F zur Zeit t
im Nullpunkt nicht von den Werten ab, die die Anfangswertfunktion
$f(x)$ in Punkten x hat, welche außerhalb der Fläche liegen. Um die
Werte von F im Nullpunkt zur Zeit t zu berechnen, braucht man
also nur die Werte der Anfangsfunktion innerhalb der konvexen Hülle
der im Verhältnis $t : 1$ vergrößerten Strahlenfläche zu kennen.

Die hier für $x = 0$ durchgeführte Betrachtung kann für jeden inneren
Punkt x des kleinsten Ovals durchgeführt werden, denn man kann in
(7.60) x als Parameter auffassen und $f(y)$ durch $f(x + y)$ ersetzen.

7.7.   Weiteres über die Strahlenfläche

7.7.1. Kristalloptik

Im Falle $p = 2$ ist die Normalenfläche eine Kurve vierter Ordnung
mit der Gleichung $\mathcal{K}(\xi_1,\xi_2) = 0$. Man kann die möglichen gestaltli-
chen Verhältnisse angeben. Wesentlich interessanter ist der Fall
der Kristalloptik. Nach Abschnitt 6.4. gilt hier

$$D(\xi,\tau) = \tau^6 \mathcal{K}(\xi/\tau) = \tau^2 \big[- \tau^4 + \tau^2 \psi(\xi) - |\xi|^2 \phi(\xi)\big]$$

mit

$$\mathcal{K}(\xi) = - 1 + \psi(\xi) - |\xi|^2 \phi(\xi) \ .$$

Führt man statt F die Funktion

$$G = \frac{\partial^2}{\partial t^2}\, F$$

als Unbekannte ein, so hat man die Differentialgleichung

$$\left\{ - \frac{\partial^4}{\partial t^4} + \psi(\frac{\partial}{\partial x}) \frac{\partial^2}{\partial t^2} - \phi(\frac{\partial}{\partial x})(\frac{\partial^2}{\partial x_1^2} + \frac{\partial^2}{\partial x_2^2} + \frac{\partial^2}{\partial x_3^2}) \right\} G = 0$$

zu lösen. G erfüllt die Anfangsbedingungen

$$\frac{\partial^k}{\partial t^k} G(x,0) = 0 \ , \quad k = 0,1,2 \ ,$$

$$\frac{\partial^3}{\partial t^3} G(x,0) = f(x) \ .$$

Nach (7.60) ist

$$G(0,t) = t^m \int f(y) \ K(y/t, 1) \ dy \ .$$

Die Normalenfläche ist hier die Fresnelsche Fläche mit den Parametern
A_1 , A_2 , A_3 , für die wir voraussetzen

$$A_1 < A_2 < A_3 \ .$$

Die beiden Ovale hängen in vier Doppelpunkten in der $x_1 x_3$ -Ebene
zusammen. Die Strahlenfläche ist wieder eine Fresnelsche Fläche mit
den Parametern

$$1/A_3 < 1/A_2 < 1/A_1 \ .$$

Als Reziprokalfläche des inneren Ovals hat man wieder die konvexe
Hülle der Strahlenfläche zu nehmen, welche entsteht, wenn man sich
die vier trichterförmigen Einbuchtungen der Strahlenfläche, welche
von den vier Doppelpunkten ausgehen, durch die kreisförmigen Deckel
verschlossen denkt. Hier ist $n = 4$, $p = 3$, also $m = 0$ und daher
nach (7.55)

$$K(x,1) = (-1)^{\frac{3 \cdot 4}{2}} \ \frac{2}{(2\pi)^3} \ \frac{\pi}{2} \sum_{j=1}^{2} \int_{\sigma_j} \mathrm{sgn}(1 - x'\xi) \ d\omega_\xi =$$

$$= \frac{1}{8\pi^2} \sum_{j=1}^{2} \int_{\sigma_j} \mathrm{sgn}(1 - x'\xi) \ d\omega_\xi \ .$$

Wegen $\mathcal{H}(0) = -1$ ist $d\omega_\xi$ auf dem inneren Oval negativ.
Beachtet man, daß nach dem Integralsatz

$$\sum_{j=1}^{2} \int_{\sigma_j} \mathrm{sgn}(x'\xi) \ d\omega_\xi = 0$$

ist, so folgt

$$K(x,1) = - \frac{1}{8\pi^2} \sum_{j=1}^{2} \int_{j} \left[\mathrm{sgn}(1 - x'\xi) + \mathrm{sgn}(x'\xi)\right] \ d\omega_\xi \ .$$

Für $0 < x'\xi < 1$ hat der Integrand dieses Integrals den Wert 2 , und

sonst verschwindet der Integrand für $x'\xi < 0$ oder. $x'\xi > 1$. Es
gilt also

$$K(x,1) = - \frac{1}{4\pi^2} \sum_{j=2}^{2} \int_{\Omega_j} d\omega_\xi \, , \tag{7.61}$$

wobei das Integrationsgebiet durch

$$\Omega_j = \sigma_j \cap \{\xi \mid 0 < x'\xi < 1\} \, , \quad j = 1,2 \, ,$$

gegeben wird. Vom geometrischen Standpunkt aus gesehen ist das Integrationsgebiet als der Teil der beiden Ovale zu wählen, welcher
zwischen den beiden Ebenen

$$x'\xi = 0 \quad \text{und} \quad x'\xi = 1$$

liegt.

7.7.2. Über das Integral $\int d\omega_\xi$

Mit Hilfe des Flächenelementes $d\omega_\xi$ läßt sich auf der Fresnelschen
Fläche eine neue Metrik definieren: Wir nennen

$$\omega = \int_B |d\omega_\xi|$$

den "Pseudoflächeninhalt" des Teiles B der Fresnelschen Fläche. Es
sei ω_1 der Pseudoflächeninhalt des zwischen den beiden Ebenen
$x'\xi = 0$ und $x'\xi = 1$ liegenden inneren Ovals, d.i. Ω_1 , und ω_2
der von Ω_2 . Nach (7.61) ist dann

$$K(x,1) = - \frac{1}{4\pi^2} [\omega_1 - \omega_2] \, .$$

Nach dem vorangehenden ist $\omega_1 = \omega_2$, wenn die Ebene E_x das innere
Oval trifft, denn in diesem Falle verschwindet $K(x,1)$. Trifft die
Ebene E_x den Innenmantel der Normalfläche nicht, so können zwei
Fälle eintreten. Entweder liegt die Ebene E_x ganz außerhalb der
Normalenfläche, dann ist

$$K(x,1) = - \frac{1}{4\pi^2} \left[|\Omega_1| - |\Omega_2| \right]$$

eine Konstante, wobei

$$|\Omega_1| = - \int_{\sigma_1} d\omega_\xi \quad \text{und} \quad |\Omega_2| = \int_{\sigma_2} d\omega_\xi$$

ist, oder E_x trifft den äußeren Mantel der Normalenfläche, dann
ist $K(x,1)$ eine komplizierte Funktion.

Wir werden zum Abschluß einen analytischen Ausdruck für den Pseudoflächeninhalt ermitteln. Zu diesem Zweck wollen wir eine Parameterdarstellung

$$\xi_j = \xi_j(u,v) \, , \quad j = 1,2,3 \, ,$$

für die Fresnelsche Fläche herleiten. Als Parameter u , v wählen wir

$$u = |\xi|^2 \quad \text{und} \quad v = \mu(\xi) \ . \tag{7.62}$$

Dabei wird - wie in Abschnitt 4.6. -

$$\mu(\xi) = A_2 A_3 \xi_1^2 + A_1 A_2 \xi_2^2 + A_1 A_2 \xi_3^2$$

gesetzt. Außerdem war

$$\nu(\xi) = (A_2 + A_3)\xi_1^2 + (A_1 + A_3)\xi_2^2 + (A_1 + A_2)\xi_3^2 \ .$$

So findet man nach (4.64)

$$\mathcal{K}(\xi) = - \mu(\xi)|\xi|^2 + \nu(\xi) - 1$$

und daher im Hinblick auf (7.62)

$$\nu(\xi) = 1 + uv \ . \tag{7.63}$$

Die Relationen (7.62) und (7.63) bilden ein System von drei linearen Gleichungen in den ξ_j^2 , nämlich

$$\xi_1^2 + \xi_2^2 + \xi_3^2 = u \ ,$$

$$A_2 A_3 \xi_1^2 + A_3 A_1 \xi_2^2 + A_1 A_2 \xi_3^2 = v \ ,$$

$$(A_2 + A_3)\xi_1^2 + (A_3 + A_1)\xi_2^2 + (A_1 + A_2)\xi_3^2 = 1 + uv \ .$$

Die Determinante hat den Wert

$$(A_3 - A_2)(A_3 - A_1)(A_2 - A_1) \ ;$$

sie ist also von null verschieden, und daher kann man das Gleichungssystem eindeutig auflösen:

$$\xi_1^2 = \frac{(v - A_1)(1 - uA_1)}{(A_2 - A_1)(A_3 - A_1)} \ ,$$

$$\xi_2^2 = - \frac{(v - A_2)(1 - uA_2)}{(A_3 - A_2)(A_2 - A_1)} \ , \tag{7.64}$$

$$\xi_3^2 = \frac{(v - A_3)(1 - uA_3)}{(A_3 - A_1)(A_3 - A_2)} \ .$$

Um $d\omega_\xi$ auf die neuen Koordinaten (u,v) umzurechnen, drücken wir $\xi' \, \mathrm{grad}_\xi \, \mathcal{K}$ in diesen Parametern aus; wir erhalten

$$\mathrm{grad}_\xi \, \mathcal{K} = 2\{(A_2 + A_3)\xi_1 \ , \ (A_1 + A_3)\xi_2 \ , \ (A_1 + A_2)\xi_3\} -$$

$$- 2\phi(\xi)(\xi_1, \xi_2, \xi_3) -$$

$$- 2|\xi|^2(A_2 A_3 \xi_1 \ , \ A_1 A_3 \xi_2 \ , \ A_1 A_2 \xi_3) \ ,$$

und daraus ergibt sich

$$\xi' \, \mathrm{grad}_\xi \, \mathcal{K} = 2\{\nu(\xi) - 2\mu(\xi)|\xi|^2\} = 2(1 - uv) \ .$$

Bezeichnet man nun durch

$$ds^2 = E\ du^2 + 2\ F\ du\ dv + G\ dv^2$$

das Linienelement der Fresnelschen Fläche, so ist

$$E = \left(\frac{\partial \xi_1}{\partial u}\right)^2 + \left(\frac{\partial \xi_2}{\partial u}\right)^2 + \left(\frac{\partial \xi_3}{\partial u}\right)^2 ,$$

$$F = \frac{\partial \xi_1}{\partial u}\frac{\partial \xi_1}{\partial v} + \frac{\partial \xi_2}{\partial u}\frac{\partial \xi_2}{\partial v} + \frac{\partial \xi_3}{\partial u}\frac{\partial \xi_3}{\partial v} ,$$

$$G = \left(\frac{\partial \xi_1}{\partial v}\right)^2 + \left(\frac{\partial \xi_2}{\partial v}\right)^2 + \left(\frac{\partial \xi_3}{\partial v}\right)^2$$

und

$$do = \sqrt{EG - F^2}\ du\ dv$$

das zugehörige Flächenelement. Die äußere Normale n ist der Vektor
mit den Komponenten

$$\left(\frac{\partial \xi_2}{\partial u}\frac{\partial \xi_3}{\partial v} - \frac{\partial \xi_3}{\partial u}\frac{\partial \xi_2}{\partial v}\ ,\ \frac{\partial \xi_1}{\partial v}\frac{\partial \xi_3}{\partial u} - \frac{\partial \xi_1}{\partial u}\frac{\partial \xi_3}{\partial v}\ ,\ \frac{\partial \xi_1}{\partial u}\frac{\partial \xi_2}{\partial v} - \frac{\partial \xi_2}{\partial u}\frac{\partial \xi_1}{\partial v}\right) ,$$

dividiert durch $\sqrt{EG - F^2}$. Macht man nun Gebrauch von (7.64), so
findet man nach einer mühsamen Rechnung

$$\xi'\ n\ do = \frac{1 - uv}{4\left[(v-A_1)(v-A_2)(v-A_3)(A_1u-1)(A_2u-1)(A_3u-1)\right]^{1/2}}\ du\ dv,$$

und daher ist

$$d\omega_\xi = \frac{du\ dv}{8\left[(v-A_1)(v-A_2)(v-A_3)(A_1u-1)(A_2u-1)(A_3u-1)\right]^{1/2}} .$$

Integration über ein Oval ergibt

$$\int d\omega_\xi = \frac{1}{8}\int \frac{dv}{\sqrt{(v-A_1)(v-A_2)(v-A_3)}}\int \frac{du}{\sqrt{(A_1u-1)(A_2u-1)(A_3u-1)}} .$$

So erscheint $\int d\omega_\xi$ als das Produkt zweier elliptischer Integrale.

8. Anwendung Abelscher Integrale

<u>8.1.</u>   <u>Zusammenhang der Funktion K(x,t) mit den Perioden eines</u>
<u>algebraischen Integrals auf der Normalenfläche</u>

<u>8.1.1. Ziel der folgenden Untersuchungen</u>

Im folgenden handelt es sich darum, weitere Eigenschaften der Funktion K(x,t) festzustellen. Sie hatte sich in natürlicher Weise durch Ansatz des Fourierintegrals ergeben. Jedoch liefert dieser Ansatz - ähnlich wie der sogenannte Heaviside-Kalkül - nur eine heuristische Methode, eine Lösung aufzufinden, während es noch feinerer Hilfsmittel bedarf, um zu allgemeinen Aussagen über den qualitativen Lösungsverlauf zu gelangen.

Durch Elimination der transzendenten Exponentialfunktion, welche durch Anwendung des Fourieransatzes entstanden war, ergab sich der lösende Kern K(x,t) als ein sogenanntes "nicht geschlossenes" Integral über die Normalenfläche oder im allgemeinen über einen gewissen Abschnitt der Normalenfläche. Solche Integrale treten in der Theorie der algebraischen Funktionen und ihrer Integrale auf und werden dort "Integrale dritter Gattung" genannt. Es wird sich herausstellen daß die $(m + 1)$-te Ableitung $\dfrac{\partial^{m+1}}{\partial t^{m+1}} K(x,t)$ als die Periode eines der einfachsten Integrale dieser Art darstellbar ist, welches in der Theorie der algebraischen Funktionen etwa jene Stellung einnimmt, die in Bezug auf die Theorie der rationalen Funktionen dem Logarithmus zukommt.

Für $x \in R_p$ sei

$$\Phi(x,t) := \sum_{j=1}^{n/2} \int_{\mathcal{O}_j} \frac{d\omega_\xi}{t - x'\xi} \, , \tag{8.1}$$

wobei die $\mathcal{O}_j$ die $n/2$ Ovale der Normalenfläche sind. Die Funktion Φ ist im folgenden als eine Funktion der komplexen Variablen t aufzufassen. Weiter sei

$$M = M(x) := \max_\xi x'\xi \, ,$$

wobei das Maximum über ξ auf der Normalenfläche zu bilden ist. Dann ist für alle t mit $|t| > M$ die Potenzreihenentwicklung

$$\frac{1}{t - x'\xi} = \frac{1}{t(1 - x'\xi/t)} = \sum_{\ell=0}^{\infty} \frac{(x'\xi)^\ell}{t^{\ell+1}}$$

gleichmäßig konvergent für ξ auf jedem Oval. Man kann somit gliedweise integrieren und bekommt die Reihendarstellung

$$\Phi(x,t) = \sum_{j=1}^{n/2} \sum_{\ell=0}^{\infty} \frac{1}{t^{\ell+1}} \int_{\sigma_j} (x'\xi)^{\ell} \, d\omega_{\xi} \, , \qquad (8.2)$$

die für alle $|t| > M$ konvergent ist.

Auf Grund der Integraldarstellung (8.1) kann man die durch diese Reihe gegebene analytische Funktion von t ins Innere des Kreises mit dem Radius M fortsetzen. Weil $x'\xi$ nach Voraussetzung reell ist, ist der Integrand überall außerhalb der reellen Achse zwischen $-M$ und $+M$ regulär. Es wird sich herausstellen, daß bei Annäherung an den längs dieser Strecke angebrachten Schlitz die Randwerte der Funktion $\Phi(x,t)$ existieren. Da aber nach (8.1) für reelle t mit $|t| > M$ die Funktion $\Phi(x,t)$ reell ist, muß sie in der oberen und in der unteren Halbebene konjugiert komplexe Werte annehmen und somit auch auf den beiden Schlitzrändern. Beim Umlaufen des Nullpunktes und Überschreiten des Schlitzes kommt somit stets eine gewisse rein-imaginäre Periode hinzu.

8.1.2. Beispiel p = 2 , n = 2

In diesem einfachen Fall lassen sich die obigen Angaben durch Ausrechnung bestätigen, wenn man etwa als Normalenkurve den Kreis

$$\mathcal{K}(\xi) = \xi_1^2 + \xi_2^2 - 1 = 0$$

nimmt. Dann ist

$$d\omega_{\xi} = \pm \frac{d\xi_1}{\partial \mathcal{K}/\partial \xi_2} = \pm \frac{d\xi_1}{2\xi_2} \, ,$$

und weil $\mathcal{K}$ im Innern des Kreises negativ, im Äußeren positiv ist, muß man das Vorzeichen hier so wählen, daß $d\omega_{\xi}$ auf dem ganzen Kreis positiv ist.

Zur Ausführung der Integration führt man Polarkoordinaten ein. Es sei

$$\xi_1 = \cos \phi \, , \quad \xi_2 = \sin \phi \, ,$$

dann ist

$$d\omega_{\xi} = \pm \frac{1}{2} \, d\phi \, .$$

Wählt man den Winkel α so, daß

$$x_1 = r \cos \alpha \, , \quad x_2 = r \sin \alpha \quad \text{mit} \quad r = \sqrt{x_1^2 + x_2^2} \, ,$$

so wird

$$x'\xi = r\left[\cos \alpha \cos \phi + \sin \alpha \sin \phi\right] = r \cos (\alpha - \phi) \, ,$$

und man erhält anstelle von (8.1)

$$\Phi(x,t) = \frac{1}{2} \int_0^{2\pi} \frac{d\phi}{t - r\cos(\phi - \alpha)}$$

bzw. wegen der Periodizität der Kosinusfunktionen

$$\Phi(x,t) = \frac{1}{2} \int_0^{2\pi} \frac{d\phi}{t - r\cos\phi} . \tag{8.3}$$

Schließlich läßt sich dieses Integral als ein komplexes Integral schreiben. Dazu setzt man $z = e^{i\phi}$ und findet zunächst $dz = ie^{i\phi}\,d\phi$; d.h. $d\phi = dz/iz$. Weiter ist

$$\cos\phi = \frac{e^{i\phi} + e^{-i\phi}}{2} = \frac{1}{2}\left(z + \frac{1}{z}\right) ;$$

somit geht (8.3) über in

$$\Phi(x,t) = \frac{1}{i} \oint_{|z|=1} \frac{dz}{2zt - r(z^2 + 1)} . \tag{8.4}$$

Dieses Integral wird mit Hilfe des Residuensatzes ausgewertet. Dazu ist es nötig, die im Einheitskreis liegenden Pole des Integranden, d.h. die Nullstellen des Nenners, zu bestimmen. Diese sind

$$\frac{t \pm \sqrt{t^2 - r^2}}{r} .$$

Das Produkt der beiden Wurzeln ist gleich eins, also liegt für $t \neq r$ eine der Wurzeln innerhalb, die andere außerhalb des Einheitskreises. Zunächst sei $|t| > r$. Wir nehmen an, das Vorzeichen der Wurzel sei so bestimmt, daß

$$\left| \frac{t - \sqrt{t^2 - r^2}}{r} \right| < 1$$

ist, also liegt $\sqrt{t^2 - r^2}$ näher an t als $-\sqrt{t^2 - r^2}$. Nach dem Residuensatz folgt aus (8.4)

$$\Phi(x,t) = \frac{\pi}{\sqrt{t^2 - r^2}} , \quad |t| > r . \tag{8.5}$$

Hiermit hat man auch $\Phi(x,t)$ im Innern des Kreises mit Ausnahme der reellen Achse. Weil $\sqrt{t^2 - r^2}$ in (8.5) den Wert hat, der näher an t liegt, erhält man, daß bei Annäherung an den Schlitz von oben und unten her konjugiert komplexe Werte von $\Phi(x,t)$ als Randwerte entstehen.

Besondere Bedeutung haben die beiden singulären Stellen $t = -r$ und $t = r$. Die beiden durch sie bestimmten Geraden

$$x_1\xi_1 + x_2\xi_2 = \pm r$$

sind Tangenten der Normalenkurve $\mathcal{K} = 0$. Allgemein entsprechen die singulären Stellen denjenigen t-Werten, für die die Ebene $x'\xi = t$ ein Oval der Normalenfläche berührt. Aber die Anzahl der parallelen Ebenen der Schar $x'\xi = t$, die eines der $n/2$ Ovale berühren, ist nicht notwendig gleich n , weil nicht alle Ovale konvex sein müssen. Die genaue Anzahl wird durch die Anzahl der Schnittpunkte einer Geraden durch den Ursprung mit der Strahlenfläche angegeben.

8.1.3. Satz über den Zusammenhang zwischen $\Phi(x,t)$ und $K(x,t)$

Wir wollen beweisen, daß zwischen $\dfrac{\partial^{m+1}}{\partial t^{m+1}} K(x,t)$ und $\Phi(x,t)$ der folgende Zusammenhang besteht:

$$\frac{1}{m!} \frac{\partial^{m+1}}{\partial t^{m+1}} K(x,t) = \begin{cases} - k \, \mathrm{Im}\, \Phi(x,t) \, , & p \text{ ungerade,} \\[2mm] k \, \mathrm{Re}\, \Phi(x,t) \, , & p \text{ gerade,} \end{cases} \tag{8.6}$$

wobei k eine Konstante ist und der Real- und Imaginärteil von $\Phi(x,t)$ auf dem oberen Schlitzrand zu nehmen sind.

Um diesen Satz zu beweisen, bilde man das Integral

$$\int_0^t \Phi(x,z) \, dz$$

über einen in der oberen Halbebene verlaufenden Weg. Dabei ist t reell. Nach (8.1) und Abschnitt 7.1. ist

$$\int_0^t \Phi(x,z) \, dz = \sum_{j=1}^{n/2} \int_{\sigma_j} d\omega_\xi \int_0^t \frac{dz}{z - x'\xi} =$$

$$= \sum_{j=1}^{n/2} \int_{\sigma_j} \left\{ \lg \left| \frac{t - x'\xi}{x'\xi} \right| - \frac{\pi i}{2} \left[\mathrm{sgn}(t - x'\xi) + \mathrm{sgn}(x'\xi) \right] \right\} d\omega_\xi \, .$$

Läßt man dann den Integrationsweg in die reelle Achse rücken, so erstreckt sich das Integral von Φ über den oberen Schlitzrand; setzt man $\tau = \mathrm{Re}\, z$, so folgt

$$\int_0^t \mathrm{Re}\, \Phi(x,\tau) \, d\tau + i \int_0^t \mathrm{Im}\, \Phi(x,\tau) \, d\tau = \sum_{j=1}^{n/2} \int_{\sigma_j} \lg \left| \frac{t - x'\xi}{x'\xi} \right| d\omega_\xi -$$

$$- i \frac{\pi}{2} \sum_{j=1}^{n/2} \int_{\sigma_j} \left[\mathrm{sgn}(t - x'\xi) + \mathrm{sgn}(x'\xi) \right] d\omega_\xi \, .$$

Andererseits ist nach (7.59) und dem Satz in Abschnitt 7.5.

$$\frac{1}{m!}\,\frac{\partial^m}{\partial t^m}\,K(x,t) = \begin{cases} \dfrac{\kappa\pi}{2}\,\displaystyle\sum_{j=1}^{n/2}\int\limits_{\sigma_j}\bigl[\mathrm{sgn}(t - x'\xi) + \mathrm{sgn}(x'\xi)\bigr]\,d\omega_\xi\;, \\[2ex] p \quad \text{ungerade,} \\[1ex] \kappa\,\displaystyle\sum_{j=1}^{n/2}\int\limits_{\sigma_j}\lg\left|\frac{t - x'\xi}{x'\xi}\right|\,d\omega_\xi\;, \quad p \quad \text{gerade.} \end{cases}$$

Daraus erkennt man, daß

$$\kappa\int_0^t \mathrm{Re}\;\Phi(x,\tau)\;d\tau = \frac{1}{m!}\,\frac{\partial^m}{\partial t^m}\,K(x,t)\;, \quad \text{wenn}\quad p \quad \text{gerade,}$$

und

$$\kappa\int_0^t \mathrm{Im}\;\Phi(x,\tau)\;d\tau = -\,\frac{1}{m!}\,\frac{\partial^m}{\partial t^m}\,K(x,t)\;, \quad \text{wenn}\quad p \quad \text{ungerade.}$$

Die Behauptung folgt sofort, differenziert man beide Seiten nach t .

Zum Schluß bemerken wir, daß die Funktion

$$\Phi(-\,x,\;t) = \sum_{j=1}^{n/2}\int\limits_{\sigma_j}\frac{d\omega_\xi}{t + x'\xi}$$

eine Lösung der Differentialgleichung

$$D(\partial/\partial x,\partial/\partial t)\Phi = 0$$

darstellt. Um dies einzusehen, differenziere man nach t und x_k ;
man erhält so:

$$\frac{\partial}{\partial t}\,\frac{1}{t + x'\xi} = -\,\frac{1}{(t + x'\xi)^2}\;,$$

$$-\,\frac{\partial}{\partial x_k}\,\frac{1}{t + x'\xi} = -\,\frac{\xi_k}{(t + x'\xi)^2}\;.$$

Berechnet man jetzt

$$D(\partial/\partial x,\partial/\partial t)\,\frac{1}{t + x'\xi} = n!\,\frac{D(\xi,1)}{(t + x'\xi)^{n+1}} = n!\,\frac{\mathcal{K}(\xi)}{(t + x'\xi)^{n+1}}\;,$$

so erhält man

$$D(\partial/\partial x,\partial/\partial t)\Phi(x,t) = n!\sum_{j=1}^{n/2}\int\limits_{\sigma_j}\frac{\mathcal{K}(\xi)}{(t + x'\xi)^{n+1}}\,d\omega_\xi\;,$$

und die Integrale auf der rechten Seite verschwinden alle, weil auf
den σ_j ja $\mathcal{K}(\xi)$ gleich null ist.

8.1.4. Singuläre Stellen der Funktion $\Phi(x,t)$

An dem unter 8.1.2. durchgeführten Beispiel zeigte sich, daß die Pole
von Φ eine besondere Bedeutung für K(x,t) haben. Es war

$$K(x,t) = t^m\,K(x/t,\;1)\;. \tag{8.7}$$

Bei festem x wandert der Punkt x/t auf einer durch den Nullpunkt gehenden Geraden, wenn t alle reellen Werte durchläuft. Auf dieser Geraden ist K(x,t) eine m-mal stetig differenzierbare Funktion von t . Die (m + 1)-te Ableitung ergibt sich nach (8.6) auf Grund der Kenntnis der Randwerte von ϕ auf dem Schlitz. Diese Randwerte werden aber nur an den singulären Stellen von ϕ auf der reellen Achse unstetig, also in den Punkten, welche den Schnittpunkten des Strahls durch den Punkt x mit einem der Ovale der Strahlenfläche entsprechen. Demnach kann

$$\frac{\partial^{m+1}}{\partial t^{m+1}} K(x,t) = K_{m+1}(x,t)$$

nur in diesen Punkten unstetig werden.

Die Funktion K(x,t) ist also m-mal stetig nach t differenzierbar. Ihre (m + 1)-te Ableitung in den verschiedenen Zwischräumen zwischen den Ovalen wird durch verschiedene Zweige ein und derselben analytischen Funktion dargestellt.

Man kann auch K(x,t) unmittelbar aus $K_{m+1}(x,t)$ herstellen, denn K(x,t) verschwindet, sobald x/t außerhalb der Strahlenflächen liegt, d.h. für alle hinreichend kleinen t . Mit Hilfe der Integralformel für das Restglied der Taylorreihe erhält man daher

$$K(x,t) = \frac{1}{m!} \int_0^t (t - s)^m K_{m+1}(x,s) \, ds \ . \tag{8.8}$$

8.2. Genauere Ausführungen für den Fall, daß die Normalenfläche ein System konzentrischer Kugeln ist

8.2.1. Berechnung von $\phi(x,t)$

Zum Zweck einer späteren Anwendung auf die Wellen- bzw. Telegraphengleichung in p Dimensionen wollen wir die vorhergehenden Betrachtungen auf den Fall spezialisieren, daß die Normalenfläche aus n/2 konzentrischen Kugeln um den Ursprung besteht. Um ϕ zu bilden, haben wir die Integrale bezüglich $d\omega_\xi$ über jede der n/2 Kugeln zu erstrecken. Wir wollen das Integral über eine dieser Kugeln, die den Radius c^{-1} habe, aufstellen. Die Gleichung der Kugel ist dann

$$\mathcal{K}(\xi) = |\xi|^2 - c^{-2} = 0 \ .$$

Nach (7.44) ist

$$d\omega_\xi = \pm \frac{do_\xi}{|\mathrm{grad}_\xi \, \mathcal{K} |} \ ,$$

und weil hier

$$|\mathrm{grad}_\xi \, \mathcal{K}|^2 = 4c^{-2}$$

konstant ist, unterscheiden sich $d\omega_\xi$ und do_ξ nur um einen konstanten Faktor. Es bleibt nur das Integral

$$\int_{|\xi|=c^{-1}} \frac{do_\xi}{t - x'\xi} \qquad (8.9)$$

zu berechnen.

Zunächst wollen wir zeigen, daß, wie im Falle $p = 2$, das Integral
(8.9) nur von t und der Länge $|x| = r$ des Vektors x abhängt.
In der Tat sind do_ξ und das Integrationsgebiet - die Kugel mit dem
Radius c^{-1} um den Ursprung - invariant gegen Drehungen des Koordinatensystems, so daß das Integral sich bei einer beliebigen, eigentlich orthogonalen Substitution im x-Raum nicht ändert. Es sei also
Ω die Matrix der Drehung, die den Vektor x in den Vektor $\Omega x =$
$= re^{(p)}$ überführt, $e^{(p)\prime} = (0,\ldots,0,1)$. Dann ist $x'\xi = x'\Omega'\xi$,
und wenn man $\Omega'\xi = \eta$ setzt, gilt $x'\xi = r\eta_p$; (8.9) geht über in

$$\Phi(x,t) = \int_{|\eta|=c^{-1}} \frac{do_\xi}{1 - r} \cdot \qquad (8.10)$$

Allgemeiner betrachten wir das Integral

$$I = \int_{|\xi|=\xi'} f(\xi_p) \, do_\xi \, ,$$

erstreckt über die Kugel, wo
der Integrand nur von der einen Koordinate ξ_p abhängt.
Bedeutet $\overset{\nu}{\xi} = (\xi_1,\ldots,\xi_{p-1},0)$
die Projektion von ξ auf die
Koordinatenebene $\xi_p = 0$, dann
ist

$$do_\xi = \frac{d\overset{\nu}{\xi}}{\cos\theta} = $$
$$= \frac{d\xi_1 \cdots d\xi_{p-1}}{\cos\theta} \, ,$$

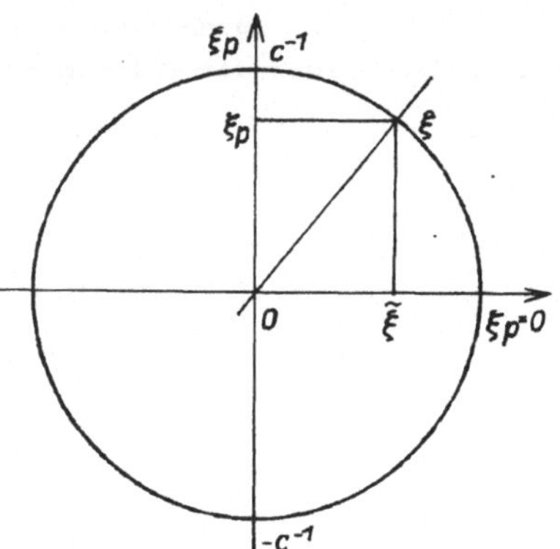

wobei θ den Winkel zwischen
der äußeren Normalen an die
Kugel im Punkte ξ und der p-ten Koordinatenachse bedeutet:

$$\cos\theta = n'\,e^{(p)} = \frac{\xi'}{c^{-1}}\,e^{(p)} = c\,\xi_p \, .$$

So hat man

$$do_\xi = \frac{d\check{\xi}}{c\xi_p} \; .$$

Das Integral I geht über in

$$\int\limits_{|\xi|=c^{-1}} f(\xi_p)\, do_\xi = c^{-1} \int\limits_{|\check{\xi}|\leq c^{-1}} \frac{f(\xi_p)}{\xi_p}\, d\check{\xi} \; , \tag{8.11}$$

wo man sich ξ_p aus der Beziehung

$$|\check{\xi}|^2 + \xi_p^2 = c^{-2}$$

ausgedrückt zu denken hat. Man setze weiter $\sigma^2 = |\check{\xi}|^2$. Dann ist

$$\frac{f(\xi_p)}{\xi_p} : = \phi(\sigma)$$

eine gewisse Funktion von σ . Wir können somit in (8.10) Polarkoordinaten in (p - 1)-Dimensionen einführen. Ist dω das Oberflächenelement der Einheitskugel im (p - 1)-dimensionalen Raum, so wird

$$\int\limits_{|\xi|=c^{-1}} f(\xi_p)\, do_\xi = c^{-1} \int\limits_{0}^{c^{-1}} \phi(\sigma)\sigma^{p-2}\, d\sigma \int\limits_{|\omega|=1} d\omega \; .$$

Mit ω_{p-1} bezeichnen wir den Flächeninhalt der Einheitskugel in (p - 1)-Dimensionen und erhalten

$$\int\limits_{|\omega|=1} d\omega = \omega_{p-1} \; .$$

Gehen wir nun zurück zu der Variablen ξ_p , die wir mit λ bezeichnen wollen, so folgen die Relationen

$$\phi(\sigma) = \frac{f(\lambda)}{\lambda} \; , \quad \lambda^2 + \sigma^2 = c^{-2} \; , \quad \sigma^2 = c^{-2} - \lambda^2 \; ,$$

$$\lambda\, d\lambda + \sigma\, d\sigma = 0 \; , \quad \sigma^{p-2} = (c^{-2} - \lambda^2)^{\frac{p-2}{2}} \; .$$

Hiermit wird (im Hinblick auf die geometrische Bedeutung von λ)

$$I = \frac{\omega_{p-1}}{c} \int\limits_{-c^{-1}}^{c^{-1}} f(\lambda)(c^{-2} - \lambda^2)^{\frac{p-3}{2}}\, d\lambda \; .$$

Durch die Substitution $\lambda = c^{-1} s$ ergibt sich schließlich

$$\int\limits_{|\xi|=c^{-1}} f(\xi_p)\, do_\xi = \frac{\omega_{p-1}}{c^{p-1}} \int\limits_{-1}^{1} f(\tfrac{s}{c})(1 - s^2)^{\frac{p-3}{2}}\, ds \; . \tag{8.12}$$

Damit ist es gelungen, das Integral I von (8.12) über die Oberfläche der p-dimensionalen Kugel als einfaches Integral über s allein zu schreiben.

Wir wollen die Formel (8.12) selbst dazu benutzen, um den dabei auftretenden Faktor ω_p explizit zu bestimmen. Setzen wir in (8.12)
$f(\xi_p)$ und c gleich eins, so steht links die Oberfläche der p-dimensionalen Kugel, also ω_p , und wir erhalten

$$\frac{\omega_p}{\omega_{p-1}} = \int_{-1}^{1} (1 - s^2)^{\frac{p-3}{2}} \, ds = 2 \int_{0}^{1} (1 - s^2)^{\frac{p-3}{2}} \, ds \ .$$

Setzt man $s^2 = \lambda$, so folgt

$$\frac{\omega_p}{\omega_{p-1}} = 2 \cdot \frac{1}{2} \int_{0}^{1} (1 - \lambda)^{\frac{p-3}{2}} \lambda^{-\frac{1}{2}} \, d\lambda = \frac{\Gamma(\frac{p-1}{2}) \, \Gamma(\frac{1}{2})}{\Gamma(p/2)} \ ,$$

wobei $\Gamma(z)$ die Gamma-Funktion ist. Wegen $\Gamma(1/2) = \sqrt{\pi}$ und $\omega_2 =$
$= 2\pi$ erhält man aus dieser Formel durch Induktion nach p

$$\omega_p = 2 \, \frac{\pi^{p/2}}{\Gamma(p/2)} \ . \tag{8.13}$$

Für $p = 1$ folgt daraus $\omega_p = 2$. Der Einheitskugel entspricht ja
in diesem Falle das Punktepaar $\{-1,1\}$, als dessen Inhalt man sinn-
gemäß die Anzahl der Punkte, d.h. zwei, anzusehen hat. Die Formel
(8.13) gilt tatsächlich auch für alle natürlichen Zahlen p .

Ersetzt man $f(\xi_p)$ durch $1/(t - r\xi_p)$ in (8.12), so wird mit $r =$
$= |x|$

$$\Phi(x,t) = \frac{\omega_{p-1}}{c^{p-1}} \int_{-1}^{1} \frac{(1 - s^2)^{\frac{p-3}{2}}}{t - \frac{rs}{c}} \, ds = \frac{\omega_{p-1}}{c^{p-2} r} \int_{-1}^{1} \frac{(1 - s^2)^{\frac{p-3}{2}}}{\frac{ct}{r} - s} \, ds \ .$$

8.2.2. Die Funktion $\phi(t)$

Führt man die Funktion

$$\phi(t) = \int_{-1}^{1} \frac{(1 - s^2)^{\frac{p-3}{2}}}{t - s} \, ds \tag{8.14}$$

ein, so nimmt Φ die Gestalt

$$\Phi(x,t) = \frac{\omega_{p-1}}{c^{p-2} r} \, \phi(\frac{ct}{r}) \tag{8.15}$$

an. Diese Funktion $\phi(t)$ ist die "Stammfunktion" für die Lösung der
Wellengleichung in p Dimensionen. Weil c und r von Natur aus
positiv sind, genügt es, das Verhalten der Funktion $\phi(t)$ in der
oberen oder unteren Halbebene zu studieren, will man das Verhalten
von Φ kennenlernen. Ein elementarer Ausdruck für $\phi(t)$ läßt sich
angeben, der wieder für gerade und ungerade Dimensionszahl verschieden ausfällt.

Es sei zunächst p ungerade. Dann ist

$$\phi(t) = (1 - t^2)^{\frac{p-3}{2}} \int_{-1}^{1} \frac{ds}{t - s} + \int_{-1}^{1} \frac{(1 - s^2)^{\frac{p-3}{2}} - (1 - t^2)^{\frac{p-3}{2}}}{t - s} \, ds.$$

Der Ausdruck $(1 - s^2)^{\frac{p-3}{2}}$ stellt ein Polynom dar, also hat man es
in dem zweiten Integral auf der rechten Seite mit Termen der Gestalt

$$\alpha(s^{2\ell} - t^{2\ell}) \, ,$$

dividiert durch $t - s$, zu tun. Mithin besteht der Integrand aus
Monomen der Gestalt $s^\mu t^\nu$, wobei $\mu + \nu$ ungerade ist. Für μ ungerade verschwindet

$$\cdot \int_{-1}^{1} s^\mu t^\nu \, ds \, .$$

Also erhält man für das zweite Integral

$$\int_{-1}^{1} \frac{(1 - s^2)^{\frac{p-3}{2}} - (1 - t^2)^{\frac{p-3}{2}}}{t - s} \, ds = c_1 t + c_3 t^3 + \ldots + c_{p-4} t^{p-4} \, ,$$

wobei $c_1, \ldots, c_{p-4}$ gewisse Konstanten sind. Man erhält

$$\phi(t) = (1 - t^2)^{\frac{p-3}{2}} \lg \frac{t + 1}{t - 1} + c_1 t + c_3 t^3 +$$
$$+ \ldots + c_{p-4} t^{p-4} \, . \tag{8.16}$$

Für gerade p schreibt man

$$\phi(t) = (1 - t^2)^{\frac{p-3}{2}} \int_{-1}^{1} \frac{ds}{(t - s)\sqrt{1 - s^2}} +$$

$$+ \int_{-1}^{1} \frac{(1 - s^2)^{\frac{p-3}{2}} - (1 - t^2)^{\frac{p-3}{2}}}{(t - s)\sqrt{1 - s^2}} \, ds \, .$$

Der Wert des ersten Integrals läßt sich sofort angeben. Setzen wir
darin $s = \cos \phi$, dann geht es über in

$$\int_{-1}^{1} \frac{ds}{(t - s)\sqrt{1 - s^2}} = \int_{0}^{\pi} \frac{d\phi}{t - \cos \phi} = \frac{1}{2} \int_{0}^{2\pi} \frac{d\phi}{t - \cos \phi} \, ,$$

und dieses Integral ist nach (8.5) $\pi / \sqrt{t^2 - 1}$. Das zweite Integral
wird genau wie im Falle ungerader p behandelt; man erhält

$$\phi(t) = (1 - t^2)^{\frac{p-3}{2}} \, \pi / \sqrt{(t^2 - 1)} + c_1 t + c_3 t^3 + \ldots \tag{8.17}$$
$$\ldots + c_{p-3} t^{p-3} \, .$$

8.2.3. Digression über Lösungen der Wellengleichung

Obwohl es für den jetzigen Zusammenhang nicht notwendig wäre, wollen
wir doch erwähnen, wie man sofort von hier aus auf eine ganze Reihe
von Lösungen der Wellengleichung kommt. Wir betrachten die Gleichung

$$\frac{\partial^2 F}{\partial t^2} = \frac{\partial^2 F}{\partial x_1^2} + \ldots + \frac{\partial^2 F}{\partial x_p^2} \qquad (8.18)$$

bzw. in unserer symbolischen Schreibweise

$$D(\partial/\partial x, \partial/\partial t)\ F(x,t) = 0$$

mit $D(\xi,\tau) = |\xi|^2 - \tau^2$.

In diesem Falle ist $n = 2$, und wir nehmen $p > 1$ an, also ist
$m = n - p - 1 < 0$, und unsere vorangehenden Betrachtungen können
nicht unmittelbar auf diese Differentialgleichung angewandt werden.

Die Normalenfläche hat hier die Gleichung

$$D(\xi,1) = |\xi|^2 - 1 = 0 ,$$

ist also eine Kugel vom Radius 1 . In 8.1.3. haben wir gesehen, daß
das auf der Normalenfläche genommene Integral $\Phi(-x,t)$ der Gleichung
(8.18) genügt. Wir haben also in der durch (8.15) gegebenen Funktion

$$\Phi(x,t) = \frac{\omega_{p-1}}{r}\ \phi\left(\frac{t}{r}\right) = \frac{\omega_{p-1}}{r} \int_{-1}^{1} \frac{(1 - s^2)^{\frac{p-3}{2}}}{t - s}\ ds$$

eine Lösung der Wellengleichung (8.18). Diese Lösung hätte man auch
auf anderem Wege erhalten können. Verwendet man nämlich für die Lösung der Wellengleichung (8.18) den Ansatz

$$F(x,t) = \frac{1}{r}\ \phi\left(\frac{t}{r}\right) ,$$

wobei ϕ eine noch zu bestimmende Funktion ist, so erhält man durch
Einsetzen dieses Ausdrucks in (8.18) und Bezeichnung von t/r mit λ
die gewöhnliche lineare homogene Differentialgleichung zweiter Ordnung

$$(\lambda^2 - 1)\ \phi''(\lambda) - (p - 5)\lambda\ \phi'(\lambda) - (p - 3)\phi(\lambda) = 0 ,$$

in der $\phi(\lambda)$ die unbekannte Funktion darstellt. Diese Differentialgleichung läßt sich auch in der Form

$$\frac{d}{d\lambda}\left\{(\lambda^2 - 1)\phi'(\lambda) - (p - 3)\lambda\phi(\lambda)\right\} = 0$$

schreiben, woraus man sofort auf eine Lösung der Gestalt (8.14) geführt wird.

Es läßt sich aber noch eine weitere Lösung angeben. Wir wissen, daß
Φ und folglich ϕ eine Funktion ist, die für gewisse reelle t-Werte
Singularitäten hat und bei der Annäherung an die reelle Achse von der

14 Herglotz, Mechanik

oberen oder unteren Halbebene her verschiedene Randwerte besitzt.
Nun ist mit einer Funktion $f(x,t)$, t komplex, auch jede Periode
ihrer Inversen in Bezug auf t eine Lösung der Differentialgleichung; denn nehmen wir an, daß die Funktion $f(x,t)$, wenn t einen
geschlossenen Weg beschreibt, in eine andere Funktion $f^*(x,t)$
übergeht, so ist $f^*(x,t)$ immer noch eine Lösung der Differentialgleichung. Folglich ist auch die Differenz $f - f^*$, d.h. die Periode, eine Lösung, weil die Wellengleichung linear und homogen ist.
Nach (8.16) und (8.17) ändert sich $\phi(t)$, wenn t einen geschlossenen Weg, etwa um den Punkt $t = - 1$, beschreibt, um ein Vielfaches
von $(1 - t)^{\frac{p-3}{2}}$, unabhängig davon, ob p gerade oder ungerade ist.
Nach (8.15) ist also mit einer Konstanten γ

$$\frac{\gamma}{r} (1 - t^2)^{\frac{p-3}{2}}$$

eine der Perioden von $\phi(x,t)$, und daher ist mit $\phi(x,t)$ auch

$$\frac{1}{r} \left(\frac{t^2}{r^2} - 1\right)^{\frac{p-3}{2}}$$

eine Lösung der Wellengleichung. Entwickelt man diesen Ausdruck nach
Potenzen von t , so findet man

$$\frac{t^{p-3}}{r^{p-2}} + (\text{niedrigere Potenzen von } t).$$

Setzt man diese Entwicklung für F in die Wellengleichung (8.18) ein,
so muß in dem auf diese Weise erhaltenen Polynom in t der Koeffizient jeder Potenz von t verschwinden. Insbesondere lehrt das Verschwinden des Koeffizienten von t^{p-3} , daß die Funktion $\frac{1}{r^{p-2}}$ eine
Lösung der Laplaceschen Gleichung in p Dimensionen sein muß, d.h.

$$\Delta F = \frac{\partial^2 F}{\partial x_1^2} + \dots + \frac{\partial^2 F}{\partial x_p^2} = 0 , \quad F = 1/r^{p-2} .$$

Dies kann man natürlich auch unmittelbar bestätigen. Für $p = 3$
kommt man auf die bekannte Lösung $1/r$. Für $x_{p+1} = it$ geht die
Wellengleichung (8.18) in die Laplacesche Gleichung in $(p + 1)$ Dimensionen über. Aus der Kenntnis der fundamentalen Lösung für die Laplacesche Gleichung wird man so auf eine Lösung der Wellengleichung geführt, es gilt

$$\frac{1}{(x_1^2 + \dots + x_p^2 + x_{p+1}^2)^{\frac{p-1}{2}}} = \frac{1}{(x_1^2 + x_2^2 + \dots + x_p^2 - t^2)^{\frac{p-1}{2}}} ,$$

$$p \geq 0 .$$

8.2.4. Weiteres über die Funktion $\phi(t)$; ihre Randwerte

Wir werden jetzt die Koeffizienten in den Ausdrücken (8.16) und
(8.17) bestimmen. Nach (8.14) verschwindet ϕ im Unendlichen; wir
können also ϕ nach Potenzen von $1/t$ entwickeln und erhalten ein
Resultat der Form

$$\phi(t) = a_1/t + a_2/t^2 + \dots .$$

Potenzen von t mit nichtnegativen Exponenten kommen nicht vor.
Nach (8.16) und (8.17) ist

$$c_1 t + c_3 t^3 + \dots$$

einfach der Anfang der Potenzreihenentwicklung von

$$(1 - t^2)^{\frac{p-3}{2}} \; \lg\,(\frac{t + 1}{t - 1}) \quad \text{bzw.} \quad (1 - t^2)^{\frac{p-2}{2}} \; \pi/\sqrt{t^2 - 1}$$

mit entgegengesetzten Vorzeichen.

Die Funktion $\phi(t)$ hat als einzige singuläre Stellen, $t = \pm 1$,
welche Verzweigungspunkte der Funktion sind. Bei Annäherung von der
unteren oder oberen Halbebene her an den Schlitz $(-1,1)$ existieren
Randwerte $u + iv$ oder $u - iv$, deren Real- bzw. Imaginärteil nach
(8.6) die Funktion $K_{m+1} = \dfrac{\partial^{m+1}}{\partial t^{m+1}} K$ liefert.

Nehmen wir zunächst den Fall, daß p ungerade ist. Dann hat man den
Imaginärteil von ϕ zu berechnen. Dabei beschränken wir uns auf positive, reelle Werte für t , die allein wir später brauchen. Weiter
dürfen wir uns auf Werte zwischen 0 und 1 beschränken. Ist $t >
> 1$, so kann man das Integral (8.14) direkt auswerten, also fällt
ϕ reell aus, und der Imaginärteil ist null. Für $0 < t < 1$ wählen
wir den Integrationsweg ebenfalls auf der reellen Achse mit Ausnahme
eines kleinen Halbkreises, der den Punkt t im positiven Sinne um-
läuft:

Das Integral über die geradlinigen
Stücke liefert wieder keinen Beitrag
zum Imaginärteil von $\phi(t)$. Der
Halbkreis kann andererseits beliebig
klein gewählt werden, so daß für
$\varepsilon \longrightarrow 0$ gilt:

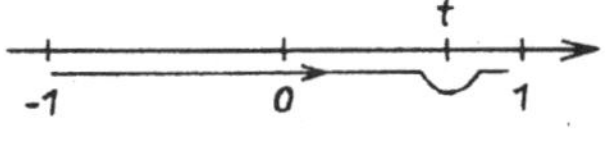

$$\int\limits_{\substack{\text{Halbkreis} \\ \text{vom Radius } \varepsilon \\ \text{um } t}} \frac{(1 - s^2)^{\frac{p-3}{2}}}{s - t}\, ds = \int\limits_{\pi}^{2\pi} \frac{1}{\varepsilon e^{i\phi}} \left[1 - (t + \varepsilon e^{i\phi})^2 \right]^{\frac{p-3}{2}} i\varepsilon e^{i\phi}\, d\phi$$

$$\longrightarrow i(1 - t^2)^{\frac{p-3}{2}} \pi , \quad \varepsilon \longrightarrow 0 .$$

Danach ist hier

$$v = \operatorname{Im} \phi = \begin{cases} 0 , & t > 1 , \\[2mm] -\pi(1 - t^2)^{\frac{p-3}{2}} , & 0 < t < 1 . \end{cases}$$

Führen wir die Funktion $\chi(t)$ ein:

$$\chi(t) = \begin{cases} 0 , & 0 < t < 1 , \\[2mm] (t^2 - 1)^{\frac{p-3}{2}} , & t > 1 , \end{cases} \tag{8.19}$$

so   können wir beide Fälle einheitlich in der Form

$$v = \pi(-1)^{\frac{p-1}{2}} \chi(t) + g_{p-3}(t) \tag{8.20}$$

darstellen, wenn $g_{p-3}(t)$ das gerade Polynom $(1 - t^2)^{\frac{p-3}{2}}$ vom Grad $p - 3$ bezeichnet.

Für gerade p entnehmen wir den Realteil u von $\phi(t)$ der Formel (8.17). Wir bezeichnen jetzt mit $g_{p-3}(t)$ das dort auftretende ungerade Polynom

$$g_{p-3}(t) = c_1 t + c_3 t^3 + \ldots + c_{p-3} t^{p-3}$$

vom Grad $p - 3$. Es geht völlig in u ein, weil es für reelle t reell ist. Es bleibt noch der Realteil von

$$(1 - t^2)^{\frac{p-2}{2}} \, \pi/\sqrt{t^2 - 1}$$

zu bestimmen. Für $0 < t < 1$ ist dieser Ausdruck rein imaginär, und u ist null. Für $t > 1$ erhalten wir

$$(-1)^{\frac{p-2}{2}} \, \pi(t^2 - 1)^{\frac{p-3}{2}} ,$$

und danach ergibt sich für u der zu (8.20) ähnliche Ausdruck

$$u = (-1)^{\frac{p-2}{2}} \chi(t) + g_{p-3}(t) . \tag{8.21}$$

9. Durchführung der Integration in konkreten Fällen

<u>9.1.   Lösung der Wellengleichung</u>

<u>9.1.1. Integraldarstellung der Lösung</u>

Wir haben jetzt alle Formeln, die wir für die vollständige Lösung
der Wellengleichung benötigen. Wie schon bemerkt, können wir die allgemeine Auflösungsmethode nicht direkt anwenden, weil der Grad der
Gleichung kleiner als die Anzahl der Variablen ist.

Um unsere Resultate dennoch benutzen zu können, betrachten wir den
Fall eines in quadratische Faktoren zerfallenden $D(\xi,\tau)$, d.h.

$$D(\xi,\tau) = \prod_{j=1}^{n/2} (\tau^2 - c_j^2 \, |\xi|^2) \; .$$

So kommen wir zu der Differentialgleichung

$$D(\partial/\partial x, \partial/\partial t) \, F(x,t) = 0 \; , \qquad\qquad (9.1)$$

die durch Kombination von $n/2$ Wellengleichungen der Form

$$\left[\frac{\partial^2}{\partial t^2} - c^2 \left(\frac{\partial^2}{\partial x_1^2} + \ldots + \frac{\partial^2}{\partial x_p^2} \right) \right] F(x,t) = 0 \qquad\qquad (9.2)$$

entsteht. Die zur Gleichung (9.1) gehörige Normalenfläche hat die
Gleichung

$$\mathcal{K}(\xi) \; := \; \prod_{j=1}^{n/2} (1 - c_j \, |\xi|^2) = 0 \; .$$

Sie zerfällt in $n/2$ konzentrische Kugeln mit den Radien $c_1^{-1}, \ldots$
$\ldots, c_{n/2}^{-1}$, von denen wir ohne Beschränkung der Allgemeinheit annehmen
können, daß $c_1 > c_2 > \ldots > c_{n/2}$ ist. Eine Gleichung des Typs (9.1)
war uns schon als Spezialfall der Fresnelschen Differentialgleichung
in der Elastizitätstheorie begegnet. Die Strahlenfläche als Reziprokalfläche der Normalenfläche besteht hier ebenfalls aus konzentrischen Kugeln mit den Radien $c_1, \ldots, c_{n/2}$.

Es genügt wieder, die Lösung F der Gleichung (9.1) im Nullpunkt für
beliebiges t zu berechnen, denn durch eine Translation erhält man
die Lösung für allgemeine Punkte x . Nach der allgemeinen Formel
(7.60) gilt

$$F(0,t) = \int f(x) \, K(x,t) \, dx \; ; \qquad\qquad (9.3)$$

hier hängt die in (8.1) eingeführte Funktion ϕ nur von r und t
ab. Infolgedessen gilt dasselbe nach (8.6) auch für K_{m+1} und nach
(8.8) ebenfalls für K selbst. Außerhalb des äußersten Ovals der
Strahlenfläche, d.h. hier außerhalb der Kugel vom Radius $c_1 t$, ver-

schwindet K , so daß man sich bei der Integration in (9.3) auf das Innere der Kugel vom Radius $c_1 t$ beschränken kann.

Wir kommen nun von der Gleichung (9.1) zur Wellengleichung (9.2), indem wir $c_1 = c$ festhalten, aber $c_2, \ldots, c_{n/2} \to 0$ gehen lassen, indem wir also die inneren Kugelschalen der Strahlenfläche auf den Mittelpunkt zusammenziehen. Weil die $(m + 1)$-ten Differentialquotienten von K an den inneren Ovalen unstetig werden, ist zu vermuten, daß jetzt nach deren Zusammenschrumpfen im Nullpunkt eine Singularität entsteht. Nehmen wir also an, daß $c_2 = 0, \ldots, c_{n/2} = 0$ ist, und schreiben in (9.3) G statt F . Dann stellt die Funktion

$$G(x,t) = \int f(y) \; K(x - y, \; t) \; dy \qquad (9.4)$$

eine Lösung der Gleichung

$$\left(\frac{\partial^2}{\partial t^2} - c^2 \left[\frac{\partial^2}{\partial x_1^2} + \ldots + \frac{\partial^2}{\partial x_p^2} \right] \right) \frac{\partial^{n-2}}{\partial t^{n-2}} G = 0$$

dar, wenn $c_2, \ldots, c_{n/2}$ verschwinden. Setzen wir

$$F = \frac{\partial^{n-2}}{\partial t^{n-2}} G \; , \qquad (9.5)$$

so erfüllt F die Wellengleichung

$$\left(\frac{\partial^2}{\partial t^2} - c^2 \left[\frac{\partial^2}{\partial x_1^2} + \ldots + \frac{\partial^2}{\partial x_p^2} \right] \right) F(x,t) = 0 \; ,$$

und weil die Lösung G die Anfangswerte

$$G(x,0) = 0, \ldots, \frac{\partial^{n-2}}{\partial t^{n-2}} G(x,0) = 0 \; , \quad \frac{\partial^{n-1}}{\partial t^{n-1}} G(x,0) = f(x)$$

haben sollte, hat F für $t = 0$ die Anfangswerte

$$F(x,0) = 0 \; , \quad \frac{\partial}{\partial t} F(x,0) = f(x) \; .$$

Nach (9.5) und (9.4) ist

$$F(0,t) = \frac{\partial^{n-2}}{\partial t^{n-2}} \int f(x) \; K(x,t) \; dx \; .$$

Da K m-mal stetig differenzierbar ist, können wir hier $n - p = = m + 1$ Differentiationen unter dem Integralzeichen ausführen, so daß

$$F(0,t) = \frac{\partial^{p-2}}{\partial t^{p-2}} \int f(x) \; \frac{\partial^{m+1}}{\partial t^{m+1}} \; K(x,t) \; dx \qquad (9.6)$$

wird. Die hiermit wie in (9.4) konstruierte Lösung ist schon äußerlich wesentlich verschieden von denen jener Gleichungen, deren Grad die Variablenzahl übersteigt, weil hier noch Differentiationszeichen vor dem Integral stehen. Wir denken uns nun das Integrationsgebiet, also die Kugel vom Radius ct , in konzentrische Kugeln vom Radius r zerlegt und integrieren zunächst über jede einzelne Kugeloberfläche, für die $K(x,t)$ konstant ist. Dazu bilden wir den "Mittelwert" von $f(x)$ auf einer solchen Kugel, d.h. die Größe

$$M(r) = \frac{1}{\omega_p r^{p-1}} \int_{|x|=r} f(x)\, dS_x = \frac{1}{\omega_p} \int_{|\omega|=1} f(r\omega)\, d\omega \ . \qquad (9.7)$$

Damit geht (9.6) über in

$$F(0,t) = \omega_p \frac{\partial^{p-2}}{\partial t^{p-2}} \int_0^{ct} M(r) \frac{\partial^{m+1}}{\partial t^{m+1}} K(x,t) r^{p-1}\, dr \ . \qquad (9.8)$$

9.1.2. Lösender Kern $K(x,t)$

Wir besorgen uns zunächst die Funktion $K(x,t)$ für die Gleichung (9.1), aus der wir dann nach dem angegebenen Rezept die Wellengleichung bekommen. Zur Abkürzung setzen wir

$$g(\lambda) = \prod_{j=1}^{n/2} (\lambda^2 - c_j^2) \ .$$

Um K zu erhalten, haben wir Φ und das Flächendifferential

$$d\omega_\xi = \frac{\xi'\, n\, do}{\xi'\, \text{grad}\, \mathcal{K}}$$

zu bilden. Für die j-te Kugel ist $n = c_j \xi$, so daß

$$\xi'\, n = c_j\, |\xi|^2 = 1/c_j$$

ist, weil $|\xi| = 1/c_j$ den Radius der Kugel darstellt. Aus

$$\mathcal{K}(\xi) = \prod_{k=1}^{n/2} (1 - c_k^2\, |\xi|^2)$$

folgt

$$\xi'\, \text{grad}_\xi\, \mathcal{K}(\xi)\Big|_{|\xi|=1/c_j} = -\, 2c_j^2|\xi|^2 \prod_{k\neq j} (1 - c_k^2|\xi|^2)\Big|_{|\xi|=1/c_j} =$$

$$= -\, 2 \prod_{k\neq j} (1 - c_k^2/c_j^2) = -\, \frac{2}{c_j^{n-2}} \prod_{k\neq j} (c_j^2 - c_k^2) =$$

$$= -\, \frac{1}{c_j^{n-2}} \frac{g'(c_j)}{c_j} = -\, \frac{g'(c_j)}{c_j^{n-1}} \ ,$$

also ist für die j-te Kugel

$$d\omega_\xi = -\, \frac{c_j^{n-2}}{g'(c_j)}\, do \ .$$

Somit ist $d\omega_\xi$ für jede der Kugeln bis auf einen konstanten Faktor das gewöhnliche Flächenelement. Es gilt daher

$$\Phi(x,t) = \sum_{j=1}^{n/2} \int_{\sigma_j} \frac{d\omega_\xi}{t - x'\xi} = - \sum_{j=1}^{n/2} \frac{c_j^{n-2}}{g'(c_j)} \int_{\sigma_j} \frac{do}{t - x'\xi} \; ,$$

wobei σ_j die Kugel vom Radius $1/c_j$ bedeutet. Nach (8.15) ist

$$\int_{\sigma_j} \frac{do}{t - x'\xi} = \frac{\omega_{p-1}}{c_j^{p-2} r} \phi(\frac{c_j t}{r}) \; ,$$

und daher

$$\Phi(x,t) = \frac{\omega_{p-1}}{r} \sum_{j=1}^{n/2} \frac{c_j^{m+1}}{g'(c_j)} \phi(\frac{c_j t}{r}) \; . \tag{9.9}$$

Nun haben wir wieder ϕ als Funktion des komplexen Arguments t anzusehen und Real- bzw. Imaginärteil der Randwerte bei Annäherung an die reelle Achse zu bestimmen. Was wir von den Randwerten von ϕ brauchen, wird durch die Formeln (8.20) bzw. (8.21) gegeben. Weil c_j/r immer reell positiv ist, erhält man nach (9.9) und (8.20) für ungerade p als Imaginärteil der Randwerte von $\Phi(x,t)$

$$\operatorname{Im} \Phi(x,t) = v = - (-1)^{\frac{p-1}{2}} \frac{\pi}{r} \omega_{p-1} \sum_{j=1}^{n/2} \frac{c_j^{m+1}}{g'(c_j)} \chi(\frac{c_j t}{r}) -$$

$$- \frac{\omega_{p-1}}{r} \sum_{j=1}^{n/2} \frac{c_j^{m+1}}{g'(c_j)} g_{p-3}(\frac{c_j t}{r}) \; ,$$

und für gerade p gilt nach (9.9) und (8.21)

$$\operatorname{Re} \Phi(x,t) = u = - (-1)^{\frac{p-2}{2}} \frac{\omega_{p-1}}{r} \sum_{j=1}^{n/2} \frac{c_j^{m+1}}{g'(c_j)} \chi(\frac{c_j t}{r}) -$$

$$- \frac{\omega_{p-1}}{r} \sum_{j=1}^{n/2} \frac{c_j^{m+1}}{g'(c_j)} g_{p-3}(\frac{c_j t}{r}) \; .$$

Die Funktion $g_{p-3}(t)$ ist definitionsgemäß ein Polynom $(p-3)$-ten Grades und zwar ein gerades, wenn p ungerade, ein ungerades, wenn p gerade ist. Danach besteht in jedem Falle $g_{p-3}(c_j t/r)$ als Funktion von c_j aus Termen der Form

$$a_q \, c_j^{p-3-2q} \; ,$$

wobei a_q von t und r abhängt. Die zweiten Summanden von u und v haben demnach die Gestalt

$$\sum_q a_q \sum_{j=1}^{n/2} \frac{c_j^{p-3-2q+m+1}}{g'(c_j)} = \sum_q a_q \sum_{j=1}^{n/2} \frac{c_j^{n-3-2q}}{g'(c_j)} \; ,$$

da $m = n - p - 1$ ist. Das Polynom $g(\lambda)$ hat definitionsgemäß die Wurzeln $\pm c_j$. Nun ist n gerade, so daß

$$\sum_{j=1}^{n/2} \frac{c_j^{n-3-2q}}{g'(c_j)} = \frac{1}{2} \sum_{j=-n/2}^{n/2}{}' \frac{c_j^{n-3-2q}}{g'(c_j)} \quad,$$

wobei der Strich am Summenzeichen wieder bedeutet, daß der Term für $j = 0$ in der Summe nicht auftritt. Diese Summe wird also über alle Wurzeln von $g(\lambda)$ erstreckt und ist nach dem Beweis des Satzes aus 7.5.2. gleich null. Für ungerade p erhalten wir

$$v = (-1)^{\frac{p+1}{2}} \frac{\pi \omega_{p-1}}{r} \sum_{j=1}^{n/2} \frac{c_j^{m+1}}{g'(c_j)} \chi(\frac{c_j t}{r})$$

und für gerade p

$$u = (-1)^{p/2} \frac{\omega_{p-1}}{r} \sum_{j=1}^{n/2} \frac{c_j^{m+1}}{g'(c_j)} \chi(\frac{c_j t}{r}) \quad.$$

Nach (8.6) ist

$$\frac{1}{m!} \frac{\partial^{m+1}}{\partial t^{m+1}} K(x,t) = \begin{cases} -\kappa v \quad, & p \quad \text{ungerade,} \\[2mm] \kappa u \quad, & p \quad \text{gerade,} \end{cases}$$

wobei in unserem Falle

$$\kappa = (-1)^{\frac{p(p+1)}{2}} \frac{2}{(2\pi)^p m!}$$

folgt, wegen $\mathcal{X}(0) = 1$. Daraus erhält man

$$\frac{\partial^{m+1}}{\partial t^{m+1}} K(x,t) = \begin{cases} -(-1)^{\frac{p+1}{2} + \frac{p(p+1)}{2}} \frac{\pi \omega_{p-1}}{r} \frac{2}{(2\pi)^p} \cdot \\[2mm] \quad \cdot \sum_{j=1}^{n/2} \frac{c_j^{m+1}}{g'(c_j)} \chi(\frac{c_j t}{r}) \quad, \quad p \quad \text{ungerade,} \\[4mm] (-1)^{\frac{p}{2} + \frac{p(p+1)}{2}} \frac{\omega_{p-1}}{r} \frac{2}{(2\pi)^p} \cdot \\[2mm] \quad \cdot \sum_{j=1}^{n/2} \frac{c_j^{m+1}}{g'(c_j)} \chi(\frac{c_j t}{r}) \quad, \quad p \quad \text{gerade,} \end{cases} \tag{9.10}$$

und die Formel (8.8) liefert

$$K(x,t) = \frac{\mu_p}{r} \sum_{j=1}^{n/2} \frac{c_j^{m+1}}{g'(c_j)} \int_0^t \chi(\frac{c_j s}{r})(t-s)^m \, ds \tag{9.11}$$

mit $\mu_p = \dfrac{\omega_{p-1}}{(2\pi)^{p-1}}$.

Man kann an dem Ausdruck (9.10) bestätigen, was wir allgemein bewiesen haben, daß nämlich $K(x,t)$ in den verschiedenen Gebieten, in die Ovale der Strahlenfläche den Raum zerlegen, durch verschiedene analytische Ausdrücke dargestellt wird. Für $t = 1$ folgt aus (9.10)

$$\frac{\partial^{m+1}}{\partial t^{m+1}} K(x,1) = \frac{\mu_p}{r} \sum_{j=1}^{n/2} \frac{c_j^{m+1}}{g'(c_j)} \chi(c_j/r) \ . \tag{9.12}$$

Denken wir uns den Punkt x im Raum wandernd; bei seinem Eintritt in das j-te Oval der Strahlenfläche von außen her wird $r = c_j$. Somit geht c_j/r von Werten, die kleiner als eins sind, zu solchen über, die größer als eins sind; an einer solchen Stelle geht aber der j-te Summand

$$\frac{c_j^{m+1}}{g'(c_j)} \chi(c_j/r)$$

in (9.12) nach der Definition (8.19) von χ in eine ganz andere Funktion über. Man sieht aus (9.11), daß für Punkte x , die ganz außerhalb der Strahlenfläche liegen, $K(x,t)$ verschwindet.

Um nun zur Wellengleichung zu kommen, denken wir uns $c = 1 = c_1$ gewählt und lassen $c_2, \ldots, c_n$ gegen null streben. Es verschwindet $\chi(c_j t/r)$ schon völlig für genügend kleine Werte c_j ohne Grenzübergang. In (9.10) bleibt rechts nur der $c = 1$ entsprechende Summand übrig . Für $c_2 = \ldots = c_n = 0$ ist $g'(1) = 2$, und folglich geht (9.10) über in

$$\frac{\partial^{m+1}}{\partial t^{m+1}} K(x,t) = \frac{\mu_p}{r} \frac{1}{2} \left(\frac{t^2}{r^2} - 1\right)^{\frac{p-3}{2}} = \frac{\mu_p}{2r^{p-2}} (t^2 - r^2)^{\frac{p-3}{2}} , \quad r \leq t \ .$$

Für $r > t$ verschwindet die Funktion $K(x,t)$. Als allgemeine Lösung der Wellengleichung ergibt sich nach (9.8):

$$F(0,t) = \frac{\mu_p \omega_p}{2} \frac{\partial^{p-2}}{\partial t^{p-2}} \int_0^t (t^2 - r^2)^{\frac{p-3}{2}} M(r) \, r \, dr \ . \tag{9.13}$$

Diese Lösung bezieht sich auf die Anfangswerte für $t = 0$

$$F(x,0) = 0 , \quad \frac{\partial}{\partial t} F(x,0) = f(x) \ .$$

Damit ist aber auch sofort die Lösung für die allgemeineren Anfangswerte

$$F(x,0) = g(x) , \quad \frac{\partial}{\partial t} F(x,0) = f(x)$$

gewonnen sowie nach den Ausführungen in Abschnitt 6.2. für den Fall nicht-verschwindender rechter Seite.

9.1.3. Explizite Lösung für kleine Dimensionszahlen

Wir wollen nun die Lösung der Wellengleichung für die ersten Dimensionszahlen nach (9.2) aufstellen. Wir hatten $M(r)$ durch

$$M(r) = \frac{1}{\omega_p r^{p-1}} \int\limits_{|x|=r} f(x) \, dS_x$$

definiert. Nach (9.12) ist dann für

$$p = 3 : \quad F(0,t) = tM(t) \ ;$$

$$p = 5 : \quad F(0,t) = tM(t) + \frac{t^2}{3} M'(t) \ ;$$

$$p = 2 : \quad F(0,t) = \int\limits_0^t (t^2 - r^2)^{-1/2} M(r) \, r \, dr \ ;$$

$$p = 4 : \quad F(0,t) = \frac{1}{2} \int\limits_0^t (t^2 - r^2)^{-1/2} M(r) \, r \, dr +$$

$$+ \frac{t}{2} \, \frac{d}{dt} \int\limits_0^t (t^2 - r^2)^{-1/2} M(r) \, r \, dr \ .$$

Man macht sich leicht klar, daß bei ungerader Dimensionszahl größer
als eins $F(0,t)$ ein Polynom in t , $M(t)$ und seinen Ableitungen
bis zur $(p-3)/2$-ten Ordnung ist, während bei gerader Dimensionszahl
die Lösung immer ein von null bis t erstrecktes Integral über einen
Ausdruck mit $M(r)$ ist. Dies besagt, daß bei ungerader Dimensionszahl
die Lösung im Punkt 0 zur Zeit t nur von dem Mittelwert der Anfangswertfunktion f auf der Kugel vom Radius t abhängt und eventuell noch von den Mittelwerten auf den infinitesimal benachbarten
Kugeln. Hingegen braucht man bei gerader Dimensionszahl die Mittelwerte von f auch auf jeder kleineren Kugel; für die Lösung kommen
also alle Werte der Anfangswertfunktion innerhalb der Kugel vom Radius t in Betracht.

Der Fall $p = 1$ nimmt insofern eine Sonderstellung ein, als er den
Charakter der Fälle mit gerader Dimensionszahl hat. In diesem Falle
erhalten wir als Wellengleichung

$$\frac{\partial^2 F}{\partial x^2} = \frac{\partial^2 F}{\partial t^2} \ ;$$

die Anfangswerte für $t = 0$ sind

$$F(x,0) = 0 \ , \ F_t(x,0) = f(x),$$

und die Lösung ist

$$F(0,t) = \int\limits_0^t \frac{1}{2} \left[f(y) + f(-y) \right] dy \ .$$

Der Integrand

$$\frac{1}{2} \left[f(y) + f(-y) \right]$$

entspricht dem Mittelwert $M(y)$ auf der Kugel vom Radius y , die
sich hier im eindimensionalen Fall auf das Punktepaar $\{-y,+y\}$ reduziert. Wir sehen, daß auch hier wie bei den geraden Dimensionszahlen
die Mittelwerte der Anfangswertfunktion auf alle Kugeln mit einem Radius kleiner oder gleich t in Betracht kommen.

Es sei hervorgehoben, daß für ungerade p die $(m + 1)$-ten Ableitungen der Lösung $F(x,t)$ nicht von den Werten der Anfangswertfunktion
f im innersten Oval der Strahlenfläche abhängen, wenn dieses noch im
Verhältnis $t : 1$ vergrößert wird. Die Tatsache, daß F selbst von
den Werten von f außerhalb des im Verhältnis $t : 1$ vergrößerten
äußeren Ovals der Strahlenfläche unabhängig ist, war schon bewiesen
worden.

Nehmen wir nun einen Punkt x , so daß der Punkt x/t im innersten
Oval der Strahlenfläche liegt. Dies soll hier bedeuten, daß der vom
Ursprung zum Punkt x/t führende Radius nicht die Strahlenfläche
trifft; dann liegt die Polarebene des Punktes x/t , d.h. $x'\xi = t$,
außerhalb des äußersten Ovals der Normalenfläche; es gilt also für
diesen Punkt x

$$\text{sgn } (t - x'\xi) = + 1$$

für alle die Punkte ξ der Normalenfläche. Infolgedessen gilt für
dieses x nach (7.55), wenn p ungerade ist,

$$K(x,t) = \frac{\kappa \pi}{2} \sum_{j=1}^{n/2} \int\limits_{\sigma_j} (t - x'\xi)^m \, d\omega_\xi \, ,$$

und K wird einfach ein in (x,t) homogenes Polynom vom Grade m .
Infolgedessen verschwinden die $(m + 1)$-ten Ableitungen von K nach
irgendwelchen der Variablen $x_1,\ldots,x_p,t$, und die $(m + k)$-ten Ableitungen von F nach irgendwelchen dieser Variablen werden unabhängig
von den Werten der Anfangswertfunktion $f(x)$ für alle x , die innerhalb des innersten Ovals der Strahlenfläche liegen. Dasselbe läßt
sich für gerade p nicht mehr sagen.

9.2.   Lösung der Wellengleichung durch komplexe Integrale

9.2.1. Beweis der Hauptformel

Wir wollen nun den für die Lösung der Wellengleichung gefundenen Ausdruck (9.13) umformen. Dazu setzen wir zur Erleichterung der Rechnung
voraus, daß das bisher nur für reelle positive Werte r erklärte
$M(r)$ eine analytische Funktion ist, die in einem Gebiet regulär ist,
welches die positive reelle Halbachse im Inneren enthält. An die
Stelle von r tritt nun das komplexe Argument der Funktion, jetzt

mit z statt mit r . Wir betrachten also den Ausdruck

$$F(0,t) = \frac{\omega_p}{\omega_{p-1}} \frac{1}{2\pi i} \int_C M(z) \frac{z^{p-1}}{(z^2 - t^2)^{\frac{p-1}{2}}} dz \ , \qquad (9.14)$$

wobei C einen Weg bedeutet, der vom Nullpunkt ausgeht und t um-
laufend wieder zu diesem zurückkehrt (vgl. Abb. 23):

Zum Beweis dieser Behauptung denken
wir uns zunächst in (9.13) r durch
ts ersetzt. Man erhält so

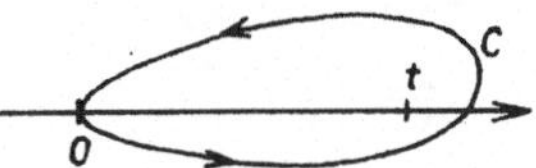

Abb. 23

$$F(0,t) = \frac{\mu_p \omega_p}{2} \frac{\partial^{p-2}}{\partial t^{p-2}} t^{p-1} \int_0^1 M(ts)(1 - s^2)^{\frac{p-3}{2}} s \ ds \ .$$

Dann ersetzen wir den Operator

$$\frac{\mu_p \omega_p}{2} \frac{\partial^{p-2}}{\partial t^{p-2}}$$

durch ein Cauchysches Integral und erhalten

$$F(0,t) = \frac{(p - 2)! \mu_p \omega_p}{2} \frac{1}{2\pi i} \int_C \frac{dz}{(z - t)^{p-1}} z^{p-1} \int_0^1 M(zs) \ ds \ ;$$

dabei wird das Integral nach z über einen einfach geschlossenen Weg
C erstreckt, wie die von 0 ausgehende, den Punkt t umgehende
Schleife in Abb. 23. Vertauschen wir die Integrationen und ersetzen
z durch w/s , so folgt

$$F(0,t) = \frac{(p - 2)! \mu_p \omega_p}{2} \frac{1}{2\pi i} \int_0^1 (1 - s^2)^{\frac{p-3}{2}} \ ds \ .$$

$$\cdot \int_C \frac{M(w)}{(w - st)^{p-1}} w^{p-1} \ dw \ .$$

Weiter ist $(p - 2)! \mu_p \omega_p/2 = 1$. Durch nochmalige Vertauschung der
Integrationen erhält man

$$F(0,t) = \frac{1}{2\pi i} \int_C M(z) \ h(z) \ dz$$

mit $$h(z) = z^{p-1} \int_0^1 \frac{(1 - s^2)^{\frac{p-3}{2}}}{(z - st)^{p-1}} \ ds \ .$$

Diese Funktion läßt sich als die Summe zweier Integrale schreiben:

$$h(z) = h_1(z) + h_2(z)$$

mit

$$h_1(z) := z^{p-1} \int_{-1}^{1} \frac{(1 - s^2)^{\frac{p-3}{2}}}{(z - st)^{p-1}} \, ds \;,$$

$$h_2(z) := z^{p-1} \int_{0}^{-1} \frac{(1 - s^2)^{\frac{p-3}{2}}}{(z - st)^{p-1}} \, ds \;.$$

Das Integral $h_1(z)$ läßt sich explizit auswerten. Führt man durch die Substitution

$$s = \frac{xz + t}{xt + z}$$

die neue Integrationsvariable x ein, so wird

$$h_1(z) = z^{p-1} \int_{-1}^{1} \left[\frac{(z^2 - t^2)(1 - x^2)}{(z + xt)^2}\right]^{\frac{p-3}{2}} \left(\frac{z + xt}{z^2 - t^2}\right)^{p-1} \frac{z^2 - t^2}{z + xt} \, dx$$

$$= z^{p-1} (z^2 - t^2)^{-\frac{p-1}{2}} \int_{-1}^{1} (1 - x^2)^{\frac{p-3}{2}} \, dx =$$

$$= \frac{2 z^{p-1}}{(z^2 - t^2)^{(p-1)/2}} \int_{0}^{1} (1 - x^2)^{\frac{p-3}{2}} \, dx =$$

$$= \frac{z^{p-1}}{(z^2 - t^2)^{(p-1)/2}} \; \frac{\Gamma(\frac{p-1}{2}) \Gamma(\frac{1}{2})}{\Gamma(\frac{p}{2})} \;,$$

und wir bekommen

$$h_1(z) = \frac{\Gamma(\frac{p-1}{2}) \Gamma(\frac{1}{2})}{\Gamma(\frac{p}{2})} \; \frac{z^{p-1}}{(z^2 - t^2)^{(p-1)/2}} = \frac{\omega_p}{\omega_{p-1}} \frac{z^{p-1}}{(z^2 - t^2)^{(p-1)/2}} \;.$$

Ähnlich erhält man für $h_2(z)$ den Ausdruck

$$h_2(z) = \frac{z^{p-1}}{(z^2 - t^2)^{\frac{p-1}{2}}} \int_{-t/2}^{-1} (1 - x^2)^{\frac{p-3}{2}} \, dx = \frac{z^{p-1}}{(z^2 - t^2)^{\frac{p-1}{2}}} \Psi(z) \;,$$

wobei $\Psi(z)$ durch

$$\Psi(z) = \int_{-t/2}^{-1} (1 - x^2)^{\frac{p-3}{2}} \, dx = t \int_{z}^{t} \frac{(\lambda^2 - t^2)^{\frac{p-3}{2}}}{\lambda^{p-1}} \, d\lambda$$

definiert ist (hier wurde $x = -t/\lambda$ gesetzt). $h_2(z)$ ist sicher regulär für alle z mit Ausnahme des reellen Intervalls $(-t,0)$, in dem der Integrand eine Unendlichkeitsstelle hat, folglich ist $h_2(z)$ insbesondere regulär für $\operatorname{Re}(z) > 0$.

Wir zeigen jetzt, daß

$$\int_C M(z)\, h_2(z)\, dz = 0 \; ,$$

wenn C die oben angegebene Schleife ist. Weil der Integrationsweg
ganz im Regularitätsbereich von h_2 und auch von M verläuft, höchstens mit Ausnahme des Nullpunktes, hat man nur zu zeigen, daß das
Integral beim Einrücken in den Nullpunkt überhaupt existiert, daß
also der Integrand $M(z)\, h_2(z)$ nicht im Nullpunkt zu stark unendlich
wird. Dazu genügt es, das Verhalten von $z^{p-1}\psi(z)$ zu bestimmen. Definitionsgemäß gilt

$$z^{p-1}\psi(z) = t \int_z^t (z/\lambda)^{p-1}(\lambda^2 - t^2)^{\frac{p-3}{2}} \, d\lambda =$$

$$= tz \int_{z/t}^1 (z^2 - u^2 t^2)^{\frac{p-3}{2}} \, du = z \int_z^t (z^2 - v^2)^{\frac{p-3}{2}} \, dv \; .$$

Danach ist $z^{p-1}\psi(z)$ bis in den Nullpunkt integrierbar, und infolgedessen verschwindet das Integral von $M(z)\, h_2(z)$, erstreckt über die
Schleife C . Es folgt

$$F(0,t) = \frac{1}{2\pi t} \int_C M(z)\, h_1(z)\, dz \; ,$$

und das ist gerade die Behauptung (9.14).

Der Formel (9.14) sieht man wieder das unterschiedliche Verhalten von
$F(0,t)$ bei verschiedener Parität der Dimensionszahl an. Ist p nämlich ungerade und größer als eins, so hat der Integrand in z = t
nur einen Pol; der Integrand ist eindeutig, und man kann infolgedessen den Integrationsweg auf einen kleinen Kreis um t zusammenziehen. Man sieht, daß für F nur die Werte von M(z) einer beliebig
kleinen Umgebung von z = t in Betracht kommen. Für gerades p ist
der Integrand mehrdeutig und hat einen Verzweigungspunkt bei z = t .
Um einen eindeutigen Integranden zu erhalten, ist die Ebene von $- \infty$
bis t aufzuschlitzen. Dann kann das Integral über den unteren und
oberen Schlitzrand und über einen kleinen Kreis um t erstreckt werden. Die Integrale über die geradlinigen Stücke heben sich nicht auf,
sondern addieren sich; so kommen zur Bildung von F(0,t) alle Werte
von M(z) für z zwischen 0 und t in Betracht, was wir schon
auf eine andere Weise gezeigt haben.

9.2.2. Zusammenhang mit der Laplaceschen Gleichung in (p + 1) Dimensionen

Wir wollen hier einen Zusammenhang zwischen der Wellengleichung in p Raumdimensionen und der Potentialgleichung in $(p + 1)$ Raumdimensionen feststellen. Wir haben in (8.14) die Funktion $\phi(t)$ durch

$$\phi(t) = \int_{-1}^{1} \frac{(1 - s^2)^{\frac{p-3}{2}}}{t - s} \, ds$$

eingeführt; danach wird

$$\frac{\partial^{p-2}}{\partial t^{p-2}} \phi(t) = - (p - 2)! \int_{-1}^{1} \frac{(1 - s^2)^{\frac{p-3}{2}}}{(s - t)^{p-1}} \, ds \, ,$$

woraus folgt:

$$\frac{\partial^{p-2}}{\partial t^{p-2}} \phi(t/r) = (-1)^{p-2} (p - 2)! \int_{-1}^{1} \frac{(1 - s^2)^{\frac{p-3}{2}}}{(t - rs)^{p-1}} \, ds \, .$$

Bis auf die Faktoren z^{p-1} und $(-1)^{p-1}(p - 2)!$ ist dieser Ausdruck einfach $h_1(t)$, d.h.

$$\frac{\partial^{p-2}}{\partial t^{p-2}} \phi(t/r) = (-1)^{p-2}(p - 2)! \, \frac{\omega_p}{\omega_{p-1}} \, \frac{1}{(t^2 - r^2)^{\frac{p-1}{2}}} \, ,$$

wobei $r^2 = x_1^2 + \ldots + x_p^2$ eingesetzt zu denken ist.

Ersetzt man t durch ix_{p+1} , so wird man auf den Ausdruck

$$\frac{const}{(x_1^2 + \ldots + x_p^2 + x_{p+1}^2)^{\frac{p-1}{2}}}$$

geführt, der die Fundamentallösung der Potentialgleichung im Falle $p + 1 \geq 3$ darstellt. Für $p = 1$ erhält man den Logarithmus von $(x_1^2 + x_2^2)$. Es weist also die Lösung der Wellengleichung, die durch (9.14) gegeben wird, ähnliche Bildungen auf, wie die Grundlösung der Potentialgleichung in $p + 1$ Dimensionen. Das verschiedene Verhalten von $F(0,t)$ für gerade oder ungerade p beruhte, wie uns die Darstellung (9.14) lehrte, im wesentlichen darauf, daß $1/(z^2 - t^2)^{(p-1)/2}$ eine mehrdeutige bzw. eindeutige Funktion von t war. Nun ist im Falle $p = 1$ die entsprechende Grundlösung des Potentialproblems in zwei Dimensionen der Logarithmus von $(x_1^2 + x_2^2)$, d.h. eine mehrdeutige Funktion. So erklärt sich auch der Ausnahmefall $p = 1$, indem sich F dann wie bei den geraden p verhält.

9.2.3. Reduktion auf reelle Integrale

Wir wollen jetzt den Ausdruck (9.14) für $F(0,t)$ so schreiben, daß $M(z)$ wieder nur für reelle Werte von z auftritt. Die Umformungsformel gilt dann auch noch in Fällen, wo $M(z)$ keine analytische Funktion seines Arguments ist, nur ist sie dann sehr viel schwieriger zu beweisen. Wir rechnen im folgenden zunächst immer nur bis auf konstante Faktoren; im Endergebnis werden sich diese Faktoren leicht nachträglich bestimmen lassen. In (9.14) setzen wir

$$t^2 = \tau \quad \text{und} \quad z^2 = \zeta \; ;$$

dann geht diese Formel über in

$$F(0,t) = \int_C M(\sqrt{\zeta}) \; \frac{\zeta^{\frac{p}{2}-1}}{(\zeta - \tau)^{\frac{p-1}{2}}} \, d\zeta \, , \qquad (9.15)$$

wobei der Integrationsweg jetzt eine Schleife ist, die von null ausgehend den Punkt τ umschließt. Wir können den Weg so zusammenziehen, daß er geradlinig auf der reellen Achse bis in die Nähe des Punktes τ , dann auf einen Kreis um diesen herum und dann wieder reell zum Nullpunkt zurückführt.

Zunächst sei p ungerade. Der Integrand in (9.15) ist dann bei $\zeta = \tau$ gar nicht verzweigt, ist also im ganzen Gebiet, in dem der Integrationsweg verläuft, eindeutig. Infolgedessen heben sich die Integrale über die geradlinigen Stücke, die in entgegengesetzter Richtung durchlaufen werden, weg, und es bleibt nur das Integral über den kleinen Kreis um τ , also bis auf einen konstanten Faktor das Residuum des Integranden in ζ . Dieses Residuum ergibt sich durch Bildung der $(\frac{p-1}{2} - 1)$-ten Ableitung des Zählers an der Stelle τ . Wir setzen $p = 2m + 3$ und haben dann

$$F(0,t) = A_p \frac{d^m}{d\tau^m} \left\{ M(\sqrt{\tau}) \; \tau^{m+1/2} \right\} \qquad (9.16)$$

mit einem von der Dimensionszahl p abhängigen konstanten Faktor A_p , der durch Berücksichtigung aller Konstanten bei den ausgeführten Rechnungen entsteht. Man sieht in (9.16) wieder bestätigt, was uns schon Formel (9.1) zeigte, daß nämlich für ungerade p der Wert von $F(0,t)$ nur von M und seinen Differentialquotienten bis zur $(p-3)/2$ - ten Ordnung an der Stelle t abhängt.

Im Falle eines geraden p setzen wir $p = 2m + 2$. Es wird nach (9.15) bis auf einen konstanten Faktor

$$F(0,t) = \int_C M(\sqrt{\zeta}) \; \frac{\zeta^m}{(\zeta - \tau)^{m+1/2}} \, d\zeta = \frac{d^m}{d\tau^m} \int_C M(\sqrt{\zeta}) \; \frac{\zeta^m}{\sqrt{\zeta - \tau}} \, d\zeta \, .$$

Der Integrand ist jetzt bei $\zeta = \tau$ integrabel; also können wir den kleinen Kreis auf den Nullpunkt zusammenschrumpfen lassen. Es bleibt hier nur das Integral für die geradlinigen Stücke, auf denen die Funktionswerte entgegengesetzt gleich sind. Es ergibt sich so das Doppelte des Integrals auf dem reellen Weg von null bis τ . Wir haben also für $p = 2m + 2$

$$F(0,t) = B_p \frac{d^m}{d\tau^m} \int_0^\tau M(\sqrt{\zeta}) \frac{\zeta^m}{\sqrt{\tau - \zeta}}\, d\zeta \ , \qquad (9.17)$$

wobei B_p wieder eine gewisse Konstante bedeutet. Dies bestätigt, daß man bei geradem p die Funktion $M(z)$ für alle Werte zwischen null und t braucht.

Die Konstanten A_p und B_p lassen sich leicht durch Wahl einer speziellen Lösung bestimmen. Die Funktion

$$F(x,t) = t$$

ist sicher eine Lösung der Wellengleichung

$$\frac{\partial^2}{\partial t^2} F - \frac{\partial^2}{\partial x_1^2} F - \dots - \frac{\partial^2}{\partial x_p^2} F = 0 \ ,$$

die den Anfangsbedingungen

$$F(x,0) = 0 \ , \quad \frac{\partial}{\partial t} F(x,0) = 1 = f(x)$$

genügt. Der Mittelwert $M(z)$ von $f(x)$ auf der Kugel vom Radius z ist dann natürlich auch gleich eins für alle z . Nach (9.16) ergibt sich

$$t = A_p \frac{d^m}{d\tau^m} \tau^{m+1/2} = A_p (m + 1/2)(m - 1/2) \dots 3/2\ \tau^{1/2} =$$

$$= A_p \frac{2\Gamma(m + 3/2)}{\Gamma(1/2)} \tau^{1/2} = A_p \frac{2\Gamma(\frac{2m + 3}{2})}{\Gamma(1/2)} t \ ,$$

und folglich gilt

$$A_p = \frac{\sqrt{\pi}}{2\Gamma(p/2)} \ , \quad p \geq 3 \ \text{ungerade.} \qquad (9.18)$$

Entsprechend ergibt sich für gerade $p = 2m + 2$

$$t = B_p \frac{d^m}{d\tau^m} \int_0^\tau \frac{\zeta^m}{\sqrt{\tau - \zeta}}\, d\zeta \ .$$

Nun ist

$$\int_0^\tau (\tau - \zeta)^{-1/2}\, \zeta^m\, d\zeta = \tau^{m+1/2} \int_0^1 (1 - u)^{-\frac{1}{2}} u^m\, du =$$

$$= \tau^{m+1/2} \frac{\Gamma(1/2)\Gamma(m + 1)}{\Gamma(m + 3/2)} \ ,$$

woraus folgt

$$t = B_p \,\frac{\Gamma(1/2)\,\Gamma(m + 1)}{\Gamma(m + 3/2)}\,(m + 1/2)(m - 1/2)\,\ldots\,3/2\;\tau^{1/2} =$$

$$= B_p \,\frac{\Gamma(1/2)\,\Gamma(m + 1)}{\Gamma(m + 3/2)}\,\frac{2\,\Gamma(m + 3/2)}{\Gamma(1/2)}\,t = 2 B_p \Gamma(m + 1)t \;.$$

Somit ergibt sich

$$B_p = \frac{1}{2\,\Gamma(m + 1)} \;. \tag{9.19}$$

Schließlich sei noch einmal hervorgehoben, daß, wenn man den Wert von
F in dem Punkt (x,t) zu ermitteln wünscht, dieselben Formeln zum
Resultat führen: an Stelle von $M(r)$ braucht man nur den Mittelwert
von f auf der Kugel vom Radius r mit x als Mittelpunkt anzusetzen.

9.3. Lösung der Telegraphengleichung

9.3.1. Reduktion auf die Wellengleichung in (p + 1) Dimensionen

Wir wollen jetzt die zuletzt aufgestellten Formeln zur Lösung der sogenannten Telegraphengleichung benutzen. Das geschieht mit Hilfe der
Wellengleichung in $(p + 1)$ Dimensionen. Wir betrachten also

$$\frac{\partial^2 G}{\partial t^2} = \frac{\partial^2 G}{\partial x_1^2} + \frac{\partial^2 G}{\partial x_2^2} + \ldots + \frac{\partial^2 G}{\partial x_p^2} + \frac{\partial^2 G}{\partial x_{p+1}^2} \tag{9.20}$$

und nehmen diejenige Lösung G von (9.20) mit den Anfangswerten für
$t = 0$

$$G(\overset{\backsim}{x},0) = 0 \;,\quad \left(\tfrac{\partial}{\partial t}\,G(\overset{\backsim}{x},t)\right)_{t=0} = \overset{\backsim}{f}(\overset{\backsim}{x}) = e^{i\kappa x_{p+1}}\,f(x) \;, \tag{9.21}$$

wobei $\overset{\backsim}{x} = (x,x_{p+1})$, κ eine komplexe Zahl und f eine beliebige
vorgegebene Funktion ist. Die Lösung mit diesen Anfangswerten muß
dann auch die analoge Form

$$G(x,t) = e^{i\kappa x_{p+1}}\,F(x,t) \tag{9.22}$$

haben. Setzt man diesen Ausdruck für G in (9.20) ein, so findet
man, daß $F(x,t)$ der Gleichung

$$\frac{\partial^2 F}{\partial t^2} + \kappa^2\,F = \frac{\partial^2 F}{\partial x_1^2} + \ldots + \frac{\partial^2 F}{\partial x_p^2} \tag{9.23}$$

genügt. Die Gleichung (9.23) wird als die Telegraphengleichung in p
Dimensionen bezeichnet. Die Funktion F genügt (9.23) und den Anfangsbedingungen

$$F(x,0) = 0 \;,\quad \left(\tfrac{\partial}{\partial t}\,F(x,t)\right)_{t=0} = f(x) \;. \tag{9.24}$$

Läßt sich die Telegraphengleichung (9.23) mit den Anfangswerten (9.24) lösen, so kann man wie gewöhnlich die allgemeinere Aufgabe mit beliebigen Anfangswerten und nichtverschwindender rechter Seite lösen. Die allgemeinere Gleichung

$$\frac{\partial^2 u}{\partial t^2} + \alpha u + \beta u_t = a' \, \mathrm{grad}_x \, u + \frac{\partial^2 u}{\partial x_1^2} + \ldots + \frac{\partial^2 u}{\partial x_p^2} \, ,$$

wo α , β und $a = (a_1, \ldots, a_p)$ Konstanten sind, läßt sich mit Hilfe einer Substitution der Form

$$u = w \, \exp \, (b'x + \gamma t)$$

mit $b = -\,a/2$ und $\gamma = -\,\beta/2$ auf eine Gleichung der Gestalt

$$\frac{\partial^2 w}{\partial t^2} + cw = \frac{\partial^2 w}{\partial x_1^2} + \ldots + \frac{\partial^2 w}{\partial x_p^2}$$

bringen. Dabei ist c eine positive oder negative Zahl oder null. Wir behandeln den Fall, daß $c = \kappa^2$ ist. Wie bei der Wellengleichung genügt es, die Lösung im Nullpunkt zu berechnen, und dort ist nach (9.22) $G(0,t) = F(0,t)$. Also haben wir, um die Lösung der Telegraphengleichung (9.23) zu finden, uns nur die Lösung der Wellengleichung in $p + 1$ Dimensionen mit den Anfangswerten (9.22) zu verschaffen.

Um (9.20) zu lösen, haben wir uns zunächst den Mittelwert $\tilde{M}(r)$ der Anfangswertfunktion $\tilde{f}$ auf der Kugel vom Radius r im Raum von $p + 1$ herzustellen. Für diesen ergibt sich nach (9.7)

$$\tilde{M}(r) = \frac{1}{\omega_{p+1} r^p} \int\limits_{|\tilde{x}|=r} e^{i\kappa x_{p+1}} f(x) \, do \, , \tag{9.25}$$

wobei do das Oberflächenelement dieser Kugel ist. Wir denken uns diese Kugel auf die Ebene $x_{p+1} = 0$ projiziert und dann das Integral statt über die Oberfläche der p-dimensionalen Kugel über die Projektion erstreckt, also über das Innere der $(p-1)$-dimensionalen Kugel vom Radius r . Es ist

$$do = \frac{r}{|x_{p+1}|} \, dx_1 \ldots dx_p \, ,$$

wobei

$$x_{p+1} = \pm \sqrt{r^2 - |x|^2}$$

zu setzen ist. Das Integral (9.25) geht somit über in

$$\int\limits_{|x|\leq r} \{ e^{i\kappa \sqrt{r^2-|x|^2}} + e^{-i\kappa \sqrt{r^2-|x|^2}} \} \, \frac{r}{|x_{p+1}|} \, f(x) \, dx_1 \ldots dx_p =$$

$$= 2r \int\limits_{|x| \leq r} \frac{\cos(\kappa\sqrt{r^2 - |x|^2})}{\sqrt{r^2 - |x|^2}} \, f(x) \, dx_1 \ldots dx_p \; ,$$

denn man hat ja die Projektion jeder der beiden Halbkugeln auf die $x_1 \ldots x_p$-Ebene zu berücksichtigen. Jetzt denken wir uns das Innere der Kugel vom Radius r in konzentrische Kugelschalen vom Radius ρ und der Dicke $d\rho$ zerlegt. Wir integrieren über die einzelnen Kugelschalen, für die

$$\frac{\cos(\kappa\sqrt{r^2 - |x|^2})}{\sqrt{r^2 - |x|^2}}$$

annähernd konstant ist. Es sei jetzt do das Oberflächenelement der p-dimensionalen Kugel vom Radius ρ , so daß

$$do \, d\rho = dx_1 \ldots dx_p$$

ist; so erhalten wir das Integral in der Form

$$2r \int\limits_0^r \frac{\cos(\kappa\sqrt{r^2 - \rho^2})}{\sqrt{r^2 - \rho^2}} \, d\rho \int\limits_{|x|=\rho} f(x) \, do \; .$$

Das innere Integral hat nach (9.7) den Wert $\omega_p \, \rho^{p-1} M(\rho)$. Daher ist

$$\frac{\omega_{p+1} r^p}{\omega_p} \, \tilde{M}(r) = 2r \int\limits_0^r \frac{\cos(\kappa\sqrt{r^2 - \rho^2})}{\sqrt{r^2 - \rho^2}} \, \rho^{p-1} M(\rho) \, d\rho \; .$$

Setzen wir hierin $r = \sqrt{\sigma}$ und $\rho = \sqrt{\zeta}$, um Anschluß an (9.16) und (9.17) zu gewinnen, so erhalten wir schließlich die Formel

$$\frac{\omega_{p+1}}{\omega_p} \, \tilde{M}(\sqrt{\sigma}) \, \sigma^{\frac{p-1}{2}} = \int\limits_0^\sigma \frac{\cos(\kappa\sqrt{\sigma - \zeta})}{\sqrt{\sigma - \zeta}} \, M(\sqrt{\zeta}) \, \zeta^{\frac{p}{2}-1} \, d\zeta \; . \tag{9.26}$$

Die Lösung der Telegraphengleichung (9.23) im Nullpunkt $F(0,t)$ ist identisch mit der Lösung der Wellengleichung (9.20) im Nullpunkt, also $G(0,t)$, vorausgesetzt natürlich, daß F und G den Anfangsbedingungen (9.24) bzw. (9.21) genügen. Aber $G(0,t)$ läßt sich nach den Ausführungen des vorigen Paragraphen bestimmen. Wir rechnen wieder bis auf konstante Faktoren.

Zunächst sei p ungerade. Man setze $p = 2m + 3$. Dann ist $p + 1 = 2(m + 2)$ gerade, und um G zu erhalten, haben wir die Formel (9.17) mit $m + 1$ statt m anzuwenden sowie auch $\tilde{M}$ statt M zu schreiben. Dann folgt

$$F(0,t) = \frac{d^{m+1}}{d\tau^{m+1}} \int_0^\tau \hat{M}(\sqrt{\sigma}) \; \frac{\sigma^{m+1}}{\sqrt{\tau - \sigma}} \; d\sigma =$$

$$= \frac{d^{m+1}}{d\tau^{m+1}} \int_0^\tau \frac{1}{\sqrt{\tau - \sigma}} \; d\sigma \int_0^\sigma \frac{\cos(\kappa\sqrt{\sigma - \zeta}) \; M(\sqrt{\zeta}) \; \zeta^{m+1/2}}{\sqrt{\sigma - \zeta}} \; d\zeta =$$

$$= \frac{d^{m+1}}{d\tau^{m+1}} \int_0^\tau M(\sqrt{\zeta}) \; \zeta^{m+1/2} \; d\zeta . \int_\zeta^\tau \frac{\cos(\kappa\sqrt{\sigma - \zeta})}{\sqrt{\tau - \sigma} \; \sqrt{\sigma - \zeta}} \; d\sigma \; ,$$

wobei man die Reihenfolge der Integrationen vertauscht hat, um das
letzte Integral zu erhalten. Der Wert des inneren Integrals läßt
sich angeben. Nach der Substitution

$$\xi = (\frac{\sigma - \zeta}{\tau - \zeta})^{1/2}$$

ist

$$\int_\zeta^\tau \frac{\cos(\kappa\sqrt{\sigma - \zeta})}{\sqrt{\tau - \sigma} \; \sqrt{\sigma - \zeta}} \; d\sigma = 2 \int_0^1 \frac{\cos(\kappa\sqrt{\tau - \zeta}\,\xi)}{\sqrt{1 - \xi^2}} \; d\xi \; .$$

Nun beachten wir, daß das Integral

$$J_0(a) = \frac{2}{\pi} \int_0^1 \frac{\cos(a\xi)}{\sqrt{1 - \xi^2}} \; d_\xi = J_0(a)$$

die Besselsche Funktion erster Art, nullter Ordnung darstellt; es
folgt für $F(0,t)$ die Formel

$$F(0,t) = c_p \frac{d^{m+1}}{d\tau^{m+1}} \int_0^\tau M(\sqrt{\zeta}) \; \zeta^{m+1/2} \; J_0(\kappa\sqrt{\tau - \zeta}) \; d\zeta \; ,$$

wobei c_p eine Konstante ist, die nur von p , nicht aber von κ
abhängt (weil wir in der Rechnung nirgends von κ abhängige Konstanten vernachlässigt haben). Dieses c_p läßt sich folgendermaßen bestimmen. Wir setzen in dieser Formel für F den Faktor $\kappa = 0$. Dann
geht die Telegraphengleichung (9.23) in die Wellengleichung in p
Dimensionen mit den Anfangswerten

$$F(x,0) = 0 \; , \quad \frac{\partial}{\partial t} F(x,0) = f(x)$$

über, und die Lösungsformel für F muß mit (9.16) übereinstimmen;
also hat man

$$F(0,t) = c_p \frac{d^{m+1}}{d\tau^{m+1}} \int_0^\tau M(\sqrt{\zeta}) \; \zeta^{m+1/2} \; d\zeta =$$

$$= c_p \frac{d^m}{d\tau^m} M(\sqrt{\tau}) \; \tau^{m+1/2} = A_p \frac{d^m}{d\tau^m} M(\sqrt{\tau}) \; \tau^{m+1/2} \; .$$

Somit ist $c_p = A_p$, wobei A_p durch (9.18) gegeben wird, und wir

erhalten die Lösung der Telegraphengleichung in p Dimensionen für
ungerade p in der Gestalt

$$F(0,t) = A_p \frac{d^{m+1}}{d\tau^{m+1}} \int_0^\tau M(\sqrt{\zeta}) \; \zeta^{m+1/2} \; J_0(\kappa\sqrt{\tau - \zeta}) \; d\zeta \; . \qquad (9.27)$$

Nun sei $p = 2m + 2$ gerade. Dann ist $p + 1$ ungerade, und man erhält bis auf einen konstanten Faktor nach (9.16)

$$F(0,t) = c_p \frac{d^m}{d\tau^m} \int_0^\tau \frac{\cos(\kappa\sqrt{\tau - \zeta})}{\sqrt{\tau - \zeta}} M(\sqrt{\zeta}) \; d\zeta \; .$$

Die Konstante c_p ergibt sich, indem man $\kappa = 0$ setzt und das Ergebnis mit (9.17) vergleicht. Man findet $c_p = B_p$, wobei B_p durch
(9.19) gegeben wird, so daß für gerade p gilt

$$F(0,t) = B_p \frac{d^m}{d\tau^m} \int_0^\tau M(\sqrt{\zeta}) \; \zeta^m \frac{\cos(\kappa\sqrt{\tau - \zeta})}{\sqrt{\tau - \zeta}} \; d\zeta \; . \qquad (9.28)$$

Diese Formeln für die Lösung der Telegraphengleichung enthalten noch
den Fall $p = 1$, was bei der Wellengleichung nicht direkt der Fall
war. Als Mittelwert $M(r)$ von f auf der Kugel vom Radius r hat
man dabei im eindimensionalen Fall

$$\frac{f(r) + f(-r)}{2}$$

anzusehen. Man erhält so für die Lösung der Gleichung

$$\frac{\partial^2 F}{\partial t^2} + \kappa^2 F = \frac{\partial^2 F}{\partial x^2}$$

mit den Anfangswerten

$$F(x,0) = 0 \; , \quad \frac{\partial}{\partial t} F(x,0) = f(x)$$

nach (9.27) mit $m = -1$ die richtige Formel

$$F(0,t) = A_1 \int_0^\tau \frac{f(\sqrt{\zeta}) + f(-\sqrt{\zeta})}{2} \; \zeta^{-1/2} \; J_0(\kappa\sqrt{\tau - \zeta}) \; d\zeta \; ,$$

wonach (9.18)

$$A_1 = \frac{\sqrt{\pi}}{2\Gamma(1/2)} = \frac{1}{2}$$

ist. Es sei noch darauf hingewiesen, daß die Gleichung

$$\frac{\partial^2 F}{\partial t^2} - \kappa^2 F = \frac{\partial^2 F}{\partial x_1^2} + \ldots + \frac{\partial^2 F}{\partial x_p^2}$$

aus (9.23) hervorgeht, indem κ durch $i\kappa$ ersetzt wird. Man kann
die obigen Lösungsformeln auch in diesem Fall anwenden, wenn man die
Identitäten

$$\cos(iz) = \text{Cos}(z) \quad \text{und} \quad J_0(iz) = I_0(z)$$

berücksichtigt, wobei I_0 die modifizierte Besselsche Funktion erster Art, nullter Ordnung darstellt.

9.3.2. Riemannsche Methode. Reduktion auf gewöhnliche Differentialgleichungen

Als wesentliche Bildungen treten in der Lösung der Telegraphengleichung nach (9.27) bzw. (9.28) die Funktionen $J_0(z)$ bzw. $z^{-1}\cos z$ auf. Man kann nun das Anfangswertproblem auch nach der Riemannschen Methode lösen, die auf die Bestimmung einer gewissen Art Greenscher Funktion hinausläuft. Man hat sich eine Funktion herzustellen, die innerhalb des charakteristischen Kegels der Gleichung genügt und am Rande die vorgegebenen Werte hat. Durch eine Reihe von Kunstgriffen kommt man zu einer gewöhnlichen linearen Differentialgleichung, deren Auflösung zur Lösung des Anfangswertproblems führt.

Wir wollen uns davon überzeugen, daß man nach unserer Methode im Falle der Telegraphengleichung auf Differentialgleichungen für $J_0(z)$ und $z^{-1}\cos z$ geführt wird, die eben jene Differentialgleichungen sind, zu denen man auch nach der Riemannschen Methode gelangt.

Wir gehen dazu über, eine Fundamentallösung $G(x,t)$ für die Telegraphengleichung aufzustellen. Zu diesem Zweck führe man die Koordinate $\overset{\frown}{x}_{p+1}$ durch

$$x_{p+1} = it$$

ein. Dann heißt die Telegraphengleichung (9.23)

$$\frac{\partial^2 G}{\partial x_1^2} + \ldots + \frac{\partial^2 G}{\partial x_p^2} + \frac{\partial^2 G}{\partial x_{p+1}^2} - \kappa^2 G = 0 \; . \tag{9.29}$$

Wir suchen eine Lösung von (9.29), die nur von dem Radius

$$r = (x_1^2 + \ldots + x_p^2 + x_{p+1}^2)^{1/2}$$

in R_{p+1} abhängt und für $r = 0$ gleich eins ist. Bezüglich r als unabhängiger Variablen nimmt (9.29) die Gestalt

$$\frac{d^2 G^*}{dr^2} + \frac{p}{r}\frac{dG^*}{dr} - \kappa^2 G^* = 0 \tag{9.30}$$

an, wobei $G(x) = G^*(r)$ zu setzen ist. Wir betrachten zunächst den Fall, daß p ungerade ist; es sei $p = 2m + 1$. Die allgemeine Lösung für (9.30) ist

$$G^*(r) = \frac{C_m}{(\kappa r)^m} I_m(\kappa r) + D_m \overset{\frown}{G}(\kappa r) \; ,$$

wobei I_m die modifizierte Besselfunktion m-ter Ordnung und $\overset{\frown}{G}$ eine zweite unabhängige Lösung von (9.30) darstellt. Da $\overset{\frown}{G}$ nicht beschränkt ist, muß man D_m gleich null nehmen und erhält

$$G^*(r) = \frac{C_m}{(\kappa r)^m} I_m(\kappa r) ,\qquad\qquad (9.31)$$

unter C_m eine willkürliche Konstante verstanden.

Wir machen Gebrauch von den folgenden Identitäten

$$(\tfrac{1}{z}\tfrac{d}{dz})^m \{z^{-\nu} I_\nu(z)\} = z^{-\nu-m} I_{\nu+m}(z)$$

und $\qquad (\tfrac{1}{z}\tfrac{d}{dz})^m \{z^{-\nu} J_\nu(z)\} = (-1)^m z^{-\nu-m} J_{\nu+m}(z)$

mit $J_m(z) = I_m(iz)$. Setzt man

$$u = i\sqrt{t^2 - |x|^2} , \qquad |x|^2 = \sum_{j=1}^{p} x_j^2 ,$$

dann folgt

$$G(x,t) = \left(\frac{C_m(-1)}{\kappa\sqrt{t^2 - |x|^2}} \frac{d}{du}\right)^m J_0(\kappa\sqrt{t^2 - |x|^2})$$

für $t \leq |x|$ und null für $t > |x|$, wobei C_m eine Konstante ist.

Um die Lösung der allgemeinen Aufgabe

$$\frac{\partial^2 F}{\partial x_1^2} + \ldots + \frac{\partial^2 F}{\partial x_p^2} = \frac{\partial^2 F}{\partial t^2} + \kappa^2 F ,$$

$$F(x,0) = 0 , \quad \frac{\partial}{\partial t} F(x,0) = f(x)$$

zu erhalten, bildet man jetzt die Faltung

$$F(x,t) = \int\limits_{|x-y|\leq t} G(x - y, t)\, f(y)\, dv_y .$$

Diese Formel läßt sich auf die Form (9.27) zurückführen. Bis auf konstante Faktoren gilt

$$F(x,t) = \int\limits_{|x-y|\leq t} G(x - y, t)\, f(y)\, dv_y$$

$$= \int\limits_0^t \int\limits_{|x-y|=\rho} G(x - y, t)\, f(y)\, dS_y\, d\rho .$$

Führt man $y = x + \rho\omega$ mit $|\omega| = 1$ als neue Variable ein, so wird

$$F(x,t) = \int\limits_0^t \int\limits_{|\omega|=1} \left(\frac{1}{\kappa\sqrt{t^2 - \rho^2}} \frac{d}{du}\right)^m J_0(\kappa\sqrt{t^2 - \rho^2})\, f(x + \rho\omega)\cdot$$
$$\cdot\, \rho^{p-1}\, d\omega\, d\rho =$$

$$= \int\limits_0^t \left(\frac{1}{\kappa\sqrt{t^2 - \rho^2}} \frac{d}{du}\right)^m J_0(\kappa\sqrt{t^2 - \rho^2})\, \rho^{p-1}\, d\rho \int\limits_{|\omega|=1} f(x + \rho\omega)\, d\omega =$$

16 Herglotz, Mechanik

$$= \int_0^t M(\rho) \left(\frac{1}{\kappa\sqrt{t^2 - \rho^2}} \frac{d}{du} \right)^m J_0(\kappa\sqrt{t^2 - \rho^2}) \; \rho^{p-1} \; d\omega \; .$$

Setzt man $\rho^2 = \zeta$, $t^2 = \tau$ und beachtet, daß $p = 2m + 1$ ist, so folgt

$$F(x,t) = \int_0^\tau M(\sqrt{\zeta}) \left(\frac{1}{\kappa\sqrt{\tau - \zeta}} \frac{d}{du} \right)^m J_0(\kappa\sqrt{\tau - \zeta}) \; \zeta^{m-\frac{1}{2}} \; d\zeta \; ,$$

und daraus ergibt sich

$$F(x,t) = C_p \frac{d^m}{d\tau^m} \int_0^\tau M(\sqrt{\zeta}) \; J_0(\kappa\sqrt{\tau - \zeta}) \; \zeta^{m-\frac{1}{2}} \; d\zeta \; ; \qquad (9.32)$$

die Konstante C_p läßt sich wie oben bestimmen.

Die Formeln (9.27) und (9.32) stimmen überein, nur im Falle (9.27) hatten wir $p = 2m + 3$ mit $m \geq 0$ genommen und erst nachträglich festgestellt, daß wir $m = -1$ nehmen konnten. Letztlich haben wir aber von Anfang an $p = 2m + 1$ mit $m \geq 0$ angenommen.

Schließlich erwähnen wir noch den Fall, daß p in der Differentialgleichung (9.30) gerade ist; setzen wir also $p = 2m + 2$ mit $m \geq 0$. Als beschränkte Lösung dieser Gleichung findet man

$$G(r) = C(\kappa r)^{-m-\frac{1}{2}} \; I_{m+\frac{1}{2}}(\kappa r) \; ,$$

wobei C eine Konstante ist. Führt man die gleichen Überlegungen wie soeben durch und macht man wieder Gebrauch von Identitäten in den Besselfunktionen, so gelangt man zu (9.28).

9.4.   Radonsches Problem

9.4.1. Formulierung des Problems. Mechanische Bedeutung

Als Anwendung der oben gewonnenen Resultate wollen wir nun das sogenannte Radonsche Problem behandeln. Gleichzeitig wird sich dabei eine weitere Lösung der Wellengleichung ergeben, die sich physikalisch durch Superposition ebener Wellen realisieren läßt, im Gegensatz zu der vorstehend erhaltenen Lösung, die durch Superposition von Kugelwellen entstand.

Beim Radonschen Problem handelt es sich um die folgende Fragestellung: Gesucht ist eine im p-dimensionalen Raum definierte Funktion $f(x) = = f(x_1,\ldots,x_p)$, deren Integrale über jede (p - 1)-dimensionale Hyperebene gegeben sind. Über die Funktion $f(x)$ wird vorausgesetzt, daß sie p-mal differenzierbar ist und der Wachstumsbeschränkung

$$|f(x)| < \frac{A}{r^{p-1}} \; , \quad r = |x| \qquad (9.33)$$

unterliegt.

Wir wollen uns die Aufgabe für $p = 2$ und $p = 3$ verdeutlichen. Im zweidimensionalen Falle handelt es sich um eine Funktion $f(x_1, x_2)$, für die das Integral

$$\int f(x_1, x_2) \, ds \quad \text{über jede Gerade der } x_1 x_2\text{-Ebene} \tag{9.34}$$

vorgegeben ist. Es sei $f(x_1, x_2)$ etwa der (unbekannte) Betrag eines in der ganzen Ebene bestehenden Geschwindigkeitsfeldes, in dem sich ein Punkt (Partikel) bewegt. Das Integral (9.34) gibt die Zeit, die er braucht, um die ganze Gerade zu durchlaufen. Gesucht ist seine Geschwindigkeit an jeder Stelle der Ebene.

Im dreidimensionalen Falle sei $f(x_1, x_2, x_3)$ die Dichte einer räumlichen Massenverteilung an der Stelle (x_1, x_2, x_3) . Das dem Integral (9.33) entsprechende Integral $\iint f(x_1, x_2, x_3) \, d\sigma$ über jede Ebene des Raumes gibt die in einer Ebene befindliche Masse. Auf Grund der Kenntnis derselben ist die Dichte an jeder Stelle zu ermitteln. [1]

9.4.2. Lösung des Radonschen Problems

In Kapitel 7. wurden Formeln für die Lösung der hyperbolischen Differentialgleichung

$$D(\partial/\partial x_1, \ldots, \partial/\partial x_p, \partial/\partial t) \, F(x, t) = 0 \tag{9.35}$$

zu den Anfangswerten

$$F(x, 0) = 0, \ldots, \frac{\partial^{n-2}}{\partial t^{n-2}} F(x, 0) = 0 \;, \quad \frac{\partial^{n-1}}{\partial t^{n-1}} F(x, 0) = f(x)$$

hergeleitet. Für $x = 0$ war (vgl. (7.60))

$$F(0, t) = \int_{R_p} K(x, t) \, f(x) \, dv \;,$$

wobei der Kern $K(x, t)$ durch (7.58) gegeben wurde. Unter den über f gemachten Voraussetzungen können wir die Integrationen nach dv_x und $d\omega_\xi$ vertauschen; so erhalten wir einen Ausdruck der Gestalt

$$F(0, t) = \sum_{j=1}^{n/2} \int_{\sigma_j} W(\xi, t) \, d\omega_\xi \;, \tag{9.36}$$

wo

---

[1] Eine derartige Aufgabe tritt auch in der mathematischen Tomographie auf. Dort sucht man die wahren Verhältnisse in einem dreidimensionalen Gebilde mit Hilfe von Röntgenaufnahmen aus verschiedenen Richtungen zu erkennen. R.B.G.

$$
W(\xi,t) = \begin{cases}
\kappa\,\dfrac{\pi}{2}\displaystyle\int\limits_{R_p} (t - x'\xi)^m \operatorname{sgn}(t - x'\xi)\, f(x)\, dv_x\,, & \\
\hspace{3cm}\text{ungerade } p\,, & \\[2mm]
\kappa\displaystyle\int\limits_{R_p} (t - x'\xi)^m \lg\left|\dfrac{t - x'\xi}{y'\xi}\right| f(x)\, dv_x\,, & \\
\hspace{3cm}\text{gerade } p\,, &
\end{cases}
\tag{9.37}
$$

gesetzt ist. Der Raum R_p wird in parallele Hyperebenen

$$
x'\xi = \alpha\,, \quad -\infty < \alpha < \infty\,,
$$

zerlegt. Sodann wird zuerst über die einzelne Ebene integriert und dann bezüglich α von $-\infty$ bis ∞. Auf diese Weise ergibt sich

$$
W(\xi,t) = \begin{cases}
\dfrac{\kappa\pi}{p}\displaystyle\int\limits_{-\infty}^{\infty}(t - \alpha)^m \operatorname{sgn}(t - \alpha)\, d\alpha\displaystyle\int\limits_{x'\xi=\alpha} f(x)\, do\,, & \\
\hspace{3cm}\text{ungerade } p\,, & \\[2mm]
\kappa\displaystyle\int\limits_{-\infty}^{\infty}(t - \alpha)^m \lg\left|\dfrac{t - \alpha}{y'\xi}\right| d\alpha\displaystyle\int\limits_{x'\xi=\alpha} f(x)\, do\,, & \\
\hspace{3cm}\text{gerade } p\,. &
\end{cases}
\tag{9.38}
$$

Aus (9.38) und (9.36) ersieht man, daß die Lösung $F(0,t)$ von den ebenen Integralen der Anfangswerte abhängt. Um $f(0)$ zu erhalten, hat man

$$
\frac{\partial^{n-1}}{\partial t^{n-1}} F(0,t) = \begin{cases}
\dfrac{\kappa\pi}{p}\dfrac{\partial^{n-1}}{\partial t^{n-1}}\displaystyle\sum_{j=1}^{n/2}\int\limits_{j}\Big\{\int\limits_{-\infty}^{\infty}(t-\alpha)^m \operatorname{sgn}(t-\alpha)\, d\alpha\; \cdot & \\
\hspace{1.5cm}\cdot\displaystyle\int\limits_{x'\xi=\alpha} f(x)\, do\Big\}\, d\omega_\xi\,, \quad \text{ungerade } p\,, & \\[2mm]
\kappa\,\dfrac{\partial^{n-1}}{\partial t^{n-1}}\displaystyle\sum_{j=1}^{n/2}\int\limits_{O_j}\Big\{\int\limits_{-\infty}^{\infty}(t-\alpha)^m \lg|t-\alpha|\, d\alpha\; \cdot & \\
\hspace{1.5cm}\cdot\displaystyle\int\limits_{x'\xi=\alpha} f(x)\, do\Big\}\, d\omega_\xi\,, \quad \text{gerade } p\,, &
\end{cases}
\tag{9.39}
$$

zu bilden, wobei für gerade p der Term

$$
\kappa\int\limits_{-\infty}^{\infty}(t - \alpha)^m \lg|y'\xi|\, d\alpha\int\limits_{x'\xi=\alpha} f(x)\, do
$$

ein Polynom m-ten Grades in t ist, also nach $(n - 1)$ Differentiationen entfällt, weil $m = n - p - 1$ ist. Läßt man in (9.39) t gegen null gehen, so hat man

$$
f(0) = \left(\frac{\partial^{n-1}}{\partial t^{n-1}} F(0,t)\right)_{t=0}
\tag{9.40}
$$

und damit die Lösung der Radonschen Aufgabe für $x = 0$, denn die Integrale $\int\limits_{x'\xi=\alpha} f(x)\, do$ sind ja vorgegeben.

9.4.3. Herleitung einer neuen Lösung der Wellengleichung

Aus den obigen Ausführungen geht hervor, daß das Radonsche Problem
gelöst ist, sobald man das Anfangswertproblem für eine hyperbolische
Differentialgleichung (9.35) gelöst hat. Es liegt nahe, die Lösung
der Wellengleichung heranzuziehen, die eine einfache Normalenfläche
hat und die wir beherrschen, um dadurch zu einer möglichst einfachen
Lösung der Radonschen Aufgabe zu gelangen. Wir werden so zu einer
Lösung der Wellengleichung geführt, die dadurch bemerkenswert ist,
daß $F(0,t)$ allein durch die Ebenenintegrale der Anfangswertfunktion
f ausgedrückt ist.

Wir betrachten also die Lösung der Wellengleichung

$$\frac{\partial^2 F}{\partial x_1^2} + \ldots + \frac{\partial^2 F}{\partial x_p^2} = \frac{\partial^2 F}{\partial t^2} \, ,$$

die den Anfangswerten

$$F(x,0) = 0 \quad \text{und} \quad \frac{\partial}{\partial t} F(x,0) = f(x)$$

genügt.

Es handelt sich jedoch um einen ausgearteten Fall, so daß wir zunächst die Lösung des Anfangswertproblems der Wellengleichung in einer etwas anderen Form ermitteln wollen.

Vorgegeben sei das Ebenenintegral von f für jede Ebene. Wir denken
uns um den Ursprung eine Kugel vom Radius $|s|$ gelegt, wobei s
eine reelle Zahl ist. Es seien ζ ein beliebiger Punkt dieser Kugel,
E_ζ seine Tangentialebene und

$$I_\zeta = \int\limits_{E_\zeta} f(x)\, do \tag{9.41}$$

das Ebenenintegral von f über diese Ebene. Das Integral I_ζ hängt
von ζ und s ab. Wir bilden den Mittelwert von I_ζ für alle Tan-
gentialebenen E_ζ der Kugel vom Radius $|s|$, also bezüglich ζ mit
$|\zeta| = |s|$, und bezeichnen ihn mit $g(s)$. Dann ist $g(s) = g(-s)$.
Schließlich sei

$$\Phi(t) = \int\limits_{-\infty}^{\infty} \frac{g(s)}{t-s}\, ds \, . \tag{9.42}$$

Nach unserer Voraussetzung (9.33) über f gilt

17 Herglotz, Mechanik

$$|I_\zeta(s)| \leq \text{const} \int_0^\infty \frac{r^{p-2}}{(r^2 + s^2)^{\frac{p+1}{2}}}\, dr = \text{const} \int_0^\infty \frac{r^{p-3}}{(r^2 + s^2)^{\frac{p+1}{2}}}\, r\, dr \leq$$

$$\leq \text{const} \int_0^\infty \frac{(r^2 + s^2)^{\frac{p-3}{2}}}{(r^2 + s^2)^{\frac{p+1}{2}}}\, r\, dr = \text{const} \int_{s^2}^\infty \lambda^{-1}\, d\lambda =$$

$$= \text{const } s^{-2}\ .$$

Folglich strebt $g(s)$ für $|s| \to \infty$ mindestens so schnell gegen
null wie s^{-2} , und das Integral (9.42) ist im Unendlichen konvergent. Schwierigkeiten können aber an der Stelle $s = t$ entstehen.
Um diesen aus dem Wege zu gehen, sei t komplex mit $\operatorname{Re} t > 0$. Dann
ist $\phi(t)$ in der oberen komplexen t-Ebene regulär. Wir bezeichnen
die Randwerte von $\phi(t)$ bei Annäherung an die reelle Achse mit
$U + iV$. Es geht jetzt darum, ϕ so
umzuformen, daß es eine Lösung der
Wellengleichung darstellt. Dazu wollen wir uns genauer verdeutlichen,
wie $\phi(t)$ von f abhängt.

Außer der Kugel vom Radius $|s|$ be-
trachten wir noch die Einheitskugel.
Ist ω ein Punkt auf der Einheits-
kugel, dann ist $\zeta = |s|\omega$ ein Punkt

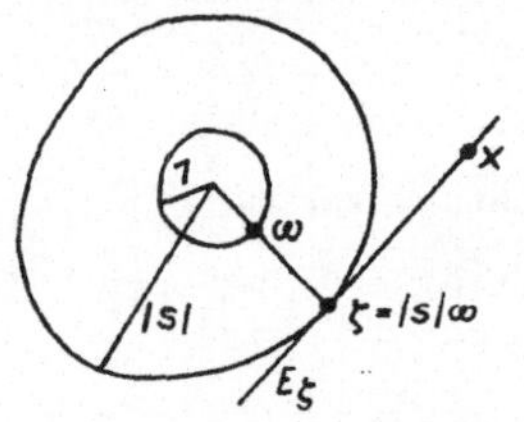

der Kugel vom Radius $|s|$. Überstreicht ω die Einheitskugel, dann
überstreicht $|s|\omega$ die $|s|$-Kugel. E_ζ sei die Tangentialebene in ζ .
Man hat das Integral $I_\zeta(s)$, (9.41), von f über alle Tangentialebenen dieser Kugel zu bilden und dann den Mittelwert aller I_ζ , um
daraus $g(s)$ zu bekommen. Um $\phi(t)$ zu erhalten, hat man $g(s)$
durch $t - s$ zu dividieren und über s von $-\infty$ bis ∞ zu integrieren. Es läßt sich $\phi(t)$ aber auch folgendermaßen bilden. Man betrach-
te einen beliebigen festen Punkt ζ auf der $|s|$-Kugel. Dann wird das
Ebenenintegral $I_\zeta(s)$ für jede Ebene $E_\zeta(s)$ normal zu ω gebildet,
durch $t - s$ dividiert, über s integriert und schließlich noch
über alle Punkte ω der Einheitskugel der Mittelwert M_ω des so ent-
stehenden Integrals genommen. Es ist also

$$\int_{-\infty}^\infty (t - s)^{-1}\, I_\zeta(s)\, ds = \int_{-\infty}^\infty (t - s)^{-1}\, ds \int_{E_\zeta(s)} f(x)\, do =$$

$$= \int_{R_p} (t - x'\omega)^{-1}\, f(x)\, dv_x$$

zu bilden, wobei zu berücksichtigen ist, daß

$$0 = (x - \zeta)'\omega = x'\omega - \zeta'\omega = x'\omega - s\omega'\omega = x'\omega - s$$

gilt, d.h. $s = x'\omega$.

Die Funktion $\phi(t)$ ergibt sich, indem wir den Mittelwert bezüglich ω nehmen. So erhalten wir

$$\phi(t) = \frac{1}{\omega_p} \int_{|\omega|=1} d\omega \int_{R_p} (t - x'\omega)^{-1} f(x)\, dv_x =$$

$$= \frac{1}{\omega_p} \int_{R_p} f(x)\, dv_x \int_{|\omega|=1} (t - x'\omega)^{-1}\, d\omega \ .$$

Weil auf der Einheitskugel $do = d\omega$ ist, folgt aus (8.14) und (8.15), daß das innere Integral gleich

$$\frac{\omega_{p-1}}{r} \phi(t/r) \ , \quad r = |x| \ ,$$

ist, so daß wir nun

$$\phi(t) = \frac{\omega_{p-1}}{\omega_p} \int_{R_p} f(x)\, \phi(t/r)\, \frac{1}{r}\, dv_x$$

haben. Man denke sich den Raum in konzentrische Kugeln vom Radius r
zerlegt und erst über die einzelnen Kugeln und dann bezüglich r von
0 bis ∞ integriert; es folgt

$$\phi(t) = \omega_{p-1} \int_0^\infty r^{p-2} \phi(t/r)\, M(r)\, dr \ . \tag{9.43}$$

In diesen Überlegungen war t ein komplexer Parameter. Lassen wir t
gegen die reelle Achse streben, so hat $\phi(t)$ die Randwerte u + iv ,
deren Real- bzw. Imaginärteil durch die Formeln (8.20) und (8.21) gegeben wird. Danach hat also $\phi(t)$ die Randwerte U + iV , wo nach
(9.43)

$$V(t) = \pi(-1)^{\frac{p-1}{2}} \omega_{p-1} \int_0^\infty r^{p-2} [\chi(t/r) + g_{p-3}(t/r)] M(r)\, dr \ ,$$

$$\text{für ungerade } p \ ,$$

$$U(t) = \pi(-1)^{\frac{p-2}{2}} \omega_{p-1} \int_0^\infty r^{p-2} [\chi(t/r) + g_{p-3}(t/r)] M(r)\, dr \ ,$$

$$\text{für gerade } p \ ,$$

und $\chi(t)$ durch (8.20) definiert wird. Mit g_{p-3} wird ein Polynom
$(p - 3)$-ten Grades bezeichnet, das natürlich für gerades bzw. ungerades p verschieden ausfällt. Setzen wir

$$G_{p-3}(t) = \pi\omega_{p-1} \int_0^\infty g_{p-3}(t/r)\, M(r)\, dr \ ,$$

das selbst ein Polynom $(p - 3)$-ten Grades ist, so erhalten wir

$$V(t) = \pi\omega_{p-1} (-1)^{\frac{p-1}{2}} \int_0^t (t^2 - r^2)^{\frac{p-3}{2}} M(r)\, r\, dr +$$

$$+ (-1)^{\frac{p-1}{2}} G_{p-3}(t) \ , \ \text{ungerade } p \ ,$$

$$U(t) = \pi\omega_{p-1} (-1)^{\frac{p-2}{2}} \int_0^t (t^2 - r^2)^{\frac{p-3}{2}} M(r)\, r\, dr + \tag{9.44}$$

$$+ (-1)^{\frac{p-2}{2}} G_{p-3}(t) \ , \ \text{gerade } p \ .$$

Differenzieren wir diese Ausdrücke $(p - 2)$-mal, so verschwindet die $(p - 2)$-te Ableitung von G_{p-3} , und wir erhalten nach (9.13)

$$F(0,t) = \begin{cases} \dfrac{\omega_p}{(2\pi)^p} (-1)^{\frac{p-1}{2}} \dfrac{\partial^{p-2}}{\partial t^{p-2}} V(t) \ , \ \text{ungerade } p \ , \\[2em] \dfrac{\omega_p}{(2\pi)^p} (-1)^{\frac{p-2}{2}} \dfrac{\partial^{p-2}}{\partial t^{p-2}} U(t) \ , \ \text{gerade } p \ . \end{cases} \tag{9.45}$$

9.4.4. Formale Lösung des Radonschen Problems

Aus (9.45) und den Darlegungen in Abschnitt 9.4.3. geht hervor, daß sich $F(0,t)$ aus den Ebenenintegralen der Anfangswertfunktion f darstellen läßt, denn die Funktionen U und V sind die Randwerte von $\Phi(t)$, welches aus $g(s)$ gebildet wird. Definitionsgemäß hängt $g(s)$ wiederum von den Ebenenintegralen von f ab, also entspricht $F(0,t)$ der Konstruktion der Lösung durch Superposition ebener Wellen. Andererseits ist damit unmittelbar das Radonsche Problem explizit gelöst, denn es gilt

$$\left(\frac{\partial}{\partial t} F(0,t)\right)_{t=0} = f(0) \ .$$

Die dabei auftretenden Verbindungen U und V lassen sich leicht direkt ausdrücken. Wir bilden dazu

$$\int_{C[t_0,t]} \Phi(\tau)\, d\tau \ ,$$

wobei $C[t_0,t]$ ein in der oberen Hälfte der t-Ebene verlaufender Integrationsweg von t_0 nach t ist.

Nach (9.42) gilt

$$\int\limits_{C[t_0,t]} \Phi(\tau) \, d\tau = \int\limits_{-\infty}^{\infty} g(s) \int\limits_{C[t_0,t]} (\tau - s)^{-1} \, d\tau \, ds \ . \qquad (9.46)$$

Lassen wir jetzt den Integrationsweg in die reelle Achse einrücken, so wird das Integral von Φ , über die Randwerte erstreckt,

$$\int\limits_{t_0}^{t} \Phi(\tau) \, d\tau = \int\limits_{t_0}^{t} U(\tau) \, d\tau + i \int\limits_{t_0}^{t} V(\tau) \, d\tau \ . \qquad (9.47)$$

Andererseits gilt nach (7.9)

$$\int\limits_{t_0}^{t} \frac{d\tau}{\tau - s} = \lg\left|\frac{t - s}{t_0 - s}\right| - \frac{\pi i}{2}\left[\mathrm{sgn}\,(t - s) - \mathrm{sgn}\,(t_0 - s)\right] \ .$$

Durch Vergleich von Real- und Imaginärteil in (9.46) und (9.47) erhalten wir

$$\int\limits_{t_0}^{t} U(\tau) \, d\tau = \int\limits_{-\infty}^{\infty} g(s) \, \lg\left|\frac{t - s}{t_0 - s}\right| \, ds$$

und

$$\int\limits_{t_0}^{t} V(\tau) \, d\tau = - \frac{\pi}{2} \int\limits_{-\infty}^{\infty} g(s) \, \{\mathrm{sgn}(t - s) - \mathrm{sgn}(t_0 - s)\} \, ds =$$

$$= - \pi \int\limits_{t_0}^{t} g(s) \, ds \ .$$

Differenzieren wir diese beiden Formeln nach t , so erhalten wir schließlich

$$V(t) = - g(t)$$

und

$$U(t) = \int\limits_{-\infty}^{\infty} (t - s)^{-1} \, g(s) \, ds \ ,$$

wobei in dem letzten Integral der Cauchysche Hauptwert zu nehmen ist. Vergleicht man diese Angaben für V und U mit (9.44), so ist V im Falle eines ungeraden p und U im Falle eines geraden p zur Bildung der Lösung F(0,t) der Wellengleichung zu nehmen. Wir sehen wieder den völlig verschiedenen Charakter für ungerade und gerade p . Für ungerade p braucht man nur die Mittelwerte der Ebenenintegrale über die Tangentialebenen der Kugel vom Radius t , für gerade p dagegen kommt man damit nicht aus. Mit diesen Ausdrücken für U und V ist auch die Funktion f im Radonschen Problem gegeben.

Anhang

Über die Fortpflanzungsgeschwindigkeit von Erdbebenstrahlen [1]

Problemstellung

Es sei T die Laufzeit, welche die von einem nahe der Erdoberfläche
liegenden Erdbebenherd E ausgehende Störung braucht, um durchs
Erdinnere hindurch zum Beobachtungsort B zu gelangen. Die Zeit T
hängt ab von der Stoßdistanz RΔ , d.i. die auf der Erdoberfläche
gemessene Entfernung $\stackrel{\frown}{EB}$, wobei Δ der Zentralwinkel und R der
Erdradius ist, $0 \leq \Delta \leq \pi$. Die Gleichung

$$T = T(\Delta) \tag{A1}$$

gibt uns die durch Beobachtung bekannte "Laufzeitkurve". Unter der
Annahme eines kugelschalenartig geschichteten Erdkörpers soll daraus
die Fortpflanzungsgeschwindigkeit v der Erdbebenstörung in den
verschiedenen Schichten als Funktion der Entfernung r vom Erdmittelpunkt 0 ermittelt werden.

Es seien $\stackrel{\smile}{EMB}$ der Strahl längs dessen die Störung sich fortpflanzt
und M der dem Erdmittelpunkt 0 am nächsten liegende Punkt des
Strahls. Bei geeigne-
ten Homogenitätsan-
nahmen über die Schich-
ten kann man schließen,
daß der Strahl $\stackrel{\smile}{EMB}$ in
Bezug auf die Achse OM
symmetrisch ist. Der
Strahl ist demnach be-
stimmt durch eine Funk-
tion $\theta = \theta(r) =$
$= \sphericalangle$ MOP , $0 \leq \theta \leq \frac{1}{2} \Delta$,
wenn P ein beliebi-
ger Punkt auf dem
Strahl ist.

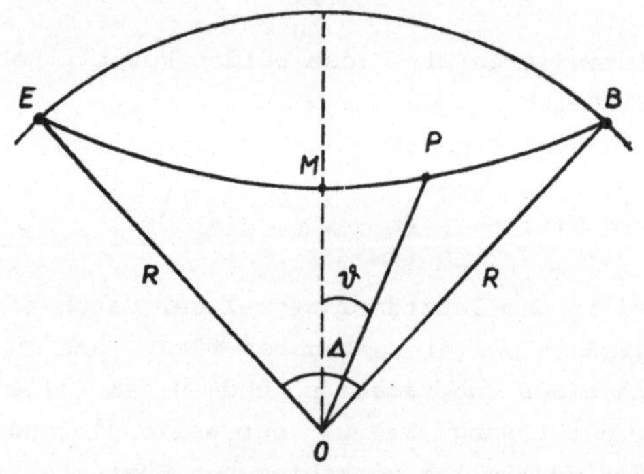

Die Laufzeit T(Δ)
ist eine empirisch bestimmte Funktion, die aus mehreren Beobachtungen
gefunden werden muß, von der wir aber voraussetzen, daß beständig

---

[1] Ausarbeitung von Ronald B. Guenther (Corvallis, 1984).

$$\frac{d^2 T}{d\Delta^2} < 0 \tag{A2}$$

ausfällt, das heißt, die Laufzeitkurve ist überall gegen die Erdoberfläche konkav gekrümmt.

Wären sowohl $v(r)$ als auch der Strahl $\widehat{EMB}$ bekannt, so wäre die
Laufzeit T gegeben durch

$$T = \int v^{-1}\, ds \ , \tag{A3}$$

wobei ds das Linienelement des Strahls bedeutet und das Integral
über den Strahl zu erstrecken ist. Nach dem Fermatschen Prinzip ist
aber der Strahl durch die Bedingung

$$\delta T = 0$$

bestimmt.

Lösung der Aufgabe

Wir schreiben (A3) in der Form

$$T = 2\int_{r_0}^{R} v(r)^{-1}\left[1 + r^2\theta'^2(r)\right]^{\frac{1}{2}} dr \ ; \tag{A4}$$

dabei möge r_0 die Entfernung von 0 bis M bezeichnen.

Aus der Forderung $\delta T = 0$ folgt die Euler-Lagrangesche Gleichung

$$\frac{d}{dr}\frac{\partial}{\partial\theta'}\ \frac{\left[1 + r^2\theta'^2(r)\right]^{\frac{1}{2}}}{v(r)} = 0$$

und daraus

$$\frac{\partial}{\partial\theta'}\left[v^{-1}(1 + r^2\theta'^2)^{\frac{1}{2}}\right] = p \ , \tag{A5}$$

wobei p ein von r und θ unabhängiger, wohl aber von Δ abhän-
giger Parameter ist, der für den in Betracht kommenden Strahl charakteristisch ist. Nach (A5) ist dann

$$r^2\theta'^2 = \frac{(vp)^2}{r^2 - (vp)^2} \ , \tag{A6}$$

und somit gilt

$$1 + r^2\theta'^2 = \frac{r^2}{r^2 - (vp)^2} \ ,$$

womit wir nach (A4) für T den Ausdruck

$$T = 2\int_{r_0}^{R} \frac{dr}{v\left(1 - \left(\frac{pv}{r}\right)^2\right)^{\frac{1}{2}}}$$

erhalten. Nun erreicht für $r = r_0$ der Strahl seinen tiefsten Punkt,
also ist dort

$$\frac{dr}{d\theta} = 0$$

und daher $\theta'(r)$ unbeschränkt im Punkte r_0 , so daß nach (A6)

$$r_0 = v(r_0)p := v_0 p$$

und

$$T = 2 \int_{v_0 p}^{R} v^{-1} \left(1 - \left(\frac{pv}{r}\right)^2\right)^{-\frac{1}{2}} dr \tag{A7}$$

wird. Weiter hat man nach (A6)

$$\frac{1}{2} \Delta = \int_{v_0 p}^{R} \theta'(r)\, dr = \int_{v_0 p}^{R} \frac{vp}{r(r^2 - (vp)^2)^{\frac{1}{2}}}\, dr \ ,$$

da ja $\theta(r_0) = \theta(v_0 p) = 0$ ist. Es ist also

$$\Delta = 2 \int_{v_0 p}^{R} \frac{vp}{r^2} \left(1 - \left(\frac{vp}{r}\right)^2\right)^{-\frac{1}{2}} dr \ . \tag{A8}$$

Um $v(r)$ zu bestimmen, werden wir nun Δ als eine Funktion von p deuten, und zwar zeigen wir, daß

$$\frac{dT}{d\Delta} = p \tag{A9}$$

ist. Nach (A2) ist $dT/d\Delta$ monoton fallend und nach Voraussetzung (A1) eine vorgegebene Funktion von Δ ; auf Grund von (A9) kann man also Δ als eine Funktion von p und demnach p als Funktion von Δ ermitteln, so daß in (A8) die Funktion v die einzige Unbekannte ist. Die Gleichung ergibt sich durch einen Kunstgriff. Zunächst hat man

$$T - p\Delta = 2 \int_{v_0 p}^{R} \left\{ \frac{1}{v} \left(1 - \left(\frac{pv}{r}\right)^2\right)^{-\frac{1}{2}} - \frac{vp^2}{r^2} \left(1 - \left(\frac{vp}{r}\right)^2\right)^{-\frac{1}{2}} \right\} dr =$$

$$= 2 \int_{v_0 p}^{R} \left(1 - \left(\frac{vp}{r}\right)^2\right)^{-\frac{1}{2}} \left\{ \frac{r^2 - (vp)^2}{vr^2} \right\} dr =$$

$$= 2 \int_{v_0 p}^{R} \frac{1}{v} \left(1 - \left(\frac{vp}{r}\right)^2\right)^{\frac{1}{2}} dr \ .$$

Differenziert man nun auf beiden Seiten nach p , so folgt

$$\frac{dT}{dp} - p\frac{d\Delta}{dp} - p = -2 \int_{v_0 p}^{R} \frac{1}{v} \left(1 - \left(\frac{vp}{r}\right)^2\right)^{-\frac{1}{2}} \frac{pv^2}{r^2} dr = -\Delta$$

und daraus unmittelbar

$$\frac{dT}{d\Delta} = \frac{dT/dp}{d\Delta/dp} = p \ ,$$

was gerade die Behauptung (A9) ist.

Um (A8) nach v aufzulösen, führen wir die neue Integrationsvariable
$$\eta = r/v(r) \tag{A10}$$
ein. Dann wird (A8) zu

$$\Delta(p) = 2p \int\limits_{p}^{R/v(R)} (\eta^2 - p^2)^{-\frac{1}{2}} \frac{d}{d\eta} L(\eta) \, d\eta \ , \tag{A11}$$

wobei $L(\eta) = \lg r$ gesetzt wurde. (A11) ist eine Art Abelsche Integralgleichung für die Funktion $L(\eta)$. Aus der Kenntnis von $L(\eta)$ folgt die von r , das als eine Funktion von η aufzufassen ist, und daraus ergibt sich nach (A10) der Wert von v . Die Größe v(R) ist die Fortpflanzungsgeschwindigkeit auf der Erdoberfläche, die unmittelbar gemessen und somit hier als bekannt angesehen werden kann.

Um (A11) nach $L(\eta)$ aufzulösen, multipliziere man beide Seiten mit $(p^2 - q^2)^{-\frac{1}{2}}$ und integriere bezüglich p von q bis R/v(R) . Es folgt

$$\int\limits_{q}^{R/v(R)} \Delta(p)(p^2 - q^2)^{-\frac{1}{2}} \, dp = \int\limits_{q}^{R/v(R)} 2p(p^2 - q^2)^{-\frac{1}{2}} \, dp \ \cdot$$

$$\cdot \int\limits_{p}^{R/v(R)} (\eta^2 - p^2)^{-\frac{1}{2}} \frac{d}{d\eta} L(\eta) \, d\eta =$$

$$= \int\limits_{q}^{R/v(R)} \frac{d}{d\eta} L(\eta) \, d\eta \int\limits_{q}^{\eta} (\eta^2 - p^2)^{-\frac{1}{2}}(p^2 - q^2)^{-\frac{1}{2}} 2p \, dp =$$

$$= \pi \int\limits_{q}^{R/v(R)} \frac{d}{d\eta} L(\eta) \, d\eta = \pi L\big(R/v(R)\big) - \pi L(q) \ ,$$

da $\displaystyle \int\limits_{q}^{\eta} (\eta^2 - p^2)^{-\frac{1}{2}}(p^2 - q^2)^{-\frac{1}{2}} 2p \, dp = \int\limits_{0}^{\eta^2 - q^2} \lambda^{-\frac{1}{2}}(\eta^2 - q^2 - \lambda)^{-\frac{1}{2}} \, d\lambda =$

$$= \int\limits_{0}^{1} \rho^{-\frac{1}{2}}(1 - \rho)^{-\frac{1}{2}} \, d\rho = \Gamma(1/2)\Gamma(1/2)/\Gamma(1) = \pi$$

gilt. Beachtet man, daß $L(R/v(R)) = \lg R$ ist, so erhalten wir schließlich als Lösung der Aufgabe

$$L(q) = \lg R - \frac{1}{\pi} \int\limits_{q}^{R/v(R)} (p^2 - q^2)^{-\frac{1}{2}} \Delta(p) \, dp \ .$$

Literatur

Mechanik

Prange, G.: Die allgemeinen Integrationsmethoden der analytischen Mechanik. Enzyklopädie der mathematischen Wissenschaften IV, 12 - 13, S. 505 - 804. Leipzig und Berlin: Teubner-Verlag 1935.

Kontinuumsmechanik

Appell, P. E.: Traité de mécanique rationelle. Paris: Gauthier-Villars 1926 - 1937.

Backhaus, G.: Deformationsgesetze. Berlin: Akademie-Verlag 1983.

Becker, E.; Bürger, W.: Kontinuumsmechanik. Stuttgart: Teubner-Verlag 1975.

Hamel, G.: Theoretische Mechanik. Eine einheitliche Einführung in die gesamte Mechanik. Berlin-Heidelberg-New York: Springer-Verlag 1967.

Prager, W.: Einführung in die Kontinuumsmechanik. Basel: Birkhäuser-Verlag 1961.

Sedov, L. I.: A course in continuum mechanics. Übers. a. d. Russischen. Groningen: Wolters-Noordhoff Publ. 1971/1972.

Truesdell, C. A.: A first course in rational continuum mechanics. New York: Academic Press 1977.

Elastizitätstheorie

Landau, L. D.; Lifschitz, E. M.: Lehrbuch der theoretischen Physik, Bd. VII. Elastizitätstheorie. 3. Aufl. Berlin: Akademie-Verlag 1970.

Sommerfeld, A.: Vorlesungen über theoretische Physik, Bd. 2. Mechanik der deformierbaren Medien. 6. Aufl. Leipzig: Akademische Verlagsgesellschaft Geest & Portig 1970.

Strömungsmechanik

Courant, R.; Friedrichs, K. O.: Supersonic flow and shock waves. Berlin-Heidelberg-New York: Springer-Verlag 1948 (Reprint 1976).

Landau, L. D.; Lifschitz, E. M.: Lehrbuch der theoretischen Physik, Bd. VI. Hydrodynamik. 3. Aufl. Berlin: Akademie-Verlag 1971.

Schneider, W.: Mathematische Methoden der Strömungsmechanik. Braunschweig: Vieweg & Sohn 1978.

Wieghardt, K.: Theoretische Strömungslehre. 2. Aufl. Stuttgart: Teubner-Verlag 1974.

Elektrizitätstheorie und Optik

Born, M.; Wolf, E.: Principles of optics. 2nd ed. London: Pergamon Press 1964.

Becker, R.: Theorie der Elektrizität, 3 Bde. Hrsg. und neubearb. von F. Sauter. 16. Aufl. Stuttgart: Teubner-Verlag 1957 - 1968.

Variationsrechnung

Funk, P.: Variationsrechnung und ihre Anwendung in Physik und Technik. 2. Aufl. Berlin-Heidelberg-New York: Springer-Verlag 1970.

Yourgrau, W.; Mandelstam, S.: Variational principles in dynamics and quantum theory. New York: Dover Press 1968.

Partielle Differentialgleichungen

Courant, R.; Hilbert, D.: Methoden der mathematischen Physik, Bd. I, II. 3., 2. Aufl. Berlin-Heidelberg-New York: Springer-Verlag 1968. Methods of mathematical physics, Vol. I, II. New York: Interscience publishers 1953, 1962.

Gelfand, I. M.; Schilow, G. E.: Verallgemeinerte Funktionen. Berlin: Deutscher Verlag der Wissenschaften 1960.

Hellwig, G.: Partielle Differentialgleichungen. Stuttgart: Teubner-Verlag 1960.

John, F.: Partial differential equations. 4th ed. Berlin-Heidelberg-New York: Springer-Verlag 1982.

John, F.: Plane waves and spherical means applied to partial differential equations. New York: Interscience publishers 1955. Berlin-Heidelberg-New York: Springer-Verlag 1981.

Radonsches Problem

John, F.: Plane waves and spherical means (s. oben).

Helgason, S.: The Radon transform. Basel-Boston: Birkhäuser-Verlag 1980.

Anmerkungen zur Veröffentlichung von Herglotz' Preisschrift 1914

GUSTAV HERGLOTZ erhielt für seine am 29. Oktober 1913 eingereichte Arbeit „Über die analytische Fortsetzung des Potentials ins Innere der anziehenden Massen" den Preis der Fürstlich Jablonowskischen Gesellschaft zu Leipzig zuerkannt.

Am 4. März 1914 schrieb O. WIENER an G. HERGLOTZ:
„Ich habe die Ehre und das Vergnügen Ihnen mitzuteilen, daß die Fürstlich Jablonowskische Gesellschaft in ihrer heutigen Jahressitzung Ihrer, den Umfang der gestellten Aufgabe weit überschreitenden Arbeit, den Preis zuerkannt hat ... Ich übergebe die Arbeit, die ja wohl druckfertig ist, der Firma B. G. TEUBNER zum Druck, bei der die Preisarbeiten der Gesellschaft erscheinen."

HERGLOTZ antwortete noch am gleichen Tage (vgl. Faksimileabdruck des Briefes):

Am 6. April 1914 bestätigte der Teubner-Verlag dem Sekretariat der Jablonowski-Gesellschaft den Eingang der von HERGLOTZ überarbeiteten Abhandlung (vgl. Faksimileabdruck der Briefkopie):

LEIPZIG   B. G. TEUBNER   BERLIN
TELEGRAMM-ADRESSE:
TEUBNERIANUM LEIPZIG

K.H.15.   Leipzig,   6.April 1914.

        H e r r n

            Geheimrat Professor Dr. Brugmann,

                        L e i p z i g .

            Hochgeehrter Herr !

            Herr Geheimrat Wiener, der frühere Sekretär der

Jablonowski-Gesellschaft, hat mich beauftragt, Ihnen

Nachricht zu geben, sobald das Manuskript des Herrn

Professor Dr. Gustav Herglotz : „ Ueber die analyti-

sche Fortsetzung des Potentials " bei mir zur Druckle-

gung wieder eingegangen ist. Das Manuskript kam heute

wieder in meinen Besitz und ich werde nunmehr, falls

ich von Ihnen eine gegenteilige Nachricht nicht erhal-

te, die Drucklegung der Arbeit in die Wege leiten.

                        Mit vorzüglicher Hochachtung

                        ganz ergebenst

                            B. G. TEUBNER

Die Preisschrift, von HERGLOTZ mit dem Motto „Nichts ist drinnen, nichts ist draußen.
Denn was innen, das ist außen" versehen, erschien 1914 als Band 44 der Schriften der
Gesellschaft.

GUSTAV HERGLOTZ starb am 22. März 1953 in Göttingen.

In seinem Nachruf [Jahrbuch der Bayer. Akad. d. Wiss. 1953, S. 188–194] schrieb
HERGLOTZ' Studienfreund HEINRICH TIETZE:
„In seinen Publikationen hat HERGLOTZ nach dem klassischen Vorbild von GAUSS auf
elegante Herleitung ebenso wie auf knapp gedrängte Darstellung viel Sorgfalt verwendet.
Und mit liebevoller Mühe gestaltete er seine Vorlesungen, die nach dem Ausspruch aller,
die den Vorzug hatten, sie zu hören, von besonderer Vollendung in Inhalt und Aufbau
waren ... Es wäre sehr zu begrüßen, wenn die Herglotz'schen Vorlesungen herausgegeben
und damit einem breiteren Kreis zugänglich gemacht werden möchten."

Namen- und Sachverzeichnis

Teubner-Archiv zur Mathematik

Bereits erschienen sind:

Band 1

C. F. Gauß / B. Riemann / H. Minkowski
Gaußsche Flächentheorie, Riemannsche Räume und Minkowski-Welt
Herausgegeben und mit einem Anhang versehen von
J. BÖHM und H. REICHARDT
1984. 156 Seiten. Bestell-Nr. 666 185 9
Springer-Verlag Wien New York
ISBN 3-211-95825-8

Band 2

G. Cantor
Über unendliche, lineare Punktmannigfaltigkeiten
Arbeiten zur Mengenlehre aus den Jahren 1872–1884
Herausgegeben und kommentiert von
G. ASSER
1984. 180 Seiten. Bestell-Nr. 666 187 5
Springer-Verlag Wien New York
ISBN 3-211-95826-6

In Vorbereitung sind:

Band 4

H. Reichardt
Gauß und die Anfänge der nicht-euklidischen Geometrie
Mit Originalarbeiten von
J. BOLYAI, N. I. LOBATSCHEWSKI und F. KLEIN
1985. 247 Seiten. Bestell-Nr. 666 249 9
Springer-Verlag Wien New York
ISBN 3-211-95822-3

Band 5

F. Klein
Riemannsche Flächen
Vorlesungen, gehalten in Göttingen 1891/92
Herausgegeben und kommentiert von
G. EISENREICH und W. PURKERT
1985. Etwa 256 Seiten. Bestell-Nr. 666 254 4
Springer-Verlag Wien New York
ISBN 3-211-95829-0

BSB B. G. Teubner Verlagsgesellschaft, Leipzig

Die Reihe „TEUBNER-ARCHIV zur Mathematik" veröffentlicht klassische mathematische Arbeiten, Auszüge aus umfangreichen Werkausgaben, Zeitschriftenbeiträge und bisher noch nicht publizierte Texte. Bereits veröffentlichte Werke werden fotomechanisch nachgedruckt, und jeder Band enthält aktuelle Anmerkungen oder Kommentare kompetenter Mathematiker unserer Tage.

Mit dieser Reihe stellt der BSB B. G. Teubner Verlagsgesellschaft, Leipzig, bedeutende mathematische Arbeiten einem breiten Leserkreis zur Verfügung.

The series „TEUBNER-ARCHIV zur Mathematik" publishes classical mathematical works, extracts from voluminous treatises, journal articles and hitherto unpublished material. Work previously published will be reproduced photographically, and each volume will contain notes or commentaries by modern specialists.

By means of this series the publishers, BSB B. G. Teubner Verlagsgesellschaft, Leipzig, intend to make important mathematical works available to a wide audience.

La série „TEUBNER-ARCHIV zur Mathematik" publie des travaux mathématiques classiques, des extraits d'ouvrages édités volumineux, articles de périodiques et des textes non encore publiés jusqu'ici. Des ouvrages déjà publiés sont réimprimés d'après le procédé photomécanique, et chaque volume contient des annotations ou des commentaires actuels de mathématiciens compétents contemporains.

Avec cette série, les éditions BSB B. G. Teubner Verlagsgesellschaft de Leipzig mettent des travaux mathématiques importants à la disposition d'un large cercle de lecteurs.

В серии „TEUBNER-ARCHIV zur Mathematik" публикуются классические математические работы, выдержки из больших собраний сочинений, журнальные статьи и до сих пор не опубликованные тексты. Уже изданные работы перепечатываются фотомеханическим способом и каждый том содержит актуальные примечания или комментарии компетентных математиков наших дней.

Эта серия издательства BSB B. G. Teubner Verlagsgesellschaft г. Лейпцига знакомит широкий круг читателей с известными математическими работами.